Wittgenstein · Schriften 6

Ludwig Wittgenstein

SCHRIFTEN 6

Suhrkamp Verlag

Ludwig Wittgenstein

Bemerkungen über die Grundlagen der Mathematik

Herausgegeben von G. E. M. Anscombe,
Rush Rhees und G. H. von Wright
Revidierte und erweiterte Ausgabe

Frankfurt am Main

Erste Auflage 1974
© Basil Blackwell, Oxford 1956 · Alle Rechte im deutschsprachigen Raum
vorbehalten durch Suhrkamp Verlag Frankfurt am Main · Printed in Germany
Schutzumschlag: Willy Fleckhaus · Schrift: Garamond Antiqua Linotype · Satz
und Druck: MZ-Verlagsdruckerei GmbH, Memmingen

Inhalt

Teil I

1-5. Das Problem des Regelfolgens. (Vgl. »Philosophische Untersuchungen« §§ 189, 190, etc.) – Übergänge durch eine Formel bestimmt (1-2). Fortsetzung einer Reihe (3). Unerbittlichkeit der Mathematik; Mathematik und Wahrheit (4-5). Bemerkung über das Messen (5). 35

6-23. Das logische Schließen. – Das Wort »alle«; der Schluß aus ›(x).fx‹ auf ›fa‹ (10–16). Schließen und Wahrheit (17–23). 39

24-74. Der Beweis. – Der Beweis als Figur oder Muster, Paradigma. Hand-und-Drudenfuß-Beispiel (25, etc.). Der Beweis als Bild eines Experiments (36). Das 100-Kugeln-Beispiel (36, etc.). Zusammenlegen von Figuren aus Teilen (42-72). Die mathematische Überraschung. Beweis und Überzeugung. Mathematik und Wesen (32, 73, 74). Die *Tiefe* des Wesens: das tiefe Bedürfnis nach der Übereinkunft (74). 46

75-105. Rechnung und Experiment. – Das ›Entfalten‹ von mathematischen Eigenschaften. Das 100-Kugeln-Beispiel (75, 86, 88). Entfalten von Eigenschaften eines Vielecks (76), einer Kette (79, 80, 91, 92). Messen (93, 94). Geometrische Beispiele (96 bis 98). Interne Eigenschaften und Relationen (102-105); farbenlogische Beispiele. 65

106-112. Der mathematische Glaube. 76

113-142. Der logische Zwang. – Inwiefern ist das logische Argument ein Zwang? (113-117). Die Unerbittlichkeit der Logik mit der des Gesetzes verglichen (118). Die ›logische Maschine‹ und die Kinematik starrer Körper (119-125). ›Die Härte des logischen Muß‹ (121). Die Maschine als Symbol für ihre Wirkungsweise (122). Die Verwendung eines Wortes mit einem Schlag erfassen (123-130). Die Möglichkeit als Schatten der Wirklichkeit (125). Die unverstandene Verwendung des Wortes als seltsamer Vorgang gedeutet (127). (Zu 122-130 vgl. »Philosophische Untersuchungen« §§ 191-197.) Die Gesetze der Logik als »Denkgesetze« (131-133). Sich in einer Rechnung irren (136-137). Bemerkung über Messen (140). Logische Unmöglichkeit (141). »Was wir liefern, sind eigentlich Bemerkungen zur Naturgeschichte des Menschen« (142). 79

143-156. Begründung eines Rechenvorgangs und eines logischen Schlusses. – Rechnen ohne Sätze (143-145). Das Holzverkaufen-Beispiel (143-152). »Sind unsre Schlußgesetze ewig und unveränderlich?« (155). Die Logik ist *vor* der Wahrheit (156). 92

157-170. Mathematik, Logik und Erfahrung. – Beweis und Experiment (157-169). Was an der Mathematik Logik ist: sie bewegt sich in den Regeln unserer Sprache (165). Der Mathematiker ist ein Erfinder, kein Entdecker (168). Die Gründe des logischen Muß (169-171). 96

Anhang I

1-7. Zwei Arten der Verneinung: eine, die sich selber aufhebt, und eine, die Verneinung verbleibt, wenn sie wiederholt wird. Wie man in der doppelten Verneinung die eine oder die andere Art *meint*. Die Meinung durch den Ausdruck der Meinung geprüft (3). Verneinung mit der Drehung um 180° in der Geometrie verglichen (1, 6, 7). 102

8-10. Wir können uns eine ›primitivere‹ Logik denken, in der nur Sätze, die keine Verneinung enthalten, verneint werden können (8). Die Frage, ob für diese Menschen die Verneinung dieselbe Bedeutung hat wie für uns (9). Meint man dasselbe mit den beiden Einsern in »dieser Stab ist 1 m lang« und »hier steht 1 Soldat« (10)? 105

12-13. Zwei Systeme der Längenmessung. 1 Fuß = 1 W, aber 2 W = 4 Fuß, usw. Haben »W« und »Fuß« dieselbe Bedeutung? 106

16. Die Meinung als *Funktion* des Wortes im Satze. 107

17-27. Gebrauch des Wortes »ist« als Kopula und als Gleichheits-Zeichen. Die Personalunion durch das gleiche Wort bloßer Zufall. Wesentliche und unwesentliche Züge einer Notation. Vergleich mit der Rolle einer Figur im Spiel. Ein Spiel hat nicht nur Regeln, sondern auch einen Witz (20). 108

Anhang II

1-13. Das Überraschende kann in der Mathematik zweierlei völlig verschiedene Rollen spielen. – Ein Sachverhalt kann durch die Art seiner Darstellung erstaunlich erscheinen. Oder das Herauskommen eines bestimmten Resultats kann als an sich überraschend angesehen werden.
Die zweite Art des Überraschtseins nicht legitim. Kritik der Auffassung, daß die mathematische Demonstration etwas Verborgenes ans Licht bringt (2). »Hier ist kein Geheimnis« heißt: Schau dich doch um! (4). Eine Rechnung mit einer Art Kartenaufschlagen verglichen (5). Wenn ein Überblick uns fehlt über das, was wir gemacht haben, kommt es uns geheimnisvoll vor. Wir nehmen eine bestimmte Ausdrucksform hin und werden von ihr in unserem Handeln und Denken beherrscht (8). 111

Anhang III

1-4. Arten der Sätze. – Arithmetik ohne Sätze betrieben (4). 116

5-7. Wahrheit und Beweisbarkeit im System der »Principia Mathematica«. 117

8-19. Diskussion eines Satzes ›P‹, der seine eigene Unbe-

weisbarkeit im System der »Principia Mathematica« behauptet.
– Rolle des Widerspruchs im Sprachspiel (11-14, 17).   118

20. Die Sätze der Logik. ›Satz‹ und ›satzartiges Gebilde‹.   123

Teil II

1-22. (»Ansätze«). – Das Diagonalverfahren. Wozu kann man die Diagonalzahl brauchen? (3). »Es heißt hier immer: Blicke weiter um dich!« (6). Das Resultat einer Rechnung, in der Wortsprache ausgedrückt, ist mit Mißtrauen zu betrachten (7). Der Begriff ›unabzählbar‹ (10-13). Vergleich der Begriffe der reellen Zahl und der Kardinalzahl unter dem Gesichtspunkte des Ordnens in eine Reihe (16-22).   125

23. Die Krankheit einer Zeit.   132

24-27. Diskussion des Satzes: »Es gibt keine größte Kardinalzahl«. »Von einer *Erlaubnis* sagen wir, sie habe kein Ende« (26).   133

28-34. Irrationalzahlen. Es gibt kein System der Irrationalzahlen (33), aber Cantor definiert eine *Verschiedenheit höherer Ordnung*, nämlich eine Verschiedenheit einer Entwicklung von einem System von Entwicklungen (34).   133

35-39. $\aleph_0$. Daraus, daß wir Verwendung für eine Art von Zahlwort haben, welches die Anzahl der Glieder einer endlosen Reihe angibt, folgt nicht daß es auch irgend einen Sinn hat von der Anzahl des Begriffes ›endlose Folge‹ zu reden. Es gibt keine grammatische Technik, die die Verwendung so eines Ausdrucks nahelegte. Solch eine Verwendung ist nicht: noch zu entdecken, sondern: erst zu *erfinden* (38).   135

40-48. Diskussion des Satzes: »Man kann die Brüche nicht ihrer Größe nach in eine Reihe ordnen«.   137

49-50. Wie vergleicht man Spiele? 139

51-57. Diskussion des Satzes, daß die Brüche (Zahlenpaare) in eine unendliche Reihe geordnet werden können. 139

58-60. »Soll man das Wort ›unendlich‹ in der Mathematik vermeiden?«. 141

61. Finitismus und Behaviourismus sind ähnliche Richtungen. Beide leugnen die Existenz von etwas zu dem Zweck um aus einer Verwirrung zu entkommen. 142

62. »Was ich tue ist nicht Rechnungen als falsch zu erweisen; sondern das *Interesse* von Rechnungen einer Prüfung zu unterziehen.« 142

Teil III

1-2. Der Beweis. – Der mathematische Beweis muß übersichtlich sein. Rolle der Definitionen (2). 143

3-8. Russells Logik und die Idee von der Zurückführung der Arithmetik auf symbolische Logik. – Die Anwendung der Rechnung muß für sich selber sorgen (4). Beweis im Russell-Kalkül, im Dezimalkalkül, und im Einserkalkül. 144

9-11. Der Beweis. – Der Beweis als einprägsames Bild (9). Die Reproduktion einer Beweisfigur (10-11). 149

12-20. Russells Logik und das Problem von dem Verhältnis verschiedener Rechentechniken zu einander. – Was ist die Erfindung des Dezimalsystems? (12). Beweis im Russell-Kalkül und im Dezimalsystem (13). Übersehbare und unübersehbare Zahlzeichen (16). Verhältnis von gekürzten und ungekürzten Rechentechniken zu einander (17-20). 151

21-44. Der Beweis. – Identität und Reproduzierbarkeit eines

Beweises (21). Der Beweis als Vorbild; Beweis und Experiment (22-24). Beweis und mathematische Überzeugung (25-26). Im Beweis haben wir uns zu einer Entscheidung durchgerungen (27). Der bewiesene Satz als Regel. Er soll uns zeigen was zu sagen *Sinn* hat (28). Die Sätze der Mathematik als ›Instrumente der Sprache‹ (29). Das mathematische Muß: eine Gleise in der Sprache gelegt (30). Der Beweis führt einen neuen Begriff ein (31). Welchen Begriff schafft ›p ⊃ p‹? ›p ⊃ p‹ als Angelpunkt der sprachlichen Darstellungsweise (32-33). Der Beweis als Teil einer Institution (36). Bedeutung des Unterschieds von Sinnbestimmung und Sinnverwendung (37). Anerkennung eines Beweises; die ›geometrische‹ Auffassung des Beweises (38-40). Der Beweis als Bekenntnis zu einer bestimmten Zeichenverwendung (41). »Der Beweis muß ein anschaulicher Vorgang sein« (42). »Die Logik als Grundlage aller Mathematik tut's schon darum nicht, weil die Beweiskraft der logischen Beweise mit ihrer geometrischen Beweiskraft steht und fällt« (43). In der Mathematik können wir den logischen Beweisen entlaufen (44). 158

45-64. Russells Logik. – Verhältnis der gewöhnlichen Beweistechnik zu der Russellschen (45). Kritik der Auffassung von der Logik als ›Grundlage‹ der Mathematik. Die Mathematik ist ein *buntes Gemisch* von Rechentechniken. Die abgekürzte Technik als neuer Aspekt der unabgekürzten (46-48). Bemerkung zur Trigonometrie (50). Die Dezimalnotation ist unabhängig von dem Rechnen mit Einerstrichen (51). Warum Russells Logik uns nicht *dividieren* lehrt (52). Warum die Mathematik nicht Logik ist (53). Der rekursive Beweis (54). Beweis und Experiment (55). Das Entsprechen verschiedener Kalküle; Strichnotation und Dezimalnotation (56-57). Mehrere Beweise eines und desselben Satzes; Beweis und Sinn eines mathematischen Satzes (58-62). Die *genaue* Entsprechung eines überzeugenden Übergangs in der Musik und in der Mathematik (63). 175

65-76. Rechnung und Experiment. – Sind die Sätze der Mathematik anthropologische Sätze? (65). Mathematische Sätze als Prophezeiungen von übereinstimmenden Rechenresultaten aufgefaßt (66). Zum Phänomen des Rechnens gehört Übereinstimmung (67). Wenn eine Rechnung ein Experiment ist, was ist dann ein Fehler in der Rechnung? (68). Die Rechnung als Experiment und als *Weg* (69). Ein Beweis dient der Verständigung. Ein Experiment setzt sie voraus (71). Mathematik und die Wissenschaft von den konditionierten Rechenreflexen (72). Der Begriff des Rechnens schließt Verwirrung aus (75-76). 192

77-90. Der Widerspruch. – Ein Spiel, in dem, wer anfängt, immer gewinnen muß (77). Rechnen mit (a–a). Die Abgründe in einem Kalkül sind nicht da, wenn ich sie nicht sehe (78). Diskussion des heterologischen Paradoxes (79). Der Widerspruch vom Standpunkt des Sprachspiels betrachtet. Der Widerspruch als ›heimliche Krankheit‹ des Kalküls (80). Widerspruch und Brauchbarkeit eines Kalküls (81). Der Widerspruchsfreiheitsbeweis und der Mißbrauch der Idee der *mechanischen* Sicherung gegen den Widerspruch (82-89). »Mein Ziel ist, die *Einstellung* zum Widerspruch und zum Beweis der Widerspruchsfreiheit zu ändern« (82). Die Rolle des Satzes: »Ich muß mich verrechnet haben« – der Schlüssel zum Verständnis der ›Grundlagen‹ der Mathematik (90). 202

Teil IV

1-7. Über Axiome. – Das Einleuchten der Axiome (1-3). Einleuchten und Verwendung (2-3). Axiom und Erfahrungssatz (4-5). Die Negation eines Axioms (5). Der mathematische Satz steht auf vier Füßen, nicht auf dreien (7). 223

8-9. Regelfolgen. – Beschreibung mit Hilfe einer Regel (8). 227

10. Die arithmetische Annahme ist nicht an der Erfahrung gebunden. 229

11-13. Die Auffassung der Arithmetik als Naturgeschichte der Zahlen. – Die Beurteilung der Erfahrung mittels des Bildes (12). 229

14. Beziehung des logischen (mathematischen) Satzes nach außen. 231

15-19. Die Möglichkeit angewandte Mathematik ohne reine Mathematik zu treiben. – Mathematik muß nicht in *Sätzen* getrieben werden; der Schwerpunkt kann ganz im *Tun* liegen (15). Das kommutative Gesetz als Beispiel (16-17). 232

20. Das Rechnen als maschinelle Tätigkeit. 234

21. Das Bild als Beweis. 235

22-27. Intuition. 235

26. Was ist der Unterschied zwischen *nicht* Rechnen und *falsch* Rechnen? 236

29-33. Beweis und mathematische Begriffsbildung. – Der Beweis ändert die Begriffsbildung. Die Begriffsbildung als Grenze der Empirie (29). Der Beweis *zwingt* nicht, sondern *führt* (30). Der Beweis leitet unsere Erfahrungen in bestimmte Kanäle (31, 33). Beweis und Vorhersage (33). 237

34. Das philosophische Problem ist: Wie können wir die Wahrheit sagen, und dabei diese starken Vorurteile *beruhigen*? 242

35-36. Der mathematische Satz. – Wir erkennen ihn an, *indem* wir ihm den Rücken drehen (35). Die Wirkung des Beweises: man stürzt sich in die neue Regel hinein (36). 243

39-42. Synthetischer Charakter der mathematischen Sätze. – Die Verteilung der Primzahlen als Beispiel (42). 245

40. Das Resultat als Äquivalent der Operation gesetzt. 245

41. Daß der Beweis übersichtlich sein muß, heißt, daß Kausalität im Beweise keine Rolle spielt. 246

43-44. Intuition in der Mathematik. 246

47. Der mathematische Satz als Begriffsbestimmung, die auf die Entdeckung einer neuen Form folgt. 248

48. Das Arbeiten der mathematischen Maschine ist nur das *Bild* des Arbeitens einer Maschine. 249

49. Das Bild als Beweis. 249

50-51. Das Umkehren eines Wortes. 250

52-53. Mathematischer Satz und Erfahrungssatz. – Die Annahme eines mathematischen Begriffes drückt die sichere Erwartung gewisser Erfahrungen aus; aber die Festsetzung dieses Maßes ist dem Aussprechen der Erwartungen nicht äquivalent (53). 253

55-60. Der Widerspruch. – Der Lügner (58). Der Widerspruch als etwas Über-propositionales aufgefaßt, als Denkmal mit einem Januskopf über den Sätzen der Logik thronend (59). 254

Teil V

1-4. Die Mathematik als Spiel und als maschinenhafte Tätigkeit. – Rechnet die Rechenmaschine? (2). Wieweit muß man einen Begriff vom ›Satz‹ haben, um die Russellsche mathematische Logik zu verstehen? (4). 257

5-8. Tut ein Mißverständnis, die mögliche Anwendung der Mathematik betreffend, der Rechnung als einem Teil der Mathematik Eintrag? – Mengenlehre (7). 259

9-13. Der Satz vom ausgeschlossenen Dritten in der Mathematik. – Wo kein Entscheidungsgrund vorliegt, muß er erst erfunden werden, um der Anwendung des Satzes vom ausgeschlossenen Dritten einen Sinn zu geben. 266

14-16 und 21-23. ›Alchemie‹ des Unendlichkeitsbegriffes und anderer mathematischen Begriffen mit unverstandenen Anwendungen. – Unendliche Vorhersagungen (23). 272

17-20. Der Satz vom ausgeschlossenen Dritten. Der mathematische Satz als Gebot. Mathematische Existenz. 275

24-27. Existenzbeweis in der Mathematik. – »Der unheilvolle Einbruch der Logik in die Mathematik« (24; siehe auch 46 u. 48). Das mathematisch Allgemeine steht zum mathematisch Besonderen nicht in dem Verhältnis wie sonst das Allgemeine zum Besonderen (25). Existenzbeweise die keine Konstruktion des Existierenden zulassen (26-27). 281

28. Der Beweis durch *reductio ad absurdum*. 285

29-40. Vom Extensionalen und Intensionalen in der Mathematik; der Dedekind-Schnitt. – Die geometrische Illustration der Analysis (29). Dedekinds Satz ohne Irrationalzahlen (30). Wie kommt dieser Satz zu einem tiefen Inhalt? (31). Das Bild der Zahlengeraden (32, 37). Diskussion des Begriffs des Schnittes (33-34). Die Allgemeinheit der Funktionen eine ungeordnete Allgemeinheit (38). Diskussion des mathematischen Funktionsbegriffs; Extension und Intension in der Analysis (39-40). 285

41. Begriffe die in ›notwendigen‹ Sätzen vorkommen, müssen auch in nicht notwendigen eine Bedeutung haben. 295

42-46. Vom Beweis und Verstehen des mathematischen Satzes. – Der Beweis als *Bewegung* von einem Begriff zum andern aufgefaßt (42). Einen mathematischen Satz verstehen (45-46). Der Beweis führt einen neuen Begriff ein. Der Beweis soll mich von etwas überzeugen (45). Existenzbeweis und Konstruktion (46). 295

47. Ein Begriff ist nicht wesentlich ein Prädikat. 299

48. Die ›mathematische Logik‹ hat das Denken von Mathematikern und Philosophen gänzlich verblendet. 300

49. Das Zahlzeichen gehört zu einem Begriffszeichen und ist nur mit diesem ein Maß. 300

50. Vom Begriff der Allgemeinheit.

51. Der Beweis zeigt, *wie* das Resultat sich ergibt. 300

52-53. Allgemeine Bemerkungen. – Der Philosoph ist der, der in sich viele Krankheiten des Verstandes heilen muß, ehe er zu den Notionen des gesunden Menschenverstandes kommen kann (53). 301

Teil VI

1. Die Beweise ordnen die Sätze. 303

2. Der Beweis ist eine formale Prüfung nur innerhalb einer *Technik* des Transformierens. Die Addition gewisser Zahlen nennt man eine formale Prüfung der Zahlzeichen, aber doch nur, wenn das Addieren eine praktizierte Technik ist. – Der Beweis hängt auch mit der Anwendung zusammen. 303

3. Wenn der Satz in der Anwendung nicht zu stimmen scheint, so muß mir der Beweis zeigen, warum und wie er stimmen *muß*. 305

4. Der Beweis zeigt wie, und daher warum die Regel – z. B., daß 8×9 72 ergibt – benützt werden kann. 305

5. Das Seltsame ist, daß das Bild, nicht die Wirklichkeit, einen Satz soll erweisen können. 306

6. Der euklidische Beweis lehrt uns eine Technik, eine Primzahl zwischen p und p!+1 zu finden. Und wir werden überzeugt, daß diese Technik immer zu einer Primzahl $>$ p führen muß. 307

7. Der Zuschauer sieht den eindrucksvollen Vorgang, und berichtet: »Ich habe eingesehen, daß es so sein muß.« – Dieses »muß« zeigt, welche Art von Lehre er aus der Szene gezogen hat. 308

8. Dieses Muß zeigt, daß er einen Begriff angenommen hat, d. h. eine Methode; im Gegensatz zu der Anwendung der Methode. 309

9. »Zeig mir, wie 3 und 2 5 ergeben.« Kind und Abakus. – Man würde jenen Menschen »wie« fragen, den man zeigen lassen will, daß er versteht, wovon hier die Rede ist. 310

10. »Zeig mir wie…« im Unterschied von »Zeig mir, daß …«. 312

11. Der Beweis des Satzes erwähnt nicht das ganze Rechnungssystem, das hinter dem Satz steht und ihm seinen Sinn gibt. 313

12. Das Gebiet der philosophischen Aufgaben. 314

13. Sollen wir sagen, die Mathematiker verstehen den Fermatschen Satz nicht? 314

14. Was wäre das, »zeigen wie es unendlich viele Primzahlen gibt«? 315

15. Der Vorgang des Kopierens. Der Vorgang des Konstruierens nach einer Regel. Muß einer einen klaren Begriff davon haben, ob seine Voraussage mathematisch oder anders gemeint ist? 316

16. Der unerbittliche Satz ist, daß nach dieser Regel diese Zahl auf diese folgt. Das Resultat der Operation wird hier zum Kriterium dafür, daß diese Operation ausgeführt ist. Wir können also jetzt in neuem Sinne beurteilen, ob jemand der Regel gefolgt ist. 318

17. Das Lernen einer Regel. – »Er soll immer so weiter gehen, wie ich es ihm gezeigt habe.« – Was ich unter ›gleichmäßig‹ verstehe, würde ich durch Beispiele erklären. 320

18. Hier nützen mir die Definitionen nichts. 321

19. Die Regel paraphrasieren, macht sie nur für den verständlicher, der schon diesen Paraphrasen folgen kann. 321

20. Einem das Multiplizieren beibringen: verschiedene Multiplikationsbilder mit dem gleichen Ansatz weisen wir zurück. 322

21. Es wäre Unsinn, zu sagen: einmal in der Geschichte der Welt sei jemand einer Regel gefolgt. – Es bricht kein Streit darüber aus, ob der Regel gemäß vorgegangen wurde oder nicht. – Das gehört zu dem Gerüst, von dem aus unsere Sprache eine Beschreibung gibt, zum Beispiel. 322

22. Als hätten wir den Erfahrungssatz zur Regel verhärtet, womit nun die Erfahrung verglichen und beurteilt wird. 324

23. Beim Rechnen kommt es darauf an, ob richtig oder falsch gerechnet wird. – Der arithmetische Satz ist der Kontrolle durch die Erfahrung entzogen. 324

24. »Wenn ich der Regel folge, so kann ich von dieser Zahl nur zu dieser kommen.« So handle ich; frage nach keinem Grunde! 326

25. Wie, wenn einer die Multiplikationstafeln, Logarithmentafeln etc. nachrechnete, weil er ihnen nicht traute? – Macht es einen Unterschied, ob wir den Rechensatz als Erfahrungssatz oder als Regel aussprechen? 327

26. »Nach der Regel, die *ich* in dieser Folge sehe, geht es *so* weiter.« Nicht: erfahrungsgemäß! Sondern, das ist eben der Sinn der Regel. 327

27. Wenn ich eine Regel in der Folge sehe – kann es darin bestehen, daß ich einen algebraischen Ausdruck vor mir sehe? Muß der nicht einer Sprache angehören? 328

28. Die Sicherheit mit der ich die Farbe »rot« benenne, ist bei meiner Beschreibung nicht in Zweifel zu ziehen. Dies charakterisiert eben, was wir beschreiben nennen. – Das Folgen nach der Regel ist am *Grunde* unseres Sprachspiels.
Weil *das* (z. B., $25^2 = 625$) der Vorgang ist, auf dem wir alles Urteilen aufbauen. 329

29. Gesetz, und der Erfahrungssatz, daß wir dieses Gesetz geben. – »Wenn ich dem Befehl folge, tue ich *dies*!« heißt nicht: wenn ich dem Befehl folge, folge ich dem Befehl. Ich muß also für dieses »dies« eine andere Identifizierung haben. 330

30. Wenn die so erzogenen Menschen ohnehin so rechnen, wozu braucht man das Gesetz?
»$25^2 = 625$« heißt nicht, daß die Menschen so rechnen, denn $25^2 \neq 625$ wäre nicht der Satz, daß die Menschen nicht dies sondern ein andres Resultat erhalten.
»Wende die Regel auf jene Zahlen an!« – Wenn ich ihr folgen will, habe ich noch eine Wahl? 332

31. Wie weit kann man die Funktion der Regel beschreiben? Wer noch keine beherrscht, den kann ich nur abrichten.
Aber wie kann ich mir selbst das Wesen der Regel erklären? 333

32. Welche Umgebung bedarf es, daß Einer das Schachspiel (z. B.) erfinden kann?
Ist Regelmäßigkeit möglich *ohne* Wiederholung?
Nicht: wie oft muß er richtig gerechnet haben, um *Anderen* zu beweisen, er könne rechnen, sondern: um es sich selbst zu beweisen. 334

33. Können wir uns denken, daß jemand wüßte, er könne rechnen, obwohl er nie gerechnet hat? 335

34. Um das Phänomen der Sprache zu beschreiben, muß man eine Praxis beschreiben.
Ein Land, das zwei Minuten lang existiert, und das Abbild eines Teiles von England ist, mit alldem was in zwei Minuten vorgeht. Einer tut das, was ein Mathematiker in England tut, der gerade berechnet. Rechnet dieser Zwei-Minuten-Mensch? 335

35. Wie weiß ich, daß diese Farbe »grün« heißt? Wenn ich andere Leute fragte und sie mit mir nicht übereinstimmten, würde ich gänzlich verwirrt sein und sie oder mich für verrückt halten. Mit diesem Wort (»grün«) reagiere ich hier; und *so* weiß ich auch, wie ich die Regel nun zu befolgen habe.
Wie ein Kräftepolygon, den gegebenen Pfeilen gemäß, gezeichnet wird. 336

36. »Das Wort OBEN hat vier Laute.« – Macht einer, der die Buchstaben zählt, ein Experiment? Es kann eins sein.
Vergleiche: 1) Das Wort, welches dort steht, hat 7 Laute.
2) Das Laitbild »Dädalus« hat 7 Laute.
Der zweite Satz ist zeitlos. Die Verwendung der beiden Sätze muß verschieden sein.
»Durch Abzählen der Laute kann man einen Erfahrungssatz bekommen – oder auch, eine Regel.« 338

37. Definitionen – neue Zusammengehörigkeiten. 340

38. »Wie kann man einer Regel folgen?« – Wir mißverstehen hier die Tatsachen, die uns vor Augen liegen. 341

39. Es ist wichtig, daß die ungeheure Mehrzahl von uns in gewissen Dingen übereinstimmt.
Sprachen verschiedener Stämme, die alle den gleichen Wortschatz hätten, aber die Bedeutungen der Wörter wären verschieden. – Um sich miteinander zu verständigen, mußten die Menschen über die Bedeutungen übereinstimmen – nicht nur über Definitionen, sondern auch in Urteilen. 342

40. Die Versuchung, zu denken: »Ich kann das Sprachspiel (2)

nicht verstehen, weil die Erklärung nur in Beispielen der Anwendung besteht.« 343

41. Ein Höhlenmensch, der für sich selbst regelmäßige Zeichenfolgen hervorbringt. Wir sagen nicht, er handle regelmäßig, oder daß er dem allgemeinen Ausdruck einer Regel folge. 344

42. Unter was für Umständen würden wir sagen: durch das Hinschreiben dieser Figur gebe jemand eine Regel? Unter was für Umständen: einer folge dieser Regel, indem er eine Reihe solcher Figuren zeichnet? 345

43. Nur in einer bestimmten Technik des Handelns, Sprechens, Denkens, kann einer sich vornehmen. (Dieses ›kann‹ ist das grammatische.) 345

44. Zwei Vorgänge: 1) nach einem algebraischen Ausdruck, Zahl auf Zahl der Reihe nach ableiten;
2) der Vorgang: beim Anschauen eines gewissen Zeichens, fällt jemand eine Ziffer ein; wenn er wieder auf das Zeichen und die Ziffer schaut, fällt ihm wieder eine Ziffer ein, usf.
Das Handeln nach einer Regel setzt eine *Gleichmäßigkeit* voraus. 347

45. Der Unterricht im Handeln nach einer Regel. Die Wirkung des »usw.« wird sein, daß wir fast alle gleich zählen und gleich rechnen. Nur dann hat es Sinn, »und so weiter« zu sagen, wenn der Andre ebenso fortsetzt wie ich. 348

46. Was herauskommen *muß* ist eine Urteilsgrundlage, die ich nicht antaste. 350

47. Ist es nicht genug, daß diese Sicherheit existiert? Wozu soll ich eine Quelle für sie suchen? 350

48. Wie wir das Wort »Befehlen« und »Gehorchen« verwen-

den, sind Gebärden sowie Wörter in einem Netz mannigfaltiger Beziehungen verschlungen. Ist, in einem fremden Volksstamm, jener Mann unbedingt der Häuptling, dem die Andern gehorchen? – Was ist der Unterschied zwischen falsch schließen und nicht schließen? 351

49. »›Daß die Logik zur Naturgeschichte des Menschen gehört‹ – ist nicht mit dem logischen ›muß‹ vereinbar.« Die Übereinstimmung der Menschen, die eine Voraussetzung des Phänomens der Logik ist, ist nicht eine Übereinstimmung der *Meinungen,* geschweige denn von Meinungen über Fragen der Logik. 352

Teil VII

1. Die Rolle der Sätze, die von Maßen handeln und nicht Erfahrungssätze sind. Ein solcher Satz (z. B., 12 Zoll = 1 Fuß) ruht in einer Technik, und also in den Bedingungen dieser Technik; hat aber nicht den Sinn, diese Bedingungen auszusprechen. 355

2. Die Rolle der Regel. Mittels ihrer kann man auch Voraussagungen machen. Dies beruht auf Eigenschaften der Maßstäbe und der Menschen, die sie gebrauchen. 355

3. Ein mathematischer Satz – eine Umformung des Ausdrucks. Die Regel in ihrer Nützlichkeit und in ihrer Würde betrachtet. Wie sollen zwei arithmetische Ausdrücke dasselbe sagen? Die Arithmetik setzt sie einander gleich. 357

4. Einer, der Arithmetik lernt, indem er nur meinen Beispielen folgt. Sage ich, »Wenn du mit diesen Zahlen machst, was ich dir auf den andern vorgemacht habe, wirst du das und das erhalten« – so scheint das sowohl eine Vorhersage wie auch ein mathematischer Satz zu sein. 359

5. Der Unterschied zwischen: überrascht zu sein, daß die Ziffern

auf dem Papier sich *so* zu benehmen scheinen; und überrascht zu sein darüber, daß *das* herauskommt. 361

6. Ist nicht der Gegensatz zwischen Regeln der Darstellung und Sätzen, welche beschreiben, einer, der nach allen Richtungen hin abfällt? 363

7. »Mathematische Sätze und Beweise dienen dem Schließen.« 364

8. Wenn wir das Beweisen als eine Transformation eines Satzes durchs Experiment betrachten, und den rechnenden Menschen als Hilfsmittel, so werden die Zwischenstufen ein uninteressantes Nebenprodukt. 364

9. Der Beweis als Bild. Nicht die Approbation allein macht dies Bild zur Rechnung, sondern die Übereinstimmung der Approbationen. 365

10. Ändert sich der Sinn des Satzes, wenn ein Beweis gefunden wird? Der neue Beweis reiht den Satz in eine neue Ordnung ein. 366

11. Sagen wir, wir erhielten manche unserer Rechenresultate durch einen versteckten Widerspruch. Sind sie dadurch illegitim?
Könnte man nicht einen Widerspruch gelten lassen? 369

12. »Eine Methode, die einen Widerspruch mechanisch vermeidet.« Nicht schlechte Mathematik wird hier verbessert, sondern ein neues Stück Mathematik erfunden. 371

13. Müssen die logischen Axiome immer überzeugend sein? 372

14. Die Leute, die gelegentlich durch Ausdrücke vom Werte 0 kürzen. 373

15. Wenn die Rechnung für mich ihren Witz verloren hat, so-

bald ich weiß, wie ich nun alles Beliebige errechnen kann – hat sie keinen gehabt, so lang ich das *nicht* wußte? Man denkt, der Widerspruch *muß* sinnlos sein. 374

16. Wozu braucht die Mathematik eine Grundlegung? Ein guter Engel wird immer nötig sein. 378

17. Der praktische Wert des Rechnens. Rechnung und Experiment. Eine Rechnung als ein Teil der Technik eines Experiments. Die Rechnungshandlung kann auch ein Experiment sein. 379

18. Soll die Mathematik Tatsachen zu Tage bringen? Bestimmt sie nicht erst den Charakter dessen, was wir ›Tatsache‹ nennen? Lehrt sie uns nicht nach Tatsachen zu fragen? In der Mathematik gibt es keine kausalen Zusammenhänge, nur die Zusammenhänge des Bildes. 381

19. Bemerkungen. 383

20. Das Netz von Fugen einer Mauer. Warum nennen wir dies ein mathematisches Problem? Macht die Mathematik Experimente mit *Einheiten*? 384

21. »Der Satz, der von sich selbst aussagt, er sei unbeweisbar« – wie ist das zu verstehen? 385

22. Die Konstruktion eines Satzzeichens aus Axiomen, nach Regeln; und es scheint, wir haben den wirklichen Sinn des Satzes als falsch demonstriert, und ihn zu gleicher Zeit bewiesen. 387

23. Die Frage »wieviele?«. Messung und Maßeinheit. 389

24. Daß das, was wir die *mathematische* Auffassung des Satzes nennen, mit der besondern Stellung zusammenhängt, die die Rechnung in unsern übrigen Tätigkeiten hat. 389

25. Was ist das Kriterium dafür, daß ich hier dem Paradigma gefolgt bin? 391

26. Wer mir das Lernen des ›Vorgehens nach der Regel‹ beschreibt, wird selbst in der Beschreibung den Ausdruck einer Regel verwenden und sein Verständnis bei mir voraussetzen. 392

27. Das Nicht-Geltenlassen des Widerspruchs charakterisiert die Technik unserer Verwendung der Wahrheitsfunktionen. – Daß Einer das »usf.« versteht, zeigt sich darin, daß er in gewissen Fällen *dies* sagt und *so* handelt. 393

28. Zeigt der Widerspruch von »heterologisch« eine logische Eigenschaft dieses Begriffs? 395

29. Ein Spiel; und nach einem gewissen Zug, erweist sich jeder Versuch, weiterzuspielen, als den Regeln entgegen. 396

30. Das logische Schließen ist ein Teil eines Sprachspiels. Logischer Schluß, und nicht-logischer Schluß. Die logischen Schlußregeln können weder falsch noch richtig sein. Sie bestimmen die Bedeutung der Zeichen. 397

31. Ein zweckmäßiger Vorgang mit Zahlzeichen muß nicht sein, was wir »Rechnen« nennen. 398

32. Ist Mathematik mit rein phantastischer Anwendung nicht auch Mathematik? 399

33. Daß sie Begriffe bilde, kann einem großen Teil der Mathematik wesentlich sein; und in anderen Teilen keine Rolle spielen. 399

34. Die Leute sehen einen Widerspruch nicht, und ziehen Schlüsse aus ihm. Kann es eine mathematische Aufgabe sein, die Mathematik zur Mathematik zu machen? 400

35. Wenn wirklich in der Arithmetik ein Widerspruch gefunden würde, so bewiese das, eine Arithmetik mit einem solchen Widerspruch könnte sehr gute Dienste leisten. 401

36. »Die Klasse der Löwen ist nicht ein Löwe, die Klasse der Klassen aber eine Klasse.« 401

37. »Ich lüge immer.« Welche Rolle könnte dieser Satz im menschlichen Leben spielen? 404

38. Logischer Schluß. Ist nicht eine Regel etwas willkürliches? »Es ist den Menschen unmöglich, einen Gegenstand als von sich selbst verschieden anzuerkennen.« 404

39. »Richtig – d. h., das stimmt mit der Regel überein.« 405

40. »Das *Gleiche* bringen« – wie kann ich das Einem erklären? 406

41. Wann soll man von einem Beweis der Existenz von ›777‹ in einer Entwicklung reden? 407

42. »Begriffsbildung« kann verschiedenes heißen. Der Begriff der Regel zur Bildung eines unendlichen Dezimalbruchs. 408

43. Gehört es zum Begriff des Rechnens, daß die Menschen im allgemeinen zu diesem Resultat gelangen? 409

44. Wenn ich etwa frage, ob ein gewisser Körper sich einer Parabelgleichung gemäß bewegt – was tut die Mathematik in diesem Fall? 410

45. Fragen über die Weise, wie die Mathematik Begriffe bildet. 411

46. Kann man aber nicht doch mathematisch experimentieren? 413

47. Der Schüler hat die Regel inne, wenn er so und so auf sie reagiert. Diese Reaktion setzt bestimmte Umstände, Lebens- und Sprachformen, als Umgebung voraus. 413

48. »Die Linie gibt's mir ein, wie ich gehen soll.« 414

49. Unter Umständen: »Die Vorlage scheint ihm *einzugeben*, wie er zu gehen hat. Aber sie ist keine Regel.« 415

50. Wie ist das zu entscheiden, ob er immer das gleiche tut? 415

51. Ob er das gleiche tut, oder jedesmal etwas anderes – das bestimmt noch nicht, ob er einer Regel folgt. 416

52. Wenn man Beispiele aufzählt und dann sagt »und so weiter«, so wird dieser letztere Ausdruck nicht auf die gleiche Weise erklärt, wie die Beispiele. 416

53. Nimm an, eine innere Stimme – eine Art Inspiration – sagt mir, wie ich der Linie folgen soll. Was ist der Unterschied zwischen diesem Vorgang und dem, einer Regel zu folgen? 417

54. »Das gleiche tun« ist mit »der Regel folgen« verknüpft. 418

55. Kann ich das Sprachspiel spielen, wenn ich nicht spontan so und so reagiere? 419

56. Wir sehen, was wir beim Folgen nach der Regel tun, unter dem Gesichtspunkt des *immer gleichen* an. 419

57. Die Kunstrechner, die zum richtigen Resultat gelangen, aber nicht sagen können, wie. Sollen wir sagen: sie rechnen nicht? 419

58. »Einer Regel zu folgen *glauben*.« 420

59. Wie kann ich das Wort »gleich« erklären? – Woher das Gefühl, in meinem Verständnis liege mehr, als ich sagen kann? 420

60. Das *Ungreifbare* des Eingebens: daß *nichts* zwischen der Regel und meiner Handlung steht. 421

61. Eine Addition von Formen. Möglichkeiten im Falten eines Stücks Papier. Wie, wenn man keine Spaltung zwischen der geometrischen Möglichkeit und der physikalischen Möglichkeit machte?
Könnten nicht Leute u. U. mit Ziffern rechnen, ohne daß ein bestimmtes Resultat herauskommen *müßte*?
Wem die Rechnung einen kausalen Zusammenhang entdeckt, der rechnet nicht.
Die Mathematik ist normativ. 422

62. Die Einführung einer neuen Schlußregel als Übergang zu einem neuen Sprachspiel. 425

63. Beobachtung, daß eine Fläche rot und blau gefärbt ist, aber nicht, daß sie rot ist. Schlüsse davon.
Kann die Logik uns sagen, was wir beobachten müssen? 425

64. Eine Fläche mit Streifen von wechselnden Farben.
Könnte man Implikationen beobachten? 426

65. Einer sagt, er sieht einen rot und gelben Stern, aber nichts Gelbes. 428

66. »Ich halte mich an eine Regel.« 429

67. Das mathematische Muß – der Ausdruck einer Einstellung zur Technik des Rechnens.
Der Ausdruck dafür, daß die Mathematik Begriffe bildet. 430

68. Der Fall, man sehe den Komplex von A und B, aber weder A noch B.
Kann ich A und B sehen, aber nur A ∨ B beobachten?
Und umgekehrt. 431

69. Erfahrungen und zeitlose Sätze. 432

70. Inwiefern kann man sagen, ein Satz der Arithmetik gebe uns einen Begriff? 432

71. Nicht in jedem Sprachspiel gibt es etwas, was man »Begriff« nennen will. 433

72. Beweis und Bild. 434

73. Ein Sprachspiel, in dem Axiome, Beweise und bewiesene Sätze auftreten. 435

74. Jeder Beweis in der angewandten Mathematik kann aufgefaßt werden als ein Beweis der reinen Mathematik, welcher beweist, daß *dieser* Satz aus *diesen* Sätzen durch die und die Operationen zu erhalten ist. – Jeder Erfahrungssatz kann als Regel dienen, wenn man ihn unbeweglich macht und er zum Teil des Koordinatensystems wird. 436

Vorwort der Herausgeber

Die unter dem Titel »Bemerkungen über die Grundlagen der Mathematik« erstmals 1956 posthum veröffentlichten Aufzeichnungen Wittgensteins stammen fast alle aus der Zeit von September 1937 bis April 1944. In seinen letzten Lebensjahren ist Wittgenstein nicht mehr auf diese Themen zurückgekommen. Dagegen hat er von 1929 bis etwa 1934 vieles zur Philosophie der Mathematik und der Logik verfaßt. Ein beträchtlicher Teil davon ist – zusammen mit anderem Material aus jenen Jahren – unter den Titeln »Philosophische Bemerkungen« (1964) und »Philosophische Grammatik« (1969) veröffentlicht worden.

Die vorliegende revidierte Neuausgabe der »Bemerkungen über die Grundlagen der Mathematik« enthält den *ganzen* Text der ersten (1956) Ausgabe. Als Herausgeber haben wir also nichts weggelassen, was schon im Druck vorlag. Dagegen haben wir Zusätzliches mit einbezogen. Nur die Teile II und III der Erstausgabe werden hier als Teile III und IV praktisch genommen unverändert abgedruckt.

Von Teil I der Erstausgabe haben wir hier den Anhang II, ergänzt durch einige wenige Zusätze aus den Handschriften, als selbständigen Teil II abgesondert.

Gänzlich neu ist Teil VI der Neuausgabe. Das Manuskript enthält u. a. die vielleicht am meisten befriedigende Darstellung von Wittgensteins Gedanken zum Problem des Regelfolgens – eines seiner am häufigsten wiederkehrenden Gedankenthemata. Das Manuskript (164) ist in der Zeit 1941-1944 geschrieben worden; eine genauere Datierung war uns bisher nicht möglich.[1] Mit Ausnahme von einigen Bemerkungen am Ende, die sich nicht ganz in den sonstigen Problemkreis einfügen lassen, wird das Manuskript hier in extenso abgedruckt.

Teil I ist der früheste dieser Sammlung und nimmt gewisser-

---

[1] Die Numerierung von Wittgensteins Manuskripten und Maschinenskripten erfolgt hier nach dem Verzeichnis im Aufsatz von G. H. von Wright, »The Wittgenstein Papers«, in: *The Philosophical Review*, Vol. LXXVIII, 1969.

maßen eine Sonderstellung ein. Er ist der einzige in Maschinenschrift vorliegende Teil und von allen der am meisten durchgearbeitete. Die Maschinenschrift geht ihrerseits auf Manuskripte zurück, die zum größten Teil in der Zeit von September 1937 bis etwa zum Ende des Jahres verfaßt wurden (117, 118, 119). Eine Ausnahme sind jedoch die Bemerkungen zum Begriff der Negation; sie stammen aus einem um die Jahreswende 1933-1934 entstandenen Manuskript (115).

In ihrer ursprünglichen Form bildete die Maschinenschrift, die dem Teil I zugrunde liegt, die zweite Hälfte einer früheren Fassung der »Philosophischen Untersuchungen«. Diese Hälfte der Fassung hat Wittgenstein dann in »Zettel« aufgespaltet, sie mit zahlreichen Änderungen und Zusätzen versehen, und dann erst die hier wiedergegebene Ordnung der einzelnen Bemerkungen hergestellt. Noch im Jahre 1944 hat er in einem Manuskriptbuch (124) einige wenige Änderungen zu dieser Maschinenschrift vorgeschlagen. (Siehe unten S. 80.)

Der letzte Abschnitt der umgeordneten Zettelsammlung bestand aus unbeschnittenen Seiten, allerdings mit vielen handschriftlichen Zusätzen, und es ist nicht ganz klar, ob Wittgenstein ihn als mit dem vorhergehenden Text zusammengehörend angesehen hat. Dieser Abschnitt handelt vom Begriff der Negation und wurde, wie schon erwähnt, 3-4 Jahre früher als der Rest von Teil I geschrieben. Sein Inhalt findet sich zum großen Teil in den »Untersuchungen«, §§ 547-568, wieder. Die Herausgeber hatten ihn in der Erstausgabe weggelassen, hier aber als Anhang I des Teils I mit aufgenommen.

Der Zettelsammlung waren ferner zwei Anhänge beigefügt. Sie stammen aus demselben Maschinenskript der zweiten Hälfte der (frühen) »Untersuchungen«, doch waren sie von dem Rest der Zettelsammlung gesondert. Der erste Anhang handelt vom »Überraschenden in der Mathematik«. Der zweite bespricht u. a. Gödels Satz über die Existenz von unbeweisbaren, aber wahren Sätzen im System der »Principia Mathematica«. In die Erstausgabe war nur der zweite Anhang aufgenommen worden; hier werden jedoch beide Anhänge veröffentlicht. (Anhang II und III.)

Mit Ausnahme einiger weniger Bemerkungen, die Wittgenstein

bei der Zusammenstellung der Zettel selbst fortgelassen hat, umfaßt somit der hier veröffentlichte Teil I den ganzen Inhalt der zweiten Hälfte der frühen Fassung der »Philosophischen Untersuchungen«.

Es dürfte die Absicht Wittgensteins gewesen sein, seinen für die »Philosophischen Untersuchungen« geplanten Beiträgen zum Grundlagenproblem der Mathematik – neben dem Anhang über Gödels Satz – auch Anhänge über Cantors Lehre von der Unendlichkeit und Russells Logik beizufügen. Unter dem Titel »Ansätze« hat er, wahrscheinlich zu Anfang des Jahres 1938, einiges zum Problemkreis der Mengenlehre niedergeschrieben: über das Diagonalverfahren und die verschiedenen Arten der Zahlbegriffe. In der Zeit von April 1938 bis Januar 1939 hat er ein Manuskriptbuch (121) geschrieben, in das er, neben anderen Bemerkungen zur Philosophie der psychologischen Begriffe, vieles über Beweisbarkeit und Wahrheit (Gödel) sowie über Unendlichkeit und Zahlenarten (Cantor) eingetragen hat. Diese Aufzeichnungen hat er unmittelbar in einem Notizbuch (162a und Anfang von 162b) fortgesetzt. Auch später in den Kriegsjahren kommt er gelegentlich auf diese Themen zurück. Die Auseinandersetzung mit Cantor ist jedoch nie zu Ende geführt worden.

Was hier als Teil II veröffentlicht wird, besteht aus den obengenannten »Ansätzen« in 117 und aus einer Auswahl von Bemerkungen aus 121. Das Ganze stellt eine unbeträchtliche Erweiterung des Anhangs II von Teil I der früheren Ausgabe (1956) der »Grundlagen« dar. Die Zusammenführung von Sätzen und Stücken zu numerierten Bemerkungen entspricht dem Originaltext (was nicht durchwegs in der Ausgabe von 1956 der Fall war). Die Abschnitte sind von den Herausgebern numeriert worden.

Wittgensteins Auseinandersetzung mit Russell, d. h. mit dem Gedanken von der Herleitbarkeit der Mathematik (Arithmetik) aus dem Logikkalkül, findet sich in Teil III dieser Sammlung (Teil II der Ausgabe von 1956). Diese Aufzeichnungen stammen aus der Zeit von Oktober 1939 bis April 1940. Das Manuskript (122, mit Fortsetzung in der zweiten Hälfte von 117) war von allen dieser Sammlung zugrunde liegenden Manuskripten das umfangreichste. Stilistisch und wohl auch sachlich ist es wenig vollendet. Immer von neuem wiederholt der Verfasser den Versuch, seine Gedanken über die Natur des mathematischen Beweises zu erläutern: Was heißt, z. B., der Beweis soll übersichtlich sein; er führe uns ein Bild vor; er schafft einen neuen Begriff; und dgl. Er ist bestrebt, »die Buntheit der Mathematik« zu erklären und den Zusammenhang der verschiedenen Rechentechniken klarzulegen. Mit diesem Streben widersetzt er sich zugleich der Idee einer »Grundlage« der Mathematik, sei es in der Form des Russellschen Logikkalküls oder in der der Hilbertschen Konzeption einer Metamathematik. Die Idee des Widerspruchs und des Widerspruchsfreiheitsbeweises wird ausführlich besprochen.

Die Herausgeber waren der Ansicht, daß dieses Manuskript eine Fülle wertvoller Gedanken enthält, wie sie sonst nirgendwo in Wittgensteins Aufzeichnungen anzutreffen sind. Andererseits schien es ihnen auch klar, daß das Manuskript nicht ungekürzt veröffentlicht werden konnte. Deshalb war eine Auswahl unumgänglich. Die Aufgabe war schwer, und die Herausgeber sind mit dem Resultat nicht ganz zufrieden.

Im Herbst 1940 hat sich Wittgenstein von neuem mit der Philosophie der Mathematik befaßt und einiges zur Frage des Regelfolgens niedergeschrieben. Diese Aufzeichnungen (Manuskript 123) sind hier nicht veröffentlicht. Im Mai 1941 wurde die Arbeit wieder aufgenommen und führte bald zu Untersuchungen, von denen hier – als Teil VII – eine beträchtliche Auswahl veröffentlicht wird.

Die erste Hälfte von Teil VII (§§ 1-23) wurde größtenteils im Juni 1941 geschrieben. Sie bespricht das Verhältnis zwischen mathematischem Satz und Erfahrungssatz, zwischen Rechnung und Experiment, behandelt von neuem den Begriff des Widerspruchs und der Widerspruchsfreiheit und endet in der Nähe des Gödelschen Problems. Die zweite Hälfte entstand im Frühjahr 1944. Sie handelt hauptsächlich vom Begriff des Regelfolgens, des mathematischen Beweises und des logischen Schließens, und vom Zusammenhang zwischen Beweis und Begriffsbildung in der Mathematik. Es finden sich hier zahlreiche Berührungspunkte mit den in der Zwischenzeit entstandenen

Manuskripten einerseits (Teile IV und V) und mit Gedanken der »Philosophischen Untersuchungen« andererseits. §§ 47-60 bilden im wesentlichen eine frühere Fassung dessen, was jetzt in den »Untersuchungen« §§ 209 bis 237 zu finden ist. Hier ist die Reihenfolge der Bemerkungen verschieden; und einige sind in die spätere Fassung nicht aufgenommen worden. – Die beiden Hälften dieses Teils VII waren in demselben Manuskriptbuch (124) eingetragen, was unter anderem ein Anzeichen dafür sein dürfte, daß der Verfasser sie als zusammengehörig betrachtet hat.

Teil V ist zwei Manuskripten (126 und 127) aus den Jahren 1942 und 1943 entnommen – Teil IV wieder hauptsächlich einem Manuskript (125) aus dem Jahre 1942, mit einigen Zusätzen aus den beiden Manuskripten die Teil V zugrunde liegen. Manches in diesen beiden Teilen trägt den Charakter von »Vorstudien« zur zweiten Hälfte des Teiles VII; sie enthalten aber auch eine Fülle von Material, das der Verfasser dort nicht benutzt hat.

Im Teil V bespricht Wittgenstein Gegenstände, die sich mit Brouwer und dem sog. Intuitionismus berühren: das Gesetz vom ausgeschlossenen Dritten und mathematische Existenz; den Dedekind-Schnitt und die extensionale und die intensionale Betrachtungsweise in der Mathematik. In der zweiten Hälfte dieses Teils finden sich Bemerkungen zum Begriff der Allgemeinheit in der Mathematik und ganz besonders zu einem Gedankenthema, das später, in Teil VII, noch stärker zum Vorschein kommt: die Rolle der Begriffsbildung und das Verhältnis von Wahrheit und Begriff in der Mathematik.

Die chronologische Anordnung des Stoffes hatte zur Folge, daß ein und dasselbe Thema manchmal an verschiedenen Stellen behandelt wird. Hätte Wittgenstein seine Aufzeichnungen zu einem Buche zusammengestellt, so hätte er wohl manche dieser Wiederholungen vermieden.

Es muß noch einmal betont werden: Teil I und praktisch genommen auch Teil VI, aber nur sie, sind vollständige Wiedergaben von Texten Wittgensteins. Was also als Teile II, III, IV, V und VII hier veröffentlicht wird, ist eine *Auswahl* aus umfangreicheren Manuskripten. Im Vorwort zur Erstausgabe haben die Herausgeber die Vermutung geäußert, daß es später vielleicht wünschenswert wäre, auch das Weggelassene zu drucken. Sie sind noch derselben Meinung – aber auch der, daß für den Druck sämtlicher Manuskripte Wittgensteins über diese und andere Gegenstände die Zeit noch nicht gekommen ist. Für die Numerierung der ausgewählten Stücke sind wir als Herausgeber allein verantwortlich. (Auch in Teil I.) Die Gliederung der Aufzeichnungen in ›Bemerkungen‹ – hier durch weitere Abstände voneinander getrennt – ist dagegen Wittgensteins eigene. Die Ordnung der Abschnitte haben wir mit wenigen Ausnahmen nicht antasten wollen. Doch haben wir manchmal, besonders am Schluß des vierten und fünften Teils, zum selben Thema Gehörendes aus verschiedenen Stellen der Aufzeichnungen zusammengetragen.

Die Inhaltsverzeichnisse und das Register sollen dem Leser zu einem Überblick verhelfen und zu leichterem Wiederfinden der Stellen beim Nachsuchen dienen. Für die in den Inhaltsverzeichnissen angedeutete thematische Gliederung des Stoffes sind wir allein verantwortlich.

Teil I
1937-1938

1. Wir verwenden den Ausdruck: »die Übergänge sind durch die Formel... bestimmt«. Wie wird er verwendet? – Wir können etwa davon reden, daß Menschen durch Erziehung (Abrichtung) dahingebracht werden, die Formel $y = x^2$ so zu verwenden, daß Alle, wenn sie die gleiche Zahl für x einsetzen, immer die gleiche Zahl für y herausrechnen. Oder wir können sagen: »Diese Menschen sind so abgerichtet, daß sie alle auf den Befehl ›$+ 3$‹ auf der gleichen Stufe den gleichen Übergang machen.« Wir könnten dies so ausdrücken: »Der Befehl › $+3$‹ bestimmt für diese Menschen jeden Übergang von einer Zahl zur nächsten völlig.« (Im Gegensatz zu andern Menschen, die auf diesen Befehl nicht wissen, was sie zu tun haben, oder die zwar mit Sicherheit, aber ein jeder in anderer Weise, auf ihn reagieren.)

Wir können anderseits verschiedene Arten von Formeln und zu ihnen gehörige verschiedene Arten der Verwendung (verschiedene Arten der Abrichtung) einander entgegensetzen. Wir *nennen* dann Formeln einer bestimmten Art (und der dazugehörigen Verwendungsweise) »Formeln, welche eine Zahl y für ein gegebenes x bestimmen«, und Formeln anderer Art, solche, »die die Zahl y für ein gegebenes x nicht bestimmen«. ($y = x^2 + 1$ wäre von der ersten Art, $y > x^2 + 1$, $y = x^2 \pm 1$, $y = x^2 + z$ von der zweiten.) Der Satz: »die Formel... bestimmt eine Zahl y« ist dann eine Aussage über die Form der Formeln – und es ist nun ein Satz »Die Formel, die ich hingeschrieben habe, bestimmt y«, oder »Hier steht eine Formel, die y bestimmt«, zu unterscheiden von einem Satz wie: »Die Formel $y = x^2$ bestimmt die Zahl y für ein gegebenes x«. Die Frage »Steht dort eine Formel, die y bestimmt?« heißt dann dasselbe wie: »Steht dort eine Formel dieser Art, oder jener Art?«; was wir aber mit der Frage anfangen sollen: »Ist $y = x^2$ eine Formel, die y für ein gegebenes x bestimmt?« – ist nicht ohne weiteres klar. Diese Frage könnte man etwa an einen Schüler stellen, um zu prüfen, ob er die Verwendung des Ausdrucks »bestimmen« versteht; oder es könnte eine mathematische Aufgabe sein, zu berechnen, ob auf der rechten Seite der Formel nur eine Variable steht, wie z. B. im Fall: y = (x² + z)² — z(2x² + z).

2. »Wie die Formel gemeint wird, das bestimmt, welche Übergänge zu machen sind.« Was ist das Kriterium dafür, wie die Formel gemeint ist? Doch wohl die Art und Weise, wie wir sie ständig gebrauchen, wie uns gelehrt wurde, sie zu gebrauchen. Wir sagen z. B. Einem, der ein uns unbekanntes Zeichen gebraucht: »Wenn du mit ›x!2‹ meinst: x², so erhältst du *diesen* Wert für y, wenn du damit $\sqrt{x}$ meinst, *jenen*.« – Frage dich nun: Wie macht man es, mit »x!2« das eine, oder das andere *meinen*?
So kann also das Meinen die Übergänge zum voraus bestimmen.

3. *Wie weiß ich*, daß ich im Verfolg der Reihe + 2 schreiben muß
»20004, 20006«
und nicht
»20004, 20008«?
– (Ähnlich ist die Frage: »Wie weiß ich, daß diese Farbe ›rot‹ ist?«)
»Aber du weißt doch z. B., daß du immer die *gleiche* Zahlenfolge in den Einern schreiben mußt: 2, 4, 6, 8, 0, 2, 4, usw.« – Ganz richtig! das Problem muß auch schon in dieser Zahlenfolge, ja auch schon in *der*: 2, 2, 2, 2, usw. auftreten. – Denn wie weiß ich, daß ich nach der 500sten »2« »2« schreiben soll? daß nämlich an dieser Stelle »2« ›die gleiche Ziffer‹ ist? Und wenn ich es *zuvor* weiß, was hilft mir dies Wissen für später? Ich meine: wie weiß ich dann, wenn der Schritt wirklich zu machen ist, was ich mit jenem früheren Wissen anzufangen habe?
(Wenn zur Fortsetzung der Reihe + 1 eine Intuition nötig ist, dann auch zur Fortsetzung der Reihe + 0.)

»Aber willst du sagen, daß der Ausdruck ›+ 2‹ es für dich zweifelhaft läßt, was du, nach 2004 z. B., schreiben sollst?« – Nein; ich antworte ohne Bedenken: »2006«. Aber darum ist es ja überflüssig, daß dies schon früher festgelegt wurde. Daß ich keinen Zweifel habe, wenn die Frage an mich herantritt, heißt eben nicht, daß sie früher schon beantwortet worden war. »Aber ich weiß doch auch, daß, welche Zahl immer man mir geben wird, ich die folgende gleich mit Sicherheit werde angeben können.« – Ausgenommen ist doch gewiß der Fall, daß ich sterbe, ehe ich dazu komme, und viele andere Fälle. Daß ich aber so sicher bin, daß ich werde fortsetzen können, ist natürlich sehr wichtig. —

4. »Worin liegt dann aber die eigentümliche Unerbittlichkeit der Mathematik?« – Wäre für sie nicht ein gutes Beispiel die Unerbittlichkeit, mit der auf eins zwei folgt, auf zwei drei, usw.? – Das heißt doch wohl: in der *Kardinalzahlenreihe* folgt; denn in einer andern Reihe folgt ja etwas anderes. Und ist denn *diese* Reihe nicht eben durch diese Folge *definiert*? – »Soll das also heißen, daß es gleich richtig ist, auf welche Weise immer Einer zählt, und daß jeder zählen kann, wie er will?« – Wir würden es wohl nicht »zählen« nennen, wenn jeder *irgendwie* Ziffern nacheinander ausspräche; aber es ist freilich nicht einfach eine Frage der Benennung. Denn das, was wir »zählen« nennen, ist ja ein wichtiger Teil der Tätigkeiten unseres Lebens. Das Zählen, und Rechnen, ist doch – z. B. – nicht einfach ein Zeitvertreib. Zählen (und das heißt: *so* zählen) ist eine Technik, die täglich in den mannigfachsten Verrichtungen unseres Lebens verwendet wird. Und darum lernen wir zählen, wie wir es lernen: mit endlosem Üben, mit erbarmungsloser Genauigkeit; darum wird unerbittlich darauf gedrungen, daß wir Alle auf »eins« »zwei«, auf »zwei« »drei« sagen, usf. – »Aber ist dieses Zählen also nur ein *Gebrauch*; entspricht dieser Folge nicht auch eine Wahrheit?« Die *Wahrheit* ist, daß das Zählen sich bewährt hat. - »Willst du also sagen, daß ›wahr-sein‹ heißt: brauchbar (oder nützlich) sein?« – Nein; sondern, daß man von

der natürlichen Zahlenreihe – ebenso wie von unserer Sprache – nicht sagen kann, sie sei wahr, sondern: sie sei brauchbar und, vor allem, *sie werde verwendet*.

5. »Aber folgt es nicht mit logischer Notwendigkeit, daß du zwei erhältst, wenn du zu eins eins zählst, und drei, wenn du zu zwei eins zählst, usf.; und ist diese Unerbittlichkeit nicht dieselbe, wie die des logischen Schlusses?« – Doch! sie ist dieselbe. – »Aber entspricht denn der logische Schluß nicht einer Wahrheit? Ist es nicht *wahr*, daß das aus diesem folgt?« – Der Satz: »es ist wahr, daß das aus diesem folgt«, heißt einfach: das folgt aus diesem. Und wie verwenden wir diesen Satz? – Was würde denn geschehen, wenn wir anders schlössen – *wie* würden wir mit der Wahrheit in Konflikt geraten?

Wie würden wir mit der Wahrheit in Konflikt geraten, wenn unsere Zollstäbe aus sehr weichem Gummi wären, statt aus Holz und Stahl? – »Nun, wir würden nicht das richtige Maß des Tisches kennen lernen.« – Du meinst, wir würden nicht, oder nicht zuverlässig, *die* Maßzahl erhalten, die wir mit unsern harten Maßstäben erhalten. *Der* wäre also im Unrecht, der den Tisch mit dem dehnbaren Maßstab gemessen hätte und behauptete, er mäße 1.80 m nach unserer gewöhnlichen Meßart; sagt er aber, der Tisch mißt 1.80 m nach der seinen, so ist das richtig. – »Aber das ist dann doch überhaupt kein Messen!« – Es ist unserm Messen ähnlich und kann unter Umständen ›praktische Zwecke‹ erfüllen. (Ein Kaufmann könnte auf diese Weise verschiedene Kunden verschieden behandeln.)

Einen Maßstab, der sich bei geringer Erwärmung außerordentlich stark ausdehnte, würden wir – unter gewöhnlichen Umständen – deshalb *unbrauchbar* nennen. Wir könnten uns aber Verhältnisse denken, in denen gerade dies das Erwünschte wäre. Ich stelle mir vor, wir nehmen die Ausdehnung mit freiem Auge wahr; und wir legen Körpern in Räumen von ungleicher Temperatur die gleiche Maßzahl der Länge bei, wenn sie auf den Maßstab, der fürs Auge bald länger bald kürzer ist, gleich weit reichen.

Man kann dann sagen: Was hier »messen« und »Länge« und »längengleich« heißt, ist etwas Anderes, als was wir so nennen. Der Gebrauch dieser Wörter ist hier ein anderer als der unsere; aber er ist mit ihm *verwandt,* und auch wir gebrauchen diese Wörter auf vielerlei Weise.

6. Man muß sich klar machen, worin Schließen eigentlich besteht. Man wird etwa sagen, es besteht im Übergang von einer Behauptung zu einer andern. Aber heißt das, daß Schließen etwas ist, was stattfindet beim Übergang von der einen zur andern Behauptung, also *ehe* die andere ausgesprochen ist – oder, daß Schließen darin besteht, die eine Behauptung auf die andere folgen zu lassen, d. h., z. B. nach ihr auszusprechen? Wir stellen uns, verleitet durch die besondere Verwendung des Verbums »schließen«, gern vor, das Schließen sei eine eigentümliche Tätigkeit, ein Vorgang im Medium des Verstandes, gleichsam ein Brauen der Nebel, aus welchem dann die Folgerung auftaucht. Sehen wir aber doch zu, was dabei geschieht! – Da gibt es einen Übergang von einem Satz zum andern auf dem Weg über andere Sätze, also durch eine Schlußkette; aber von diesem brauchen wir nicht zu reden, da er ja eine andere Art von Übergang voraussetzt, nämlich den von einem Glied der Kette zum nächsten. Es kann nun zwischen den Gliedern ein Vorgang der Überleitung stattfinden. An diesem Vorgang ist nun nichts Okkultes; er ist ein Ableiten des einen Satzzeichens aus dem andern nach einer Regel; ein Vergleichen der beiden mit irgendeinem Paradigma, das uns das Schema des Übergangs darstellt; oder dergleichen. Das kann auf dem Papier, mündlich, oder ›im Kopf‹ vor sich gehen. – Der Schluß kann aber auch so gezogen werden, daß der eine Satz, ohne Überleitung, nach dem andern ausgesprochen wird; oder die Überleitung besteht nur darin, daß wir »Also«, oder »Daraus folgt« sagen, oder dergl. ... Man nennt es dann »Schluß«, wenn der gefolgerte Satz sich tatsächlich aus der Prämisse ableiten *läßt.*

7. Was heißt es nun, daß sich ein Satz aus einem andern, vermittels einer Regel, ableiten *läßt*? Läßt sich nicht alles aus allem vermittels *irgend* einer Regel – ja nach jeder Regel mit entsprechender Deutung – ableiten? Was heißt es, wenn ich z. B. sage: diese Zahl läßt sich durch die Multiplikation jener beiden erhalten? Dies ist eine Regel, die sagt, daß wir diese Zahl erhalten müssen, wenn anders wir *richtig* multiplizieren; und diese Regel können wir dadurch erhalten, daß wir die beiden Zahlen multiplizieren, oder auch auf andere Weise (obwohl man auch jeden Vorgang, der zu diesem Ergebnis führt, eine ›Multiplikation‹ nennen könnte). Man sagt nun, ich habe multipliziert, wenn ich die Multiplikation 265 × 463 ausgeführt habe, aber auch, wenn ich sage: »4 mal 2 ist 8«, obwohl hier kein Rechnungsvorgang zum Produkt geführt hat (das ich aber auch hätte *ausrechnen* können). Und so sagen wir auch, es werde ein Schluß gezogen, wo er nicht errechnet wird.

8. Ich darf aber doch nur folgern, was wirklich *folgt*! – Soll das heißen: nur das, was den Schlußregeln gemäß folgt; oder soll es heißen: nur das, was *solchen* Schlußregeln gemäß folgt, die irgendwie mit einer Realität übereinstimmen? Hier schwebt uns in vager Weise vor, daß diese Realität etwas sehr abstraktes, sehr allgemeines und sehr hartes ist. Die Logik ist eine Art von Ultra-Physik, die Beschreibung des ›logischen Baus‹ der Welt, den wir durch eine Art von Ultra-Erfahrung wahrnehmen (mit dem Verstande etwa). Es schweben uns hier vielleicht Schlüsse vor wie dieser: »Der Ofen raucht, also ist das Ofenrohr wieder verlegt.« (Und *so* wird dieser Schluß gezogen! Nicht so: »Der Ofen raucht, und wenn immer der Ofen raucht, ist das Ofenrohr verlegt; also ...«.)

9. Was wir ›logischer Schluß‹ nennen, ist eine Transformation des Ausdrucks. Z. B. die Umrechnung von einem Maß auf ein anderes. Auf der einen Kante eines Maßstabes sind Zoll auf-

getragen, auf der andern cm. Ich messe den Tisch in Zoll und gehe dann *auf dem Maßstab* zu cm über. – Und freilich gibt es auch beim Übergang von einem Maß zum andern richtig und falsch; aber mit welcher Realität stimmt hier das Richtige überein? Wohl mit einer *Abmachung,* oder einem *Gebrauch,* und etwa mit den praktischen Bedürfnissen.

10. »Aber muß denn nicht – z. B. – aus ›(x).fx‹ ›fa‹ folgen, wenn ›(x).fx‹ so gemeint ist, wie wir es meinen?« – Und wie äußert es sich, *wie* wir es meinen? Nicht durch die ständige Praxis seines Gebrauchs? und etwa noch durch gewisse *Gesten* – und was dem ähnlich ist. – Es ist aber, als hinge dem Wort »alle«, wenn *wir* es sagen, noch etwas an, womit ein anderer Gebrauch unvereinbar wäre; nämlich die *Bedeutung.* »›Alle‹ heißt doch: *alle!*« möchten wir sagen, wenn wir sie erklären sollen; und dabei machen wir eine gewisse Geste und Miene. Hacke alle diese Bäume um! – Ja, verstehst du nicht, was ›*alle*‹ heißt? (Er hatte *einen* stehen lassen.) Wie hat er gelernt, was ›alle‹ heißt? Doch wohl durch Übung. – Und freilich diese Übung hat nun nicht nur bewirkt, daß er auf den Befehl *das tut,* – sondern sie hat das Wort mit einer Menge von Bildern (visuellen und andern) umgeben, von denen das eine oder das andere auftaucht, wenn wir das Wort hören und aussprechen. (Und wenn wir Rechenschaft darüber geben sollen, was die ›Bedeutung‹ des Wortes ist, greifen wir zuerst *ein* Bild aus dieser Masse heraus – und verwerfen es dann wieder als unwesentlich, wenn wir sehen, daß einmal dies, einmal jenes auftritt, und manchmal keines.)
Man lernt die Bedeutung von »alle«, indem man lernt, daß aus ›(x).fx‹ ›fa‹ folgt. – Die Übungen, die den Gebrauch dieses Wortes einüben, seine Bedeutung lehren, zielen immer dahin, daß eine Ausnahme nicht gemacht werden darf.

11. Wie *lernen* wir denn schließen? Oder lernen wir es nicht?

Weiß das Kind, daß aus der doppelten Verneinung die Bejahung folgt? – Und wie *überzeugt* man es davon? Wohl dadurch, daß man ihm einen Vorgang zeigt (eine doppelte Umkehrung, zweimalige Drehung um 180, u. dergl.) den es nun als Bild der Verneinung annimmt.
Und man macht den Sinn von ›(x).fx‹ klar, indem man darauf dringt, daß aus ihm ›fa‹ folgt.

12. »Aus ›alle‹, wenn es *so* gemeint ist, muß doch *das* folgen.« – Wenn es *wie* gemeint ist? Überlege es dir, wie meinst du es? Da schwebt dir etwa noch ein Bild vor – und mehr hast du nicht. – Nein, es *muß* nicht – aber es *folgt*: Wir *vollziehen* diesen Übergang.
Und wir sagen: Wenn das nicht folgt, dann waren es eben nicht *alle* – und das zeigt nur, wie wir mit Worten in so einer Situation reagieren. –

13. Es kommt uns vor, daß außer dem *Gebrauch* des Wortes »alle« noch etwas anderes sich geändert haben muß, wenn aus ›(x).fx‹ nicht mehr ›fa‹ folgen soll; etwas, was dem Wort selbst anhängt.
Ist das nicht ähnlich, wie wenn man sagt: »Wenn dieser Mensch anders handelte, dann müßte auch sein Charakter ein anderer sein.« Nun das kann in manchen Fällen etwas heißen und in manchen nicht. Wir sagen: »aus dem Charakter fließt die Handlungsweise«, und so fließt aus der Bedeutung der Gebrauch.

14. Das zeigt dir – könnte man sagen – wie fest verbunden gewisse Gesten, Bilder, Reaktionen, mit einem ständig geübten Gebrauch sind.
›Es drängt sich uns das Bild auf . . .‹ Es ist sehr interessant, daß Bilder sich uns *aufdrängen*. Und wäre das nicht, wie könnte

ein Satz wie der »What's done cannot be undone« uns etwas sagen?

15. Wichtig ist, daß in unserer Sprache – in unserer natürlichen Sprache – ›alle‹ ein Grundbegriff ist und ›alle außer einem‹ weniger fundamental; d. h., es gibt dafür nicht *ein* Wort, auch nicht eine charakteristische Geste.

16. Der *Witz* des Wortes »alle« ist ja, daß es keine Ausnahme zuläßt. – Ja, das ist der Witz seiner Verwendung in unserer Sprache; aber welche Verwendungsarten wir als ›Witz‹ empfinden, das hängt damit zusammen, welche Rolle diese Verwendung in unserm ganzen Leben spielt.

17. Auf die Frage, worin denn das Schließen besteht, hören wir etwa: »Wenn ich die Wahrheit der Sätze ... erkannt habe, so bin ich nun berechtigt, ... hinzuschreiben.« – Inwiefern berechtigt? Hatte ich früher kein Recht, es hinzuschreiben? – »Jene Sätze überzeugen mich von der Wahrheit dieses Satzes.« Aber darum handelt sich's natürlich auch nicht. – »Nach diesen Gesetzen vollführt der Geist die besondere Tätigkeit des logischen Schließens.« Das ist gewiß interessant und wichtig; aber ist es denn auch wahr? schließt er immer nach *diesen* Gesetzen? Und worin besteht die besondere Tätigkeit des Schließens? – Darum ist es notwendig, zu schauen, wie wir denn in der Praxis der Sprache Schlüsse vollziehen; was das Schließen im Sprachspiel für ein Vorgang ist.
Z. B.: In einer Vorschrift steht: »Alle, die über 1.80 m hoch sind, sind in die ... Abteilung aufzunehmen.« Ein Kanzlist verliest die Namen der Leute, dazu ihre Höhe. Ein anderer teilt sie den und den Abteilungen zu. – »N.N. 1.90 m.« – »Also N.N. in die ... Abteilung.« Das ist Schließen.

18. Was nennen wir, nun, ›Schlüsse‹ bei Russell, oder bei Euklid? Soll ich sagen: die Übergänge von einem Satz zum nächsten im Beweis? Aber wo steht der *Übergang*? – Ich sage, bei Russell folge ein Satz aus einem andern, wenn jener aus diesem gemäß der Stellung der beiden in einem Beweise, und den ihnen beigefügten Zeichen, abzuleiten ist, – wenn wir das Buch lesen. Denn, dieses Buch zu lesen ist ein Spiel, welches gelernt sein will.

19. Man ist sich oft im Unklaren, worin das Folgen und Folgern eigentlich besteht; was für ein Sachverhalt, und Vorgang, es ist. Die eigentümliche Verwendung dieser Verben legt uns nahe, daß Folgen das Bestehen einer Verbindung zwischen Sätzen ist, der wir beim Folgern nachgehen. Dies zeigt sich sehr lehrreich in Russell's Darstellung (»Principia Mathematica«). Daß ein Satz $\vdash q$ aus einem Satz $\vdash p \supset q.p$ folgt, ist hier ein logisches Grundgesetz:

$$\vdash p \supset q.p. \supset . \vdash q.{}^1$$

Dieses berechtige uns nun, heißt es, $\vdash q$ aus $\vdash p \supset q.p$ zu schließen. Aber worin besteht denn ›schließen‹, die Prozedur, zu der wir berechtigt werden? Doch darin, den einen Satz – in irgendeinem Sprachspiel – nach dem andern als Behauptung auszusprechen, anzuschreiben, und dergl.; und wie kann mich jenes Grundgesetz *dazu* berechtigen?

20. Russell will doch sagen: »*So* werde ich schließen und so ist es *richtig*.« Er will uns also einmal mitteilen, wie er schließen will: das geschieht durch eine *Regel* des Schließens. Wie lautet sie? Daß dieser Satz jenen impliziert? — Doch wohl, daß in den Beweisen dieses Buchs ein solcher Satz nach einem solchen stehen soll. – Aber es soll ja ein logisches Grundgesetz sein, daß

---

1 *Principia Mathematica* 9.12: What is implied by a true premiss is true. Pp. (Anm. d. Hrsg.)

es *richtig* ist, so zu schließen! — Dann müßte das Grundgesetz lauten: »Es ist richtig von ... auf ... zu schließen«; und dieses Grundgesetz sollte nun wohl einleuchten — aber dann wird uns eben die Regel selbst als richtig, oder berechtigt, einleuchten. »Aber diese Regel handelt doch von Sätzen in einem Buch, und das gehört doch nicht in die Logik!« — Ganz richtig; die Regel ist wirklich nur eine Mitteilung, daß in diesem Buche nur *dieser* Übergang von einem Satz zum andern gebraucht wird (gleichsam eine Mitteilung aus dem Index); denn die Richtigkeit des Übergangs muß an Ort und Stelle einleuchten; und der Ausdruck des ›logischen Grundgesetzes‹ ist dann die *Folge der Sätze* selbst.

21. Russell scheint mit jenem Grundgesetz von einem Satz zu sagen: »Er folgt schon — ich brauche ihn nur noch zu folgern.« So heißt es einmal bei Frege, die Gerade, welche je zwei Punkte verbindet, sei eigentlich schon da, ehe wir sie zögen und so ist es auch, wenn wir sagen, die Übergänge, der Reihe + 2 etwa, wären eigentlich bereits gemacht, ehe wir sie mündlich oder schriftlich machen, — gleichsam nachzögen.

22. Einem, der dies sagt, könnte man antworten: Du verwendest hier ein Bild. Man *kann* die Übergänge, die Einer in einer Reihe machen soll, dadurch *bestimmen*, daß man sie ihm vormacht. Indem man z. B. die Reihe, die er schreiben soll, in einer anderen Notation hinschreibt, daß er sie nur noch zu übertragen hat, oder indem man sie wirklich ganz dünn vorschreibt und er hat sie nachzuziehen. Im ersten Fall können wir auch sagen, wir schreiben nicht *die* Reihe an, die er zu schreiben hat, machen also die Übergänge dieser Reihe selbst nicht; im zweiten Falle aber werden wir gewiß sagen, die Reihe, die er schreiben soll, sei schon vorhanden. Wir würden dies auch sagen, wenn wir ihm, was er hinzuschreiben hat, *diktieren*, obwohl wir dann eine Reihe von Lauten hervorbringen und er eine Reihe von Schrift-

zeichen. Es ist jedenfalls eine sichere Art, die Übergänge, die Einer zu machen hat, zu *bestimmen*, sie ihm, in irgendeinem Sinne, schon vorzumachen. – Wenn wir daher diese Übergänge in einem ganz andern Sinne bestimmen, indem wir nämlich unserm Schüler einer Abrichtung unterziehen, wie z. B. Kinder sie im Einmaleins und im Multiplizieren erhalten, so nämlich, daß Alle, die so abgerichtet sind, nun beliebige Multiplikationen, die sie nicht in ihrer Lehrzeit gemacht haben, auf die gleiche Weise und mit übereinstimmenden Resultaten ausführen – wenn also die Übergänge, die Einer auf den Befehl ›+ 2‹ zu machen hat, durch Abrichtung so bestimmt sind, daß wir mit Sicherheit voraussagen können, wie er gehen wird, auch wenn er *diesen* Übergang bis jetzt noch nie gemacht hat, – dann kann es uns natürlich sein, als Bild dieses Sachverhalts den zu gebrauchen: die Übergänge seien bereits alle gemacht, er schreibe sie nur noch hin.

23. »Aber wir folgern doch diesen Satz aus jenem, weil er tatsächlich folgt! Wir überzeugen uns doch, daß er folgt.« – Wir überzeugen uns, daß, was hier steht, aus dem folgt, was dort steht. Und dieser Satz ist *zeitlich* gebraucht.

24. Trenne die Gefühle (Gebärden) der Übereinstimmung, von dem, was du mit dem Beweise *machst*!

25. Wie ist es aber, wenn ich mich davon überzeuge, daß das Schema dieser Striche:

 (a)

gleichzahlig ist mit dem Schema dieser Eckpunkte:

(ich habe die Schemata absichtlich einprägsam gemacht), indem ich zuordne:

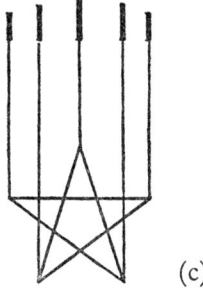

Nun, wovon überzeuge ich mich denn, wenn ich diese Figur ansehe? Ich sehe einen Stern mit fadenförmigen Fortsätzen. –

26. Aber ich kann von der Figur so Gebrauch machen: Fünf Leute stehen im Fünfeck aufgestellt; an der Wand stehen Stäbe, wie die Striche in (a); ich sehe auf die Figur (c) und sage: »ich kann jedem der Leute einen Stab geben.«
Ich könnte die Figur (c) als schematisches *Bild* davon auffassen, daß ich den fünf Leuten je einen Stab gebe.

27. Wenn ich nämlich erst ein beliebiges Vieleck zeichne

und dann eine beliebige Reihe von Strichen

so kann ich nun durch Zuordnung herausfinden, ob ich oben soviele Ecken habe, wie unten Striche. (Ich weiß nicht, was herauskommen würde.) Und so kann ich auch sagen, ich habe mich durch das Ziehen der Projektionslinien davon überzeugt, daß am oberen Ende der Figur (c) soviele Striche stehen, wie der Stern unten Ecken hat. (Zeitlich!) In dieser Auffassung gleicht die Figur nicht einem mathematischen Beweise (so wenig wie es ein mathematischer Beweis ist, wenn ich einer Gruppe von Leuten einen Sack Äpfel austeile und finde, daß Jeder gerade *einen* Apfel kriegen kann).
Ich kann die Figur (c) aber als mathematischen Beweis auffassen. Geben wir den Gestalten der Schemata (a) und (b) Namen! Die Gestalt (a) heiße »Hand«, H, die Gestalt (b) »Drudenfuß«, D. Ich habe bewiesen, daß H soviel Striche hat, wie D Ecken. Und dieser Satz ist wieder unzeitlich.

28. Der Beweis – könnte ich sagen – ist *eine* Figur, an deren einem Ende gewisse Sätze stehen und an derem andern Ende ein Satz steht (den wir den ›bewiesenen‹ nennen).
Man kann als Beschreibung so einer Figur sagen: in ihr folge der Satz ... aus ... Das ist eine Form der Beschreibung eines *Musters*, das z. B. auch ein Ornament (Tapetenmuster) sein könnte.
Ich kann also sagen: »In dem Beweise, welcher auf jener Tafel steht, folgt der Satz p aus q und r«, und das ist einfach eine Beschreibung dessen, was dort zu sehen ist. Es ist aber nicht der mathematische Satz, daß p aus q und r folgt. Dieser hat eine andere Anwendung. Er sagt – so könnte man es ausdrücken – daß es Sinn hat, von einem Beweise (Muster) zu reden, in welchem p aus q und r folgt. Wie man sagen kann, der Satz »weiß ist heller als schwarz« sage aus, es habe Sinn, von zwei Gegenständen zu reden, von denen der hellere weiß, der andere schwarz sei, aber nicht von zwei Gegenständen, von denen der hellere schwarz, der andere weiß sei.

29. Denken wir uns, wir hätten das Paradigma für »heller« und »dunkler« in Form eines weißen und schwarzen Flecks gegeben, und nun leiten wir mit seiner Hilfe sozusagen ab: daß Rot dunkler ist als Weiß.

30. Der durch (c) bewiesene Satz dient nun als neue Vorschrift zum Konstatieren der Gleichzahligkeit: Hat man eine Menge von Gegenständen in Form der Hand angeordnet und eine andere als die Ecken eines Drudenfußes, so sagen wir, die beiden Mengen seien gleichzahlig.

31. »Aber ist das nicht bloß, weil wir H und D schon einmal zugeordnet haben und gesehen, daß sie gleichzahlig sind?« – Ja aber, wenn sie es in *einem* Fall waren – wie weiß ich, daß sie es jetzt wieder sein werden? – »Weil es eben im *Wesen* der H und des D liegt, daß sie gleichzahlig sind.« – Aber wie konntest du *das* durch die Zuordnung herausbringen? (Ich dachte, die Zählung, oder Zuordnung, ergibt nur, daß diese beiden Gruppen, die ich jetzt vor mir habe, gleichzahlig – oder ungleichzahlig – sind.)
– »Aber wenn er nun eine H von Dingen hat und einen D von Dingen, und er ordnet sie nun tatsächlich einander zu, so ist es doch nicht *möglich*, daß er etwas anders erhält, als daß sie gleichzahlig sind. – Und, daß es nicht möglich ist, das sehe ich doch aus dem Beweis.« – Aber *ist* es denn nicht möglich? Wenn er z. B. – wie ein Anderer sagen könnte – eine der Zuordnungslinien zu ziehen *übersieht*. Aber ich gebe zu, daß er in der ungeheuern Mehrzahl der Fälle immer das gleiche Resultat erhalten wird und, erhielte er es nicht, sich für irgendwie gestört halten würde. Und wäre es nicht so, so würde dem ganzen Beweis der Boden entzogen. Wir entscheiden uns nämlich, das Beweisbild statt einer Zuordnung der Gruppen zu gebrauchen; wir ordnen sie *nicht* zu, sondern vergleichen *statt dessen* die Gruppen mit denen des Beweises (in welchem allerdings zwei Gruppen einander zugeordnet sind.)

32. Ich könnte als Resultat des Beweises auch sagen: »Eine H und ein D heißen von nun an ›gleichzahlig‹.«
Oder: Der Beweis *erforscht* nicht das Wesen der beiden Figuren, aber er spricht aus, was ich von nun an zum Wesen der Figuren rechnen werde. — Was zum Wesen gehört, lege ich unter den Paradigmen der Sprache nieder.
Der Mathematiker erzeugt *Wesen*.

33. Wenn ich sage: »Dieser Satz folgt aus jenem«, so ist das die Anerkennung einer Regel. Sie geschieht *auf Grund* des Beweises. D. h., ich lasse mir diese Kette (diese Figur) als *Beweis* gefallen. — »Aber könnte ich denn anders? *Muß* ich mir sie nicht gefallen lassen?« – Warum sagst du, du müssest? Doch darum, weil du am Schlusse des Beweises etwa sagst: »Ja – ich muß diesen Schluß anerkennen.« Aber das ist doch nur der Ausdruck deiner unbedingten Anerkennung.
D. h., glaube ich: die Worte »Das muß ich zugeben« werden in *zweierlei* Fällen gebraucht: wenn wir einen Beweis erhalten haben – aber auch in Bezug auf den einzelnen Schritt selber des Beweises.

34. Und worin äußert es sich denn, daß der Beweis mich *zwingt*? Doch darin, daß ich so und so darauf vorgehe, daß ich mich weigere, einen anderen Weg zu gehen. Als letztes Argument, gegen Einen, der so nicht gehen wollte, würde ich nur noch sagen: »Ja siehst du denn nicht...!« – und das ist doch kein *Argument*.

35. »Aber, wenn du recht hast, wie kommt es dann, daß sich alle Menschen (oder doch alle normale Menschen) diese Figuren als Beweise dieser Sätze gefallen lassen?« – Ja, hier besteht eine große – und interessante – Übereinstimmung.

36. Denk' dir, du hättest eine Reihe von Kugeln vor dir; du numerierst sie mit arabischen Ziffern und es geht von 1 bis 100; dann machst du nach je 10 einen größern Abstand; in jedem Reihenstück von je 10 einen etwas kleineren Abstand in der Mitte, zwischen 5 und 5 – so werden die 10 übersichtlich; nun nimmst du die Zehnerstücke und legst sie *unter* einander, und machst in der Mitte der Kolonne einen größeren Abstand, also zwischen fünf Reihen und fünf Reihen; nun numerierst du die Reihen von 1 bis 10. – Es wurde, sozusagen, mit den Kugeln exerziert. Ich kann sagen, wir haben Eigenschaften der hundert Kugeln entfaltet. – Nun aber denk' dir, daß dieser ganze Vorgang, dies Experiment mit den hundert Kugeln, gefilmt wurde. Ich sehe nun auf der Leinwand doch nicht ein Experiment, denn das Bild eines Experiments ist doch nicht selbst ein Experiment. – Aber das ›mathematisch Wesentliche‹ am Vorgang sehe ich nun auch in der Projektion! Denn es erscheinen da zuerst 100 Flecke, dann werden sie in Zehnerstücke eingeteilt, usw., usw. Ich könnte also sagen: der Beweis dient mir nicht als Experiment, wohl aber als Bild eines Experiments.

37. Lege 2 Äpfel auf die leere Tischplatte, schau daß niemand in ihre Nähe kommt und der Tisch nicht erschüttert wird; nun lege noch 2 Äpfel auf die Tischplatte; nun zähle die Äpfel, die da liegen. Du hast ein Experiment gemacht; das Ergebnis der Zählung ist wahrscheinlich 4. (Wir würden das Ergebnis so darstellen: wenn man unter den und den Umständen erst 2, dann noch 2 Äpfel auf einen Tisch legt, verschwindet zumeist keiner, noch kommt einer dazu.) Und analoge Experimente kann man, mit dem gleichen Ergebnis, mit allerlei festen Körpern ausführen. – So lernen ja die Kinder bei uns rechnen, denn man läßt sie 3 Bohnen hinlegen und noch 3 Bohnen und dann zählen, was da liegt. Käme dabei einmal 5, einmal 7 heraus, (etwa darum weil, *wie wir jetzt sagen würden*, einmal von selbst eine dazu-, einmal eine wegkäme), so würden wir zunächst Bohnen als für den Rechenunterricht ungeeignet erklären. Geschähe das

Gleiche aber mit Stäben, Fingern, Strichen und den meisten andern Dingen, so hätte das Rechnen damit ein Ende. »Aber wäre dann nicht doch noch 2 + 2 = 4?« – Dieses Sätzchen wäre damit unbrauchbar geworden. –

38. »Du brauchst ja nur auf die Figur

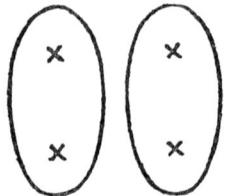

zu sehen, um zu sehen, daß 2 + 2 = 4 ist.« – Dann brauche ich nur auf die Figur

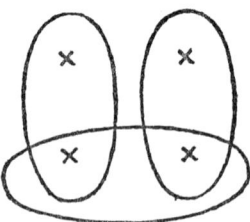

zu schauen, um zu sehen, daß 2 + 2 + 2 = 4 ist.

39. Wovon überzeuge ich Einen, der jene Abbildung im Film des Versuchs mit den hundert Kugeln verfolgt?
Man könnte sagen: davon, daß sich dies so zugetragen hat. – Aber das wäre keine mathematische Überzeugung. — Aber kann ich denn nicht sagen: *ich präge ihm einen Vorgang ein*? Dieser Vorgang ist die Umgruppierung einer Reihe von 100 Dingen in 10 Reihen zu 10. Und dieser Vorgang ist *tatsächlich* immer wieder durchzuführen. Und davon kann er mit Recht überzeugt sein.

40. Und so prägt der Beweis (25) durch Ziehen der Projektionslinien einen Vorgang ein, den der eins-zu-eins Zuordnung der H und des D. – »Aber *überzeugt* er mich nicht auch davon, daß diese¹ Zuordnung *möglich* ist?« – Wenn das heißen soll: daß du sie immer ausführen kannst –, so muß das durchaus nicht wahr sein. Aber das Ziehen der Projektionslinien überzeugt uns davon, daß oben soviele Striche sind, wie unten Ecken; und es liefert eine Vorlage, um danach solche Figuren einander zuzuordnen. – »Aber zeigt die Vorlage dadurch nicht, daß es geht? nicht, daß es diesmal ging! In dem Sinne, in welchem es nicht ginge, wenn oben statt | | | | die Figur | | | | | | stünde.« – Wieso? geht es denn da nicht? *So z. B.:*

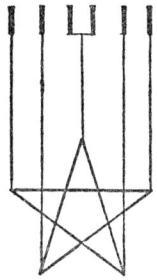

Diese Figur könnte doch auch als Beweis für etwas angewandt werden! Und zwar um zu zeigen, daß man Gruppen dieser Formen *nicht* 1-1 zuordnen kann.² ›Eine 1-1 Zuordnung ist hier unmöglich‹ heißt etwa: die Figuren und 1-1 Zuordnung passen nicht zusammen.

»So hab' ich's nicht gemeint!« – Dann zeig' mir, wie du's meinst, und ich werde es machen.

Aber kann ich denn nicht sagen, die Figur zeige, *wie* eine solche Zuordnung möglich ist – und muß sie darum nicht auch zeigen, *daß* sie möglich ist? –

---

1 Heißt hier »diese Zuordnung« die der Figuren des Beweises selbst? Es kann nicht etwas zugleich Maß und Gemessenes sein. (Randbemerkung.)
2 Ich werde etwa auf die Figur hin die eine Zuordnung zu machen versuchen, aber nicht die andere, und werde sagen, jene sei nicht möglich. (Randbemerkung.)

41. Was war denn damals der Sinn davon, daß wir vorschlugen, den Formen der 5 parallelen Striche und des Fünfecksterns Namen beizulegen? Was ist damit geschehen, daß sie Namen erhalten haben? Es wird dadurch etwas über die Art des Gebrauchs dieser Figuren angedeutet. Nämlich – daß man sie auf einen Blick als die und die erkennt. Man zählt dazu nicht ihre Striche oder Ecken; sie sind für uns Gestalttypen, wie Messer und Gabel, wie Buchstaben und Ziffern.
Ich kann also auf den Befehl: »Zeichne eine H!« (z. B.) – diese Form unmittelbar wiedergeben. – Nun lehrt mich der Beweis eine Zuordnung der beiden Formen. (Ich möchte sagen, es seien in dem Beweis nicht bloß diese individuellen Figuren zugeordnet, sondern die *Formen selbst*. Aber das heißt doch nur, daß ich mir jene Formen gut einpräge; als Paradigmen einpräge.) Kann ich nun, wenn ich die Formen H und D einander so zuordnen will, nicht in Schwierigkeiten geraten – indem etwa eine Ecke unten zuviel, oder oben ein Strich zuviel ist? – »Aber doch nicht, wenn du wirklich wieder H und D gezeichnet hast! – Und das läßt sich ja beweisen; sieh diese Figur an!«

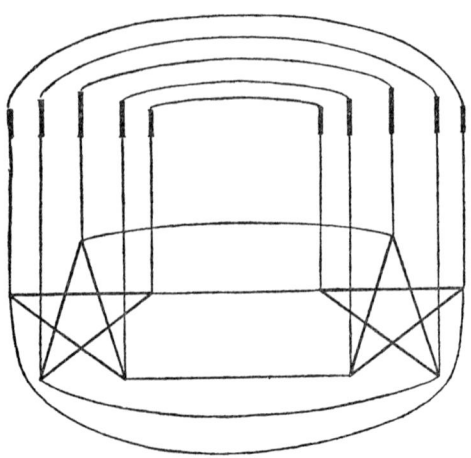

– Diese Figur lehrt mich eine neue Art der Kontrolle dafür, daß ich wirklich die gleichen Figuren hingezeichnet habe; aber kann ich, wenn ich mich nun nach dieser Vorlage richten will, nicht dennoch in Schwierigkeiten geraten? Ich sage aber, ich bin sicher, daß ich normalerweise in keine Schwierigkeiten kommen werde.

42. Es gibt ein Geduldspiel, das darin besteht, eine bestimmte Figur, z. B. ein Rechteck, aus gegebenen Stücken zusammenzusetzen. Die Teilung der Figur ist eine solche, daß es uns schwer wird, die richtige Zusammenstellung der Teile zu finden. Sie sei etwa diese:

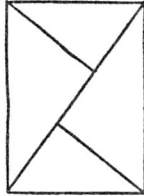

Was findet der, dem die Zusammenstellung gelingt? – Er findet: eine Lage – an welche er früher nicht gedacht hat. – Gut; aber kann man also nicht sagen: er überzeugt sich davon, daß man diese Dreiecke so zusammensetzen kann? – Aber ›diese Dreiecke‹: sind es die, welche oben im Rechteck liegen, oder sind es Dreiecke, die erst so zusammengesetzt werden sollen?

43. Wer sagt: »Ich hätte nicht geglaubt, daß man diese Figuren so zusammensetzen kann«, dem kann man doch nicht, auf das zusammengesetzte Geduldspiel zeigend, sagen: »So, du hast nicht geglaubt, daß man die Stücke so zusammensetzen kann?« – Er würde antworten: »Ich meine, ich habe an diese Art der Zusammensetzung garnicht gedacht.«

44. Denken wir uns die physikalischen Eigenschaften der Teile des Geduldspiels so, daß sie in die gesuchte Lage nicht kommen können. Aber nicht, daß man einen Widerstand empfindet,

wenn man sie in diese Lage bringen will; sondern man macht einfach alle andern Versuche, nur *den* nicht und die Stücke kommen auch durch Zufall nicht in diese Lage. Es ist gleichsam diese Lage aus dem Raum ausgeschlossen. Als wäre hier ein ›blinder Fleck‹, etwa in unserm Gehirn. – Und *ist* es denn nicht so, wenn ich glaube, alle *möglichen* Stellungen versucht zu haben und an dieser, wie durch Verhexung, immer vorbeigegangen bin? Kann man nicht sagen: die Figur, die dir die Lösung zeigt, beseitigt eine Blindheit; oder auch, sie ändert deine Geometrie? Sie zeigt dir gleichsam eine neue Dimension des Raumes. (Wie wenn man einer Fliege den Weg aus dem Fliegenglas zeigte.)

45. Ein Dämon hat diese Lage mit einem Bann umzogen und aus unserm Raum ausgeschlossen.

46. Die neue Lage ist wie aus dem Nichts entstanden. Dort, wo früher nichts war, dort ist jetzt auf einmal etwas.

47. Inwiefern hat dich denn die Lösung davon überzeugt, daß man dies und dies kann? – Du konntest es ja früher *nicht* – und jetzt kannst du es etwa. –

48. Ich sagte, »ich lasse mir das und das als Beweis eines Satzes gefallen« – aber kann ich mir die Figur, die die Stücke des Geduldspiels zusammengefügt zeigt, *nicht* als Beweis dafür gefallen lassen, das man jene Stücke zu diesem Umriß zusammensetzen kann?

49. Aber denk nun, eines der Stücke liege so, daß es das *Spiegelbild* des entsprechenden Teils der Vorlage ist. Er will nun die Figur nach der Vorlage zusammensetzen, sieht, es muß gehen, kommt aber nicht auf den Einfall, das Stück umzuwenden und findet, daß ihm das Zusammensetzen nicht gelingt.

50. Man kann ein Rechteck aus zwei Parallelogrammen und zwei Dreiecken zusammensetzen. Beweis:

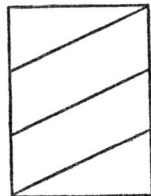

Ein Kind würde die Zusammensetzung eines Rechtecks aus diesen Bestandteilen schwer treffen und davon überrascht sein, daß zwei Seiten der Parallelogramme in eine gerade Linie fallen, wo doch die Parallelogramme schief sind. – Es könnte ihm vorkommen, daß das Rechteck gleichsam durch Zauberei aus diesen Figuren wird. Ja, es muß zugeben, daß sie nun ein Rechteck bilden, aber durch einen Trick, durch eine vertrackte Stellung, auf unnatürliche Weise.

Ich kann mir denken, daß das Kind, wenn es die beiden Parallelogramme in *der* Weise zusammengelegt hat, seinen Augen nicht traut, wenn es sieht, daß sie *so* zusammenpassen. ›Sie *sehen nicht aus,* als ob sie so zusammenpaßten.‹ Und ich könnte mir denken, daß man sagte: Es erscheint uns nur durch ein Blendwerk, als gäben *sie* das Rechteck – in Wirklichkeit haben sie ihre Natur verändert, sie sind nicht mehr die Parallelogramme.

51. »Du gibst *das* zu – dann mußt du *das* zugeben.« – Er *muß* es zugeben – und dabei ist es möglich, daß er es nicht zugibt! Du willst sagen: »wenn er *denkt,* muß er es zugeben.«

»Ich werde dir zeigen, warum du es zugeben mußt.« – Ich werde dir einen Fall vor Augen führen, welcher, wenn du ihn bedenkst, dich bestimmen wird, so zu urteilen.

52. Wie können ihn denn die Manipulationen des Beweises dazu bringen, etwas zuzugeben?

53. »Du wirst doch zugeben, daß 5 aus 3 und 2 besteht.«

Ich will es nur zugeben, wenn ich damit nichts zugebe. Außer – daß ich *dieses Bild* verwenden will.

54. Man könnte z. B. die Figur

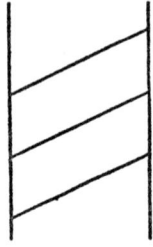

als Beweis dafür nehmen, daß 100 Parallelogramme, so zusammengesetzt, einen geraden Streifen geben müssen. Wenn man dann wirklich 100 zusammenfügt, erhält man nun etwa einen schwach gebogenen Streifen. – Der Beweis aber hat uns bestimmt, das Bild und die Ausdrucksweise zu gebrauchen: Wenn sie keinen geraden Streifen geben, waren sie ungenau hergestellt.

55. Denke nur, wie kann mich das Bild, das du mir zeigst (oder der Vorgang) dazu verpflichten, nun so und so immer zu urteilen! Ja, liegt hier ein Experiment vor, so ist *eines* ja doch zu wenig, mich zu irgendeinem Urteil zu verbinden.

56. Der Beweisende sagt: »Schau diese Figur an! Was wollen wir dazu sagen? Nicht, daß ein Rechteck aus ... besteht? –« Oder auch: »Das nennst du doch ›Parallelogramme‹ und das ›Dreiecke‹ und *so* sieht es doch aus, wenn eine Figur aus andern besteht. –«

57. »Ja, du hast mich überzeugt: ein Rechteck besteht immer aus ...« – Würde ich auch sagen: »Ja du hast mich überzeugt: *dieses* Rechteck (das des Beweises) besteht aus ...«? Und dies wäre ja doch der bescheidenere Satz; den auch der zugeben sollte, der etwa den allgemeinen Satz noch nicht zugibt. Seltsamerweise aber scheint der, der *das* zugibt, nicht den bescheideneren geometrischen Satz zuzugeben, sondern gar keinen Satz der Geometrie. Freilich, – denn bezüglich des Rechtecks des Beweises hat er mich ja von nichts überzeugt. (Über diese Figur, wenn ich sie früher gesehen hätte, wäre ich ja in keinem Zweifel gewesen.) Ich habe aus freien Stücken, was diese Figur anbelangt, alles zugestanden. Und er hat mich nur *mittels* ihrer überzeugt. – Aber anderseits, wenn er mich nicht einmal bezüglich *dieses* Rechtecks von etwas überzeugt hat, wie dann erst von einer Eigenschaft andrer Rechtecke?

58. »Ja, die Form sieht nicht so aus, als könnte sie aus zwei windschiefen Teilen bestehen.«
Was überrascht dich? Doch nicht, daß du jetzt diese Figur vor dir siehst! Mich überrascht etwas *in* dieser Figur. – Aber in dieser Figur geht ja nichts vor!

Mich überrascht die Zusammenstellung des Schiefen mit dem Graden. Mir wird, gleichsam, schwindlich.

59. Ich sage aber doch wirklich: »Ich habe mich überzeugt, daß man die Figur aus diesen Teilen legen kann«, wenn ich nämlich etwa die Abbildung der Lösung des Geduldspiels gesehen habe.
Wenn ich nun Einem das sage, so soll es doch heißen: »Versuch nur! diese Stücke, richtig gelegt, geben wirklich die Figur.« Ich will ihn aufmuntern etwas zu tun und sage ihm einen Erfolg voraus. Und die Vorhersage beruht auf der Leichtigkeit, mit der man die Figur aus den Stücken zusammensetzen kann, sobald man weiß *wie*.

60. Du sagst, du bist erstaunt über das, was dir der Beweis zeigt. Aber bist du erstaunt darüber, daß sich diese Striche haben ziehen lassen? Nein. Du bist erstaunt nur, wenn du dir sagst, daß zwei solche Stücke diese Form *geben*. Wenn du dich also in die Situation hineindenkst, du habest dir etwas anderes erwartet und nun sahest du das Ergebnis.

61. »Aus *dem* folgt unerbittlich *das*.« – Ja, in dieser Demonstration geht es aus ihm hervor.
Und eine Demonstration ist dies für den, der sie als Demonstration anerkennt. Wer sie *nicht* anerkennt, wer ihr nicht als Demonstration folgt, der trennt sich von uns, noch ehe es zur Sprache kommt.

62.

Hier haben wir etwas, was unerbittlich ausschaut. Und doch: ›unerbittlich‹ kann es nur in seinen Folgen sein! Denn sonst ist es nur ein Bild. Worin besteht denn die Fernwirkung – wie man's nennen könnte – dieses Schemas?

63. Ich habe einen Beweis gelesen – nun bin ich überzeugt. – Wie, wenn ich diese Überzeugtheit sofort vergäße! Denn es ist ein eigentümliches Vorgehen: daß ich den Beweis *durchlaufe* und dann sein Ergebnis annehme. — Ich meine: so *machen* wir es eben. Das ist so bei uns der Brauch, oder eine Tatsache unserer Naturgeschichte.

64. ›Wenn ich *fünf* habe, so habe ich *drei*, und *zwei*.‹ – Aber woher weiß ich, daß ich fünf habe? – Nun, wenn es so | | | | | ausschaut. – Und ist es auch gewiß, daß, wenn es *so* ausschaut, ich es immer in *solche* Gruppen zerlegen kann? Es ist eine Tatsache, daß wir das folgende Spiel spielen können: Ich lehre Einen, wie eine Zweier-, Dreier-, Vierer-, Fünfergruppe aussieht, und ich lehre ihn, Striche einander eins-zu-eins zuzuordnen; dann lasse ich ihn immer je zweimal den Befehl ausführen: »Zeichne eine Fünfergruppe« – und dann den Befehl: »Ordne die beiden Gruppen einander zu«; da zeigt es sich, daß er, so gut wie *immer*, die Striche restlos einander zuordnet. Oder auch: es ist Tatsache, daß ich bei der eins-zu-eins Zuordnung dessen, was ich als Fünfergruppen hinzeichne, *so gut wie nie* in Schwierigkeiten komme.

65. Ich soll das Geduldspiel zusammenlegen, ich versuche hin und her, bin zweifelhaft, ob ich es zusammenbringen werde. Nun zeigt mir jemand das Bild der Lösung: Nun sage ich – ohne irgendeinen Zweifel – »jetzt kann ich's!« – Ist es denn *sicher*, daß ich es nun zusammenbringen werde? – Aber die Tatsache ist: ich zweifle nicht daran.
Wenn nun jemand fragte: »Worin besteht die Fernwirkung jenes Bildes?« – Darin, daß ich es anwende.

66. *In* einer Demonstration *einigen* wir uns mit jemand. Einigen wir uns in ihr nicht, so trennen sich unsere Wege, ehe es zu einem Verkehr mittels dieser Sprache kommt.
Es ist ja nicht wesentlich, daß der Eine den Andern mit der Demonstration überrede. Es können ja beide sie sehen (lesen), und anerkennen.

67. »Du siehst doch – es kann doch keinem Zweifel unterliegen, daß eine Gruppe wie A wesentlich aus einer

wie B und einer wie C besteht.« – Auch ich sage – d. h., auch ich drücke mich so aus – daß die Gruppe, die du hingezeichnet hast, aus den beiden kleineren besteht; aber ich weiß nicht, ob jede Gruppe, die ich eine von der Art (oder Gestalt) der ersten nennen würde, unbedingt aus zwei Gruppen von der Art jener kleineren zusammengesetzt sein wird. — Ich glaube aber, es wird wohl immer so sein (meine Erfahrung hat mich dies vielleicht gelehrt) und darum will ich als Regel annehmen: Ich will eine Gruppe dann, und nur dann, eine von der Gestalt A nennen, wenn sie in zwei Gruppen wie B und C zerlegt werden kann.

68. Und so wirkt auch die Zeichnung 50 als Beweis. »Ja wahrhaftig! zwei Parallelogramme stellen sich zu dieser Form zusammen!« (Das ist sehr ähnlich, wie wenn ich sagte: »Ja wirklich! eine Kurve kann aus graden Stücken bestehen.«) – Ich hätte es nicht gedacht. Ja – nicht, daß die Teile dieser Figur diese Figur ergeben. Das heißt ja nichts. – Sondern ich staune nur, wenn ich denke, ich hätte das obere Parallelogramm ahnungslos auf das untere gestellt und sähe nun dieses Ergebnis.

69. Und man könnte sagen: Der Beweis hat mich von *dem* überzeugt – was mich auch überraschen kann.

70. Denn warum sage ich, jene Figur 50 überzeugt mich von etwas, und nicht geradeso auch diese:

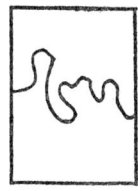

Sie zeigt doch auch, daß zwei solche Stücke ein Rechteck geben. »Aber das ist uninteressant«, will man sagen. Und warum ist es uninteressant?

71. Wenn man sagt: »Diese Form besteht aus diesen Formen« – so denkt man sich die Form als eine feine Zeichnung, ein feines Gestell von dieser Form, auf das gleichsam die Dinge gespannt sind, die diese Form haben. (Vergleiche: Platos Auffassung der Eigenschaften als Ingredientien eines Dings.)

72. »Diese Form besteht aus diesen Formen. Du hast mir eine wesentliche Eigenschaft dieser Form gezeigt.« – Du hast mir ein neues *Bild* gezeigt. Es ist, als hätte *Gott* sie so zusammengesetzt. — *Wir bedienen uns also eines Gleichnisses.* Die Form wird zum ätherischen Wesen, welches diese Form hat; es ist, als wäre sie ein für allemal so zusammengesetzt worden (von dem, der die wesentlichen Eigenschaften in die Dinge gelegt hat). Denn, wird die Form zum Ding, das aus Teilen besteht, so ist der Werkmeister der Form der, der auch Licht und Dunkelheit, Farbe und Härte, etc., gemacht hat. (Denke, jemand fragte: »Die Form ... ist aus diesen Teilen zusammengesetzt; wer hat sie zusammengesetzt? Du?«)
Man hat das Wort »Sein« für eine sublimierte, ätherische Art des Existierens gebraucht. Betrachte nun den Satz: »Rot *ist*« (z. B.). Freilich, niemand gebraucht ihn je; wenn ich mir aber doch einen Gebrauch für ihn erfinden sollte, so wäre es: als einleitende Formel zu Aussagen, die dann vom Wort »rot« Gebrauch machen sollen. Beim Aussprechen der Formel blicke ich auf ein Muster der Farbe Rot.

Einen Satz, wie »Rot *ist*« ist man versucht auszusprechen, wenn man die Farbe mit Aufmerksamkeit betrachtet: also in der gleichen *Situation* in welcher man die Existenz eines Ding's feststellt (eines blattähnlichen Insekts z. B.).

Und ich will sagen: wenn man den Ausdruck gebraucht, »der Beweis hat mich gelehrt – hat mich davon überzeugt – daß es sich so verhält«, ist man noch immer in jenem Gleichnis.

73. Ich hätte auch sagen können: ›Wesentlich‹ ist nie die Eigenschaft des Gegenstandes, sondern das Merkmal des Begriffes.

74. »War die Gestalt der Gruppe dieselbe, so muß sie dieselben Aspekte, Möglichkeiten der Teilung, haben. Hat sie andere, so ist es nicht die gleiche Gestalt; sie hat dir dann vielleicht irgend-

wie den gleichen Eindruck gemacht; aber *dieselbe Gestalt* ist sie nur, wenn du sie auf gleiche Weise zerteilen kannst.« Es ist doch, als würde dies das Wesen der Gestalt aussprechen. – Aber ich sage doch: Wer über das *Wesen* spricht –, konstatiert bloß eine Übereinkunft. Und da möchte man doch entgegnen: es gibt nichts Verschiedeneres, als ein Satz über die Tiefe des Wesens und einer – über eine bloße Übereinkunft. Wie aber, wenn ich antworte: der *Tiefe* des Wesens entspricht das *tiefe* Bedürfnis nach der Übereinkunft.
Wenn ich also sage: »es ist, als spräche dieser Satz das *Wesen* der Gestalt aus« – so meine ich: es ist doch, als spräche dieser Satz eine Eigenschaft des Wesens *Gestalt* aus! – Und man kann sagen: Das Wesen, von dem er eine Eigenschaft aussagt, und das ich hier das Wesen ›Gestalt‹ nenne, ist das Bild, das ich nicht umhin kann, mir beim Wort »Gestalt« zu machen.

75. Aber was für Eigenschaften der 100 Kugeln hast du entfaltet, oder vorgeführt?[1] — Nun, daß man diese Dinge mit ihnen tun kann. — Aber *welche* Dinge? Meinst du: daß du sie hast so bewegen können, daß sie nicht an der Tischfläche festgeleimt waren? — Nicht so sehr dies, als daß diese Formationen aus ihnen entstanden und dabei keine von ihnen weg- oder dazukam. — Du hast also physikalische Eigenschaften der Reihe gezeigt. Aber warum hast du den Ausdruck »entfalten« gebraucht? Du hättest doch nicht gesagt, du entfaltest die Eigenschaften einer Eisenstange, indem du zeigst, daß sie bei so und soviel Grad schmilzt. Und könntest du nicht ebenso gut sagen, du habest die Eigenschaften unseres Zahlengedächtnisses entfaltet wie die Eigenschaften der Reihe (z. B.)? Was du eigentlich *entfaltest*, ist ja wohl die Reihe der Kugeln. – Und du zeigst z. B., daß eine Reihe, wenn sie so und so ausschaut, oder so römisch numeriert ist, auf einfache Weise, und ohne daß eine Kugel dazu- oder wegkommt, in jene andere einprägsame Form gebracht werden kann. Aber ebenso gut konnte das doch ein psychologisches Experiment sein, das zeigt, daß du *jetzt* gewisse

---
[1] S. oben § 36. (Hrsg.)

Formen einprägsam findest, in die 100 Flecke durch bloßes Verschieben gebracht werden.

»Ich habe gezeigt, was sich mit 100 Kugeln machen läßt.« – Du hast gezeigt, daß sich *diese* 100 Kugeln (oder diese Kugeln dort) so entfalten ließen. Das Experiment war eines des Entfaltens (im Gegensatz etwa zu einem des Verbrennens).

Und das psychologische Experiment konnte z. B. zeigen, wie leicht man dich betrügen kann: Daß du es nämlich nicht merkst, wenn man Kugeln in die Reihe, oder aus ihr herausschmuggelt. Man könnte ja auch *so* sagen: Ich habe gezeigt, was sich mit einer Reihe von 100 Flecken durch scheinbares Verschieben machen läßt, – welche Figuren sich durch scheinbares Verschieben machen läßt, – welche Figuren sich durch scheinbares Verschieben aus ihr erzeugen lassen. – Was aber habe ich in diesem Fall entfaltet?

76. Denk dir, man sagte: wir entfalten die Eigenschaften eines Vielecks, indem wir je 3 Seiten durch eine Diagonale zusammennehmen. Es zeigt sich dann als 24-Eck. Will ich sagen: ich habe eine Eigenschaft des 24-Ecks entfaltet? Nein. Ich will sagen, ich habe eine Eigenschaft dieses (hier gezeichneten) Vielecks entfaltet. Ich weiß jetzt, daß hier ein 24-Eck steht.

Ist dies ein Experiment? Es zeigt mir etwa, was für ein Polygon jetzt da steht. Man kann, was ich getan habe, ein Experiment des Zählens nennen.

Ja, wie aber, wenn ich so einen Versuch an einem Fünfeck anstelle, das ich ja schon übersehen kann? — Nun, nehmen wir einen Augenblick an, ich könnte es nicht übersehen, – was (z. B.) der Fall sein kann, wenn es sehr groß ist. Dann wäre das Ziehen der Diagonalen ein Mittel, um mich davon zu überzeugen, daß das ein Fünfeck ist. Ich könnte wieder sagen, ich habe die Eigenschaften des Polygons, das da gezeichnet ist, entfaltet. — Kann ich es nun übersehen, dann kann sich doch *daran* nichts ändern. Es war etwa überflüssig, diese Eigenschaft zu entfalten, wie es überflüssig ist, zwei Äpfel, die vor mir liegen, zu zählen.

Soll ich nun sagen: »es war wieder ein Experiment, aber ich war des Ausgangs sicher«? Aber bin ich des Ausgangs in der Weise sicher, wie des Ausgangs der Elektrolyse einer Wassermenge? Nein; sondern anders! Ergäbe die Elektrolyse der Flüssigkeit nicht . . ., so würde ich mich für närrisch halten, oder sagen, ich wisse jetzt überhaupt nicht mehr, was ich sagen soll.
Denk dir, ich sagte: »Ja, hier steht ein Viereck, – aber schauen wir doch nach, ob es durch eine Diagonale in zwei Dreiecke zerlegt wird!« Ich ziehe dann die Diagonale und sage: »Ja, hier haben wir zwei Dreiecke.« Da würde man mich fragen: Hast du denn nicht *gesehen,* daß es in zwei Dreiecke zerlegt werden kann? Bist du erst jetzt überzeugt, daß hier ein Viereck steht; und warum traust du jetzt deinen Augen mehr als früher?

77. Aufgaben: Zahl der Töne – die innere Eigenschaft einer Melodie; Zahl der Blätter – äußere Eigenschaft eines Baumes. Wie hängt das mit der Identität des Begriffes zusammen? (Ramsey.)

78. Was zeigt uns der, der 4 Kugeln in 2 und 2 trennt, sie wieder zusammenschiebt, wieder trennt, etc.? Er prägt uns ein Gesicht ein und eine typische Veränderung dieses Gesichts.

79. Denke an die möglichen Stellungen einer Gliederpuppe. Oder denk, du hättest eine Kette mit, sagen wir, 10 Gliedern und du zeigst, was für charakteristische (d. h. einprägsame) Figuren man mit ihr legen kann. Die Glieder seien numeriert; dadurch werden sie zu einer leicht einprägbaren Struktur, auch wenn sie in gerader Reihe liegen.
Ich präge dir also charakteristische Lagen und Bewegungen dieser Kette ein.
Wenn ich nun sage: »Sieh', man kann auch *das* aus ihr machen« und es vorführe, zeige ich dir da ein Experiment? – Es

kann sein; ich zeige z. B., daß man sie in diese Form bringen kann; aber daran hast du nicht gezweifelt. Und was dich interessiert, ist nicht etwas, was diese individuelle Kette betrifft. – Zeigt aber, was ich vorführe, nicht doch eine Eigenschaft dieser Kette? Gewiß; aber ich führe nur solche Bewegungen, solche Umformungen, vor, die einprägsamer Art sind; und dich interessiert, diese Umformungen *zu lernen*. Es interessiert dich aber darum, weil es so leicht ist, sie immer wieder, an verschiedenen Gegenständen vorzunehmen.

80. Die Worte »Sieh, was ich aus ihr machen kann – « sind allerdings dieselben, die ich auch verwenden würde, wenn ich dir zeigte, was ich alles aus einem Klumpen Ton z. B. formen kann. Etwa daß ich geschickt genug bin, solche Dinge aus diesem Klumpen zu formen. In einem andern Fall: daß dies Material sich *so* behandeln läßt. Hier würde man kaum sagen: ›ich mache dich darauf aufmerksam‹, daß ich dies machen kann, oder daß das Material dies aushält, – während man im Fall der Kette sagen würde: ich mache dich darauf aufmerksam, daß sich dies mit ihr machen läßt. – Denn du hättest es dir auch *vorstellen* können. Aber du kannst natürlich keine Eigenschaft des Materials durch Vorstellen erkennen.
Das Experimenthafte verschwindet, indem man den Vorgang bloß als einprägsames Bild ansieht.

81. Was ich entfalte, kann man sagen, ist die *Rolle*, die ›100‹ in unserm Rechensystem spielt.

82. (Ich schrieb einmal:[1] »In der Mathematik sind Prozeß und Resultat einander äquivalent.«)

---
[1] Vgl. »Log.-phil. Abhandlung« 6.1261: In der Logik sind Prozeß und Resultat äquivalent. (Anm. d. Hrsg.)

83. Und doch fühle ich, daß es eine Eigenschaft von ›100‹ sei, daß es so erzeugt wird, oder werden kann. Aber wie kann es denn eine Eigenschaft der Struktur ›100‹ sein, daß sie so erzeugt wird, wenn sie z. B. garnicht so erzeugt würde? Wenn niemand so multiplizierte? Doch nur, wenn man sagen könnte, es ist eine Eigenschaft dieses Zeichens, Gegenstand dieser Regel zu sein. Z. B., es ist Eigenschaft der ›5‹, Gegenstand der Regel ›3 + 2 = 5‹ zu sein. Denn nur als Gegenstand der Regel ist die Zahl *das* Resultat der Addition jener andern Zahlen.
Wenn ich aber nun sage: es ist Eigenschaft der Zahl..., das Resultat der Addition von... nach der Regel... zu sein? — Es ist also eine Eigenschaft der Zahl, daß sie bei der Anwendung dieser Regel auf diese Zahlen entsteht. Die Frage ist: würden wir es ›Anwendung der Regel‹ nennen, wenn diese Zahl *nicht* das Resultat wäre? Und das ist dieselbe Frage wie: »Was verstehst du unter der ›Anwendung dieser Regel‹: das, was du etwa mit ihr machst (und du magst sie einmal so, einmal so anwenden), oder ist ›ihre Anwendung‹ anders erklärt?«

84. »Es ist eine Eigenschaft dieser Zahl, daß dieser Prozeß zu ihr führt.« — Aber, mathematisch gesprochen, führt kein Prozeß zu ihr, sondern sie ist das Ende eines Prozesses (gehört noch zum Prozeß).

85. Aber warum fühle ich, es werde eine Eigenschaft der Reihe entfaltet, gezeigt? — Weil ich abwechselnd, was gezeigt wird, als der Reihe wesentlich, und nicht wesentlich, ansehe. Oder: weil ich an diese Eigenschaften abwechselnd als externe und interne denke. Weil ich abwechselnd etwas als selbstverständlich hinnehme und es bemerkenswert finde.

86. »Du entfaltest doch die Eigenschaften der 100 Kugeln, in-

dem du zeigst, was aus ihnen gemacht werden kann.« – *Wie* gemacht werden kann? Denn, daß das aus ihnen gemacht werden *kann*, daran hat ja niemand gezweifelt, es muß also um die Art und Weise gehen, *wie* dies aus ihnen erzeugt wird. Aber sieh' diese an! ob sie nicht etwa das Resultat schon voraussetzt. –
Denn denke dir, es entsteht auf *diese Weise* einmal dies, einmal ein anderes Resultat; würdest du das nun hinnehmen? Würdest du nicht sagen: »Ich muß mich geirrt haben; auf *dieselbe* Art und Weise mußte immer das Gleiche entstehen.« Das zeigt, daß du das Resultat der Umformung einbeziehst in die Art und Weise der Umformung.

87. Aufgabe: Soll ich es Erfahrungstatsache nennen, daß *dieses* Gesicht durch *diese* Veränderung zu *jenem* wird? (Wie muß ›*dieses* Gesicht‹, ›*diese* Veränderung‹ erklärt sein, damit . . .?)

88. Man sagt: diese Einteilung *macht klar,* was da für eine Reihe von Kugeln steht. Macht sie klar, was für eine Reihe vor der Einteilung da *stand,* oder macht sie klar, was für eine Reihe jetzt da steht?

89. »Ich sehe auf den ersten Blick, wieviele es sind.« Nun, wieviele sind es? Ist die Antwort »*So* viele«? – (wobei man auf die Gruppe der Gegenstände zeigt). Wie lautet sie aber? Es sind ›50‹, oder ›100‹, etc.

90. »Die Einteilung macht mir klar, was da für eine Reihe steht.« Nun, was für eine steht da? Ist die Antwort »*Diese*«? Wie lautet eine sinnvolle Antwort?

91. Ich entfalte doch die geometrischen Eigenschaften dieser Kette auch, indem ich die Umformungen einer andern, gleich gebauten Kette vorführe. Aber dadurch zeige ich doch nicht, was ich tatsächlich mit der ersten tun kann, wenn diese sich tatsächlich als unbiegbar, oder sonstwie physikalisch ungeeignet erweist.
Also kann ich doch nicht sagen: ich entfalte die *Eigenschaften dieser Kette*.

92. Kann man Eigenschaften der Kette entfalten, die sie garnicht besitzt?

93. Ich messe einen Tisch, und er ist 1 m lang. – Nun lege ich einen Meterstab an einen andern Meterstab. Messe ich ihn dadurch? Finde ich, daß jener zweite Meterstab 1 m lang ist? Mache ich das gleiche Experiment der Messung, nur mit dem Unterschied, daß ich des Ausgangs sicher bin?

94. Ja, wenn ich den Maßstab an den Tisch anlege, messe ich immer den Tisch; kontrolliere ich nicht manchmal den Maßstab? Und worin liegt der Unterschied zwischen dem einen Vorgehen und dem andern?

95. Das Experiment des Entfaltens einer Reihe kann uns, unter anderem, zeigen, aus wievielen Kugeln die Reihe besteht, oder aber, daß wir diese (sagen wir) 100 Kugeln so und so bewegen können.
Die Rechnung aber des Entfaltens zeigt uns, was wir eine ›Umformung durch bloßes Entfalten‹ nennen.

96. Prüfe den Satz: es sei keine *Erfahrungstatsache*: daß die Tangente einer visuellen Kurve ein Stück mit dieser gemeinsam läuft; und wenn dies eine Figur zeige, so nicht als das Resultat eines Experiments.

Man könnte auch sagen: Du siehst hier, daß Stücke einer kontinuierlichen visuellen Kurve gerade sind. – Aber sollte ich nicht sagen: – »Das nennst du doch eine ›Kurve‹. – Und nennst du dieses Stückchen nun ›krumm‹ oder ›gerade‹? – Das nennst du doch eine ›Gerade‹, und sie enthält dieses Stück.«
Aber warum sollte man nicht für visuelle Strecken einer Kurve, die selbst keine Krümmung zeigen, einen neuen Namen gebrauchen?
»Das Experiment des Ziehens dieser Linien hat doch gezeigt, daß sie sich nicht in einem *Punkt* berühren.« – Daß *sie* sich nicht in einem Punkt berühren? Wie sind ›sie‹ definiert? Oder: Kannst du mir ein Bild davon zeigen, wie es ist, wenn sie sich ›in einem Punkt berühren‹? Denn warum soll ich nicht einfach sagen: das Experiment hat ergeben, daß sie – nämlich eine krumme und eine gerade Linie – einander *berühren*? Denn ist dies *nicht*, was ich »Berührung« solcher Linien nenne?

97. Zeichnen wir einen Kreis aus schwarzen und weißen Stücken, die kleiner und kleiner werden.

»Welches dieser Stücke – von links nach rechts – erscheint dir schon als gerade?« Hier mache ich ein Experiment.

98. Wie, wenn jemand sagte: »Die Erfahrung lehrt dich, daß diese Linie

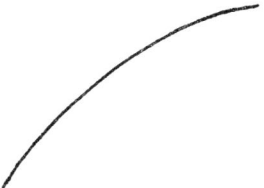

krumm ist«? – Da wäre zu sagen, daß hier die Worte »diese Linie«, den auf dem Papier gezogenen *Strich* bedeutet. Man kann ja tatsächlich den Versuch anstellen und diesen Strich verschiedenen Menschen zeigen, und fragen: »was siehst du; eine gerade, oder eine krumme Linie?« –
Wenn aber jemand sagte: »Ich stelle mir jetzt eine krumme Linie vor«, und wir ihm darauf sagen: »Da siehst du also, daß diese Linie eine krumme ist« – was für einen Sinn hätte das?
Nun kann man aber auch sagen: »Ich stelle mir einen Kreis vor aus schwarzen und weißen Stücken, eines ist groß, gekrümmt, die folgenden werden immer kleiner, das sechste ist schon gerade.« Wo liegt hier das Experiment?
In der Vorstellung kann ich rechnen, aber nicht experimentieren.

99. Was ist die charakteristische Verwendung des Vorgangs der Ableitung als *Rechnung* – im Gegensatz zur Verwendung des Vorgangs als Experiment?
Wir betrachten die Berechnung als Demonstration einer *internen Eigenschaft* (eine Eigenschaft des *Wesens*) der Strukturen. Aber was heißt das?
Als Urbild der ›internen Eigenschaft‹ könnte dieses dienen:

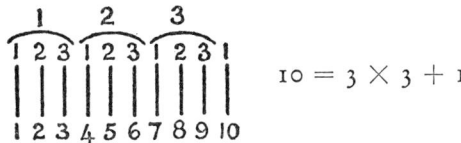

Wenn ich nun sage: 10 Striche bestehen notwendig aus 3 mal 3 Strichen und einem Strich – das heißt doch nicht: wenn 10

Striche dastehen, so stehen immer die Ziffern und Bogen rund herum. – Setze ich sie aber zu den Strichen hinzu, so sage ich, ich demonstrierte nur das Wesen jener Gruppe von Strichen. – Aber bist du sicher, daß sich die Gruppe beim Dazuschreiben jener Zeichen nicht verändert hat? – »Ich weiß nicht; aber *eine* bestimmte Zahl von Strichen stand da; und wenn nicht 10, so eine andre und dann hatte die eben andre Eigenschaften. – «

100. Man sagt: die Rechnung ›entfaltet‹ die Eigenschaft der Hundert. – Was heißt es eigentlich: 100 bestehe aus 50 und 50? Man sagt: der Inhalt der Kiste besteht aus 50 Äpfeln und 50 Birnen. Aber wenn Einer sagte: »der Inhalt der Kiste besteht aus 50 Äpfeln und 50 Äpfeln« –, wir wüßten zunächst nicht, was er meint. – Wenn man sagt: »Der Inhalt der Kiste besteht aus 2 mal 50 Äpfeln«, so heißt das entweder, es seien da zwei Abteilungen zu 50 Äpfeln; oder es handelt sich etwa um eine Verteilung, in der Jeder 50 Äpfel erhalten soll, und ich höre nun, daß man aus dieser Kiste zwei Leute beteilen kann.

101. »Die 100 Äpfel in der Kiste bestehen aus 50 und 50« – hier ist wichtig der unzeitliche Charakter von ›bestehen‹. Denn es heißt nicht, sie bestünden *jetzt,* oder für einige Zeit aus 50 und 50.

102. Was ist denn das Charakteristikum der ›internen Eigenschaften‹? Daß sie immer, unveränderlich, in dem Ganzen bestehen, das sie ausmachen; gleichsam unabhängig von allen äußeren Geschehnissen. Wie die Konstruktion einer Maschine auf dem Papier nicht bricht, wenn die Maschine selbst äußeren Kräften erliegt. – Oder ich möchte sagen: daß sie nicht Wind und Wetter unterworfen sind, wie das Physikalische der Dinge; sondern unangreifbar wie Schemen.

103. Wenn wir sagen: »dieser Satz folgt aus jenem«, so ist hier »folgen« wieder *unzeitlich* gebraucht. (Und das zeigt, daß dieser Satz nicht das Resultat eines Experiments ausspricht.)

104. Vergleiche damit: »Weiß ist heller als Schwarz.« Auch dieser Ausdruck ist unzeitlich und auch er spricht das Bestehen einer *internen* Relation aus.

105. »Diese Relation *besteht* aber eben« – möchte man sagen. Aber die Frage ist: Hat dieser Satz einen Gebrauch – und welchen? Denn einstweilen weiß ich nur, daß mir dabei ein Bild vorschwebt (aber dies garantiert mir die Verwendung nicht) und daß die Worte einen deutschen Satz geben. Aber es fällt dir auf, daß die Worte hier anders gebraucht werden, als im alltäglichen Fall einer nützlichen Aussage. (Wie etwa der Radmacher bemerken kann, daß die Aussagen, die er gewöhnlich über Kreisförmiges und Gerades macht, anderer Art sind, als die, die im Euklid stehen.) Denn wir sagen: dieser *Gegenstand* ist heller als jener, oder, die Farbe dieses Dings ist heller als die Farbe jenes, und dann ist etwas jetzt heller und kann später dunkler sein.
Woher die Empfindung, »Weiß ist heller als Schwarz« sage etwas über das *Wesen* der beiden Farben aus? –
Aber ist die Frage überhaupt richtig gestellt? Was meinen wir denn mit dem ›Wesen‹ von Weiß oder Schwarz? Wir denken etwa an ›das Innere‹, ›die Konstitution‹, aber das ergibt hier doch keinen Sinn. Wir sagen etwa auch: »Es liegt im Weiß, daß es heller ist ...«
Ist es nicht so: das Bild eines schwarzen und eines weißen Flecks

dient uns *zugleich* als Paradigma dessen, was wir unter »heller«

und »dunkler« verstehen und als Paradigma für »weiß« und für »schwarz«. In *so* fern ›liegt‹ nun die Dunkelheit ›im‹ Schwarz, als sie *beide* von diesem Fleck dargestellt werden. Er ist dunkel, *dadurch daß* er schwarz ist. – Aber richtiger gesagt: er *heißt* »schwarz« und damit, in unserer Sprache, auch »dunkel«. Jene Verbindung, eine Verbindung der Paradigmen und Namen ist in unsrer Sprache hergestellt. Und unser Satz ist unzeitlich, weil er nur die Verbindung der Worte »weiß«, »schwarz« und »heller« mit einem Paradigma ausspricht.

Man kann Mißverständnisse vermeiden, dadurch daß man erklärt, es sei Unsinn, zu sagen: »die Farbe dieses Körpers ist heller, als die Farbe jenes«, es müsse heißen: »dieser Körper ist heller als jener«. D. h., man schließt jene Ausdrucksform aus unserer Sprache aus.

Wem sagen wir »Weiß ist heller als Schwarz«? Was teilt ihm das mit?

106. Aber kann ich den Satz der Geometrie nicht auch ohne Beweis glauben, z. B. auf die Versicherung eines Andern hin? – Und was verliert der Satz, wenn er seinen Beweis verliert? – Ich soll hier wohl fragen: »Was kann ich mit ihm anfangen?«, denn darauf kommt es an. Den Satz auf die Versicherung des Andern *annehmen* – wie zeigt sich das? Ich kann ihn z. B. in weiteren Rechenoperationen verwenden, oder ich verwende ihn bei der Beurteilung eines physikalischen Sachverhalts. Versichert mich jemand z. B., 13 mal 13 sei 196, und ich glaube ihm, so werde ich mich nun wundern, daß ich 196 Nüsse nicht in 13 Reihen zu je 13 Nüssen legen kann und vielleicht annehmen, die Nüsse hätten sich von selbst vermehrt.

Aber ich fühle mich versucht zu sagen: man könne nicht *glauben*, daß $13 \times 13 = 196$ ist, man könne diese Zahl nur mechanisch vom Andern *annehmen*. Aber warum soll ich nicht sagen, ich glaube es? Ist denn, es glauben, ein geheimnisvoller Akt, der sozusagen unterirdisch mit der richtigen Rechnung in Verbindung steht? Ich kann doch jedenfalls *sagen*: »ich glaube es«, und nun danach handeln.

Man möchte fragen: »Was tut der, der glaubt, daß 13 × 13 = 196 ist?« Und die Antwort kann sein: Nun, das wird davon abhängen, ob er z. B. die Rechnung selber gemacht und sich dabei verschrieben hat, – oder ob sie zwar ein Andrer gemacht hat, er aber doch weiß, wie man so eine Rechnung macht, – oder ob er nicht multiplizieren kann, aber weiß, daß das Produkt die Zahl der Leute ist, die in 13 Reihen zu je 13 stehen, – kurz davon, was er denn mit der Gleichung 13 × 13 = 196 anfangen kann. Denn, sie prüfen, ist etwas mit ihr anfangen.

107. Denkt man nämlich an die arithmetische Gleichung als den Ausdruck einer internen Relation, so möchte man sagen: »Er kann ja garnicht glauben, daß 13 × 13 *dies* ergibt, weil das ja keine Multiplikation von 13 mit 13, oder kein *Ergeben* ist, wenn 196 am Ende steht.« Das heißt aber, daß man das Wort »glauben« für den Fall einer Rechnung und ihres Resultats nicht anwenden will, – oder nur dann, wenn man die richtige Rechnung vor sich hat.

108. »Was glaubt der, der glaubt 13 × 13 ist 196?« – Wie tief dringt er – könnte man sagen, mit seinem Glauben in das Verhältnis dieser Zahlen ein? Denn bis zum Ende – – will man sagen – kann er nicht dringen; oder er könnte es nicht glauben. Aber wann dringt er in die Verhältnisse der Zahlen ein? Gerade während er sagt, daß er glaubt...? Darauf wirst du nicht bestehen – denn es ist leicht zu sehen, daß dieser Schein nur durch die Oberflächenform unsrer Grammatik (wie man es nennen könnte) erzeugt wird.

109. Denn ich will sagen: »Man kann nur *sehen*, daß 13 × 13 = 169 ist, und man kann auch das nicht *glauben*. Und man kann – mehr oder weniger blind – eine Regel annehmen.« Und

was tue ich, wenn ich dies sage? Ich mache einen Schnitt; zwischen der *Rechnung* mit ihrem Resultat (d. i. einem bestimmten Bild, einer bestimmten Vorlage), und einem Versuch mit seinem Ausgang.

110. Ich möchte sagen: »Wenn ich glaube, daß a × b = c ist – und es kommt ja vor, daß ich so etwas glaube – sage, daß ich es glaube – so glaube ich nicht den mathematischen Satz, denn er steht am Ende eines Beweises, ist das Ende eines Beweises; sondern ich glaube: daß dies die Formel ist, die dort und dort steht, die ich so und so erhalten werde u. dergl.« – Und dies klingt ja, als dränge ich in den Vorgang des Glaubens eines solchen Satzes ein. Während ich nur – in ungeschickter Weise – auf den *fundamentalen* Unterschied, bei scheinbarer Ähnlichkeit, der Rollen deute eines arithmetischen Satzes und eines Erfahrungssatzes.
Denn ich *sage* eben unter gewissen Umständen: »ich glaube, daß a × b = c ist.« Was *meine* ich damit? – Was ich *sage*! — Wohl aber ist die Frage interessant: unter was für Umständen sage ich dies, und wie sind sie charakterisiert, im Gegensatz zu denen einer Aussage: »ich glaube, es wird regnen«? Denn was uns beschäftigt, ist ja dieser Gegensatz. Wir verlangen danach, ein Bild zu erhalten von der Verwendung der mathematischen Sätze und der Sätze »ich glaube, daß...«, wo ein mathematischer Satz der Gegenstand des Glaubens ist.

111. »Du glaubst doch nicht den mathematischen Satz.« – Das heißt: ›mathematischer Satz‹ bezeichnet mir eine Rolle für den Satz, eine Funktion, in der ein Glauben nicht vorkommt. Vergleiche: »Wenn du sagst: ›ich glaube, daß das Rochieren so und so geschieht‹, so glaubst du nicht die Schachregel, sondern du glaubst etwa, daß *so* eine Regel des Schachs lautet.«

112. »Man kann nicht *glauben*, die Multiplikation 13 × 13 liefere 169, weil das Resultat zur Rechnung gehört.« – Was nenne ich »die Multiplikation 13 × 13«? Nur das richtige Multiplikationsbild, an dessen unterem Ende 169 steht? oder auch eine ›falsche Multiplikation‹?
Wie ist festgelegt, welches Bild Multiplikation 13 × 13 ist? – Ist es nicht durch die Multiplikationsregeln *bestimmt*? – Aber wie, wenn dir mit Hilfe dieser Regeln heute etwas anderes herauskommt, als was in allen Rechenbüchern steht? Ist das nicht möglich? – »Nicht, wenn du die Regeln anwendest, wie *sie*!« – Freilich nicht! aber das ist ja ein Pleonasmus. Und wo steht, wie sie anzuwenden sind – und wenn es wo steht: wo steht, wie *dies* anzuwenden ist? Und das heißt nicht nur: in welchem Buch steht es, sondern auch, in welchem *Kopf*? – Was ist also die Multiplikation 13 × 13 – oder, wonach soll ich mich beim Multiplizieren richten: nach den Regeln, oder nach der Multiplikation, die in den Rechenbüchern steht — wenn diese beiden nämlich nicht übereinstimmen? – Nun, es kommt tatsächlich nie vor, daß der, welcher rechnen gelernt hat, bei dieser Multiplikation hartnäckig etwas anderes herausbringt, als was in den Rechenbüchern steht. Sollte es aber geschehen; so würden wir ihn für abnorm erklären, und von seiner Rechnung weiter keine Notiz nehmen.

113. »Aber bin ich also in einer Schlußkette nicht gezwungen, zu gehen, wie ich gehe?« – Gezwungen? Ich kann doch wohl gehen, wie ich will! – »Aber wenn du im Einklang mit den Regeln bleiben willst, *mußt* du so gehen.« – Durchaus nicht; ich nenne *das* ›Einklang‹. – »Dann hast du den Sinn des Wortes ›Einklang‹ verändert, oder den Sinn der Regel.« – Nein; – wer sagt, was hier ›verändern‹ und was ›gleichbleiben‹ heißt? Wieviele Regeln immer du mir angibst – ich gebe dir eine Regel, die *meine* Verwendung deiner Regeln rechtfertigt.

114. Wir könnten auch sagen: Wenn wir den Schlußgesetzen (Schlußregeln) *folgen,* so liegt in einem Folgen immer auch ein Deuten.

115. »Du darfst doch das Gesetz jetzt nicht auf einmal anders anwenden!« – Wenn ich darauf antworte: »Ach ja, ich hatte es ja *so* angewandt!« oder: »Ach, *so* sollte ich es anwenden –!«; dann spiele ich mit. Antworte ich aber einfach: »Anders? – Das *ist* doch nicht anders!« – was willst du tun? D. h. er kann antworten, wie ein verständiger Mensch und doch das Spiel mit uns nicht spielen.[1]

116. »Nach dir könnte also jeder die Reihe fortsetzen, wie er will; und also auch auf *irgend* eine Weise schließen.« Wir werden es dann nicht »die Reihe fortsetzen« nennen und auch wohl nicht »schließen«. Und Denken und Schließen (sowie das Zählen) ist für uns natürlich nicht durch eine willkürliche Definition umschrieben, sondern durch natürliche Grenzen, dem Körper dessen entsprechend, was wir die Rolle des Denkens und Schließens in unserm Leben nennen können.[1]
Denn, daß ihn Schlußgesetze nicht wie die Gleise den Zug zwingen, das und das zu reden, oder zu schreiben, darüber sind wir einig. Und wenn du sagst, er könne es zwar *reden,* aber er kann es nicht *denken,* so sage ich nur, das heiße nicht: er könne es, quasi trotz aller Anstrengung, nicht denken, sondern es heißt: zum ›Denken‹ gehört für uns wesentlich, daß er – beim Reden, Schreiben, etc. – *solche* Übergänge macht. Und ferner sage ich, daß die Grenze zwischen dem, was wir noch »denken« und dem, was wir nicht mehr so nennen, so wenig scharf gezogen ist, wie die Grenze zwischen dem, was noch »Gesetzmäßigkeit« genannt wird und dem, was wir nicht mehr so nennen.
Man kann aber dennoch sagen, daß die Schlußgesetze uns

---

[1] Der letzte Satz zugesetzt März 1944. (Anm. d. Hrsg.)

zwingen; in dem Sinne nämlich, wie andere Gesetze in der menschlichen Gesellschaft. Der Kanzlist, der so schließt, wie in (17), *muß* es so tun; er wäre bestraft worden, wenn er anders schlösse. Wer anders schließt, kommt allerdings in Konflikt: z. B. mit der Gesellschaft; aber auch mit andern praktischen Folgen.

Und auch *daran* ist etwas, wenn man sagt: er kann es nicht *denken*. Man will etwa sagen: Er kann es nicht mit persönlichem Inhalt erfüllen: er kann nicht wirklich *mitgehen* – mit seinem Verstand, mit seiner Person. Es ist ähnlich, wie man sagt: Diese Tonfolgen geben keinen Sinn, ich kann sie nicht mit Ausdruck singen. Ich kann nicht *mitschwingen*. Oder, was hier auf dasselbe hinauskommt: ich schwinge nicht mit.

»Wenn er es redet – könnte man sagen – kann er es nur gedankenlos reden.« Und hierzu muß nur bemerkt werden, daß das ›gedankenlose‹ Reden sich von einem anderen wohl auch manchmal durch das unterscheidet, was beim Reden im Redenden an Vorstellungen, Empfindungen, und anderem, vor sich geht, daß aber diese Begleitung nicht das ›Denken‹ ausmacht und ihr Fehlen noch nicht die ›Gedankenlosigkeit‹.

117. Inwiefern ist das logische Argument ein Zwang? – »Du gibst doch *das* zu, – und *das* zu; dann mußt du auch *das* zugeben!« Das ist die Art, jemanden zu zwingen. D. h., man kann so tatsächlich Menschen zwingen, etwas zuzugeben. – Nicht anders, als wie man Einen etwa dazu zwingen kann, dorthin zu gehen, indem man gebietend mit dem Finger dorthin zeigt. Denke, ich zeige in so einem Fall mit zwei Fingern zugleich in zwei verschiedenen Richtungen und stelle es damit dem Andern frei, in welcher der beiden Richtungen er gehen will – ein andermal zeige ich nur in *einer* Richtung; so kann man das auch so ausdrücken: mein erster Befehl habe ihn nicht gezwungen, in *einer* Richtung zu gehen, wohl aber der zweite. Das ist aber eine Aussage, die angeben soll, welcher Art meine Befehle waren; aber nicht, in welcher Art sie wirken, ob sie den und den tatsächlich zwingen, d. h., ob er ihnen gehorcht.

118. Es schien zuerst, als sollten diese Überlegungen zeigen, daß, ›was ein logischer Zwang zu sein scheint, in Wirklichkeit nur ein psychologischer ist‹ – und da fragte es sich doch: kenne ich also beide Arten des Zwanges?! –
Denke dir, es würde der Ausdruck gebraucht: »Das Gesetz § ... bestraft den Mörder mit dem Tode.« Das könnte doch nur heißen: dieses Gesetz laute: so und so. Jene Form des Ausdrucks aber könnte sich uns aufdrängen, weil das Gesetz Mittel ist, wenn der Schuldige der Bestrafung zugeführt wird. – Nun reden wir von ›Unerbittlichkeit‹ bei denen, die jemand bestrafen. Da könnte es uns einfallen, zu sagen: »das Gesetz ist *unerbittlich* – die Menschen können den Schuldigen laufen lassen, das Gesetz richtet ihn hin.« (Ja auch: »das Gesetz richtet ihn *immer* hin.«) – Wozu ist so eine Ausdrucksform zu gebrauchen? – Zunächst sagt dieser Satz ja nur, im Gesetz stehe das und das, und die Menschen richten sich manchmal nicht danach. Dann aber zeigt er doch das Bild des *einen* unerbittlichen – und vieler laxer Richter. Er dient darum als Ausdruck des Respekts vor dem Gesetz. Endlich aber kann man die Ausdrucksform auch so gebrauchen, daß man ein Gesetz ›unerbittlich‹ nennt, wenn es eine Möglichkeit der Begnadigung nicht vorsieht, und im entgegengesetzten Fall etwa ›einsichtig‹.
Wir reden nun von der ›Unerbittlichkeit‹ der Logik; und denken uns die logischen Gesetze unerbittlich, unerbittlicher noch, als die Naturgesetze. Wir machen nun darauf aufmerksam, wie das Wort »unerbittlich« auf mehrerlei Weise angewendet wird. Es entsprechen unsern logischen Gesetzen sehr allgemeine Tatsachen der täglichen Erfahrung. Es sind die, die es uns möglich machen, jene Gesetze immer wieder auf einfache Weise (mit Tinte auf Papier z. B.) zu demonstrieren. Sie sind zu vergleichen mit jenen Tatsachen, welche die Messung mit dem Metermaß leicht ausführbar und nützlich machen. Das legt den Gebrauch gerade dieser Schlußgesetze nahe, und nun sind *wir* unerbittlich in der Anwendung dieser Gesetze. Weil wir ›messen‹; und es gehört zum Messen, daß Alle das gleiche Maß haben. Außerdem aber kann man unerbittliche, d. h. *eindeutige,* von nichteindeutigen Schlußregeln unterscheiden, ich meine von solchen, die uns eine Alternative freistellen.

119. »Ich kann doch nur folgern, was wirklich folgt.« – D. h.: was die logische Maschine wirklich hervorbringt. Die logische Maschine, das wäre ein alles durchdringender ätherischer Mechanismus. – Vor diesem Bild muß man warnen.
Denk dir ein Material härter und fester als irgend ein anderes. Aber wenn man einen Stab aus diesem Stoff aus der horizontalen in die vertikale Lage bringt, so zieht er sich zusammen; oder er biege sich, wenn man ihn aufrichtet und ist dabei so hart, daß man ihn auf keine andre Weise biegen kann. – (Ein Mechanismus aus diesem Stoff hergestellt, etwa eine Kurbel, Pleuelstange und Kreuzkopf. Andere Bewegungsweise des Kreuzkopfs.)
Oder: eine Stange biegt sich, wenn man ihr eine gewisse Masse nähert; gegen alle Kräfte aber, die wir auf sie wirken lassen, ist sie vollkommen starr. Denk dir, die Führungsschienen des Kreuzkopfs biegen sich und strecken sich wieder, wenn die Kurbel sich ihnen nähert und sich wieder entfernt. Ich nähme aber an, daß keinerlei besondere äußere Kraft dazu nötig ist, dies hervorzurufen. Dieses Benehmen der Schienen würde wie das eines lebenden Wesens anmuten.
Wenn wir sagen: »Wenn die Glieder des Mechanismus ganz starr wären, würden sie sich so und so bewegen«, was ist das Kriterium dafür, daß sie ganz starr sind? Ist es, daß sie gewissen Kräften widerstehen? oder, daß sie sich so und so bewegen?
Denke, ich sage: »das ist das Bewegungsgesetz des Kreuzkopfes (die Zuordnung seiner Lage zur Lage der Kurbel etwa), wenn sich die Länge der Kurbel und der Pleuelstange nicht ändern.« Das heißt wohl: Wenn sich die Lagen der Kurbel und des Kreuzkopfes so zueinander verhalten, dann sage ich, daß die Länge der Pleuelstange gleich bleibt.

120. »Wenn die Teile ganz starr wären, würden sie sich so bewegen«: ist das eine Hypothese? Es scheint, nein. Denn wenn wir sagen: »die Kinematik beschreibt die Bewegungen des Mechanismus unter der Voraussetzung, daß seine Teile vollkommen starr sind«, so geben wir einerseits zu, daß diese Vor-

aussetzung in der Wirklichkeit nie zutrifft, anderseits soll es keinem Zweifel unterliegen, daß vollkommen starre Teile sich so bewegen würden. Aber woher diese Sicherheit? Es handelt sich hier wohl nicht um Sicherheit, sondern um eine Bestimmung, die wir getroffen haben. Wir *wissen* nicht, daß Körper, wenn sie (nach den und den Kriterien) starr wären, sich so bewegen würden; wohl aber würden wir (unter Umständen) Teile ›starr‹ nennen, die sich so bewegen – denke in so einem Fall immer daran, daß ja die Geometrie (oder Kinematik) keine Meßmethode spezifiziert, wenn sie von gleichen Längen oder vom Gleichbleiben einer Länge spricht.

Wenn wir also die Kinematik etwa die Lehre von der Bewegung vollkommen starrer Maschinenteile nennen, so liegt hierin einerseits eine Andeutung über die (mathematische) Methode: wir bestimmen gewisse Distanzen als die Längen der Maschinenteile, die sich nicht ändern; anderseits eine *Andeutung* über die Anwendung des Kalküls.

121. Die Härte des logischen Muß. Wie, wenn man sagte: das Muß der Kinematik ist viel härter, als das kausale Muß, das einen Maschinenteil zwingt, sich *so* zu bewegen, wenn der andere sich *so* bewegt? –

Denk dir, wir würden die Bewegungsweise des ›vollkommen Starren‹ Mechanismus durch ein kinematographisches Bild, einen Zeichenfilm, darstellen. Wie, wenn man sagen würde, dies Bild sei *vollkommen hart*, und damit meinte, wir hätten dieses Bild als Darstellungsweise genommen, – was immer die Tatsachen seien, wie immer sich die Teile des wirklichen Mechanismus biegen, oder dehnen mögen.

122. Die Maschine (ihr Bau) als Symbol für ihre Wirkungsweise: Die Maschine – könnte ich zuerst sagen – scheint ihre Wirkungsweise schon in sich zu haben. Was heißt das? –

Indem wir die Maschine kennen, scheint alles Übrige, nämlich

die Bewegungen, die sie machen wird, schon ganz bestimmt zu sein.
»Wir reden so, als *könnten* sich diese Teile nur so bewegen, als könnten sie nichts andres tun.«
Wie ist es –: vergessen wir also die Möglichkeit, daß sie sich biegen, abbrechen, schmelzen können, etc.? Ja; wir denken in *vielen* Fällen garnicht daran. Wir gebrauchen eine Maschine, oder das Bild einer Maschine, als Symbol für eine bestimmte Wirkungsweise. Wir teilen z. B. Einem dieses Bild mit und setzen voraus, daß er die Erscheinungen der Bewegungen der Teile aus ihm ableitet. (So wie wir jemand eine Zahl mitteilen können, indem wir sagen, sie sei die fünfundzwanzigste der Reihe, 1, 4, 9, 16, ...)
»Die Maschine scheint ihre Wirkungsweise schon in sich zu haben« heißt: Du bist geneigt, die künftigen Bewegungen der Maschine in ihrer Bestimmtheit Gegenständen zu vergleichen, die schon in einer Lade liegen und von uns nun herausgeholt werden.
So aber reden wir nicht, wenn es sich darum handelt, das wirkliche Verhalten einer Maschine vorauszusagen; da vergessen wir, im allgemeinen, nicht die Möglichkeiten der Deformation der Teile etc.
Wohl aber, wenn wir uns darüber wundern, wie wir denn die Maschine als Symbol einer Bewegungsweise verwenden können – da sie sich doch auch ganz *anders* bewegen kann.
Nun, wir könnten sagen, die Maschine, oder ihr Bild, stehe als Anfang einer Bilderreihe, die wir aus diesem Bild abzuleiten gelernt haben.
Wenn wir aber bedenken, daß sich die Maschine auch anders hätte bewegen können, so erscheint es uns leicht, als müßte in der Maschine als Symbol ihre Bewegungsart noch viel bestimmter enthalten sein, als in der wirklichen Maschine. Es genüge da nicht, daß dies die erfahrungsmäßig vorausbestimmten Bewegungen seien, sondern sie müßten eigentlich – in einem mysteriösen Sinne – bereits *gegenwärtig* sein. Und es ist ja wahr: die Bewegung des Maschinensymbols ist in anderer Weise vorausbestimmt, als die einer gegebenen wirklichen Maschine.

123. »Es ist, als könnten wir die ganze Verwendung des Wortes mit einem Schlag erfassen.« – Wie *was* z. B.? – *Kann* man sie nicht – in gewissem Sinne – mit einem Schlag erfassen? Und in *welchem* Sinne kannst du dies nicht? Es ist eben, als könnten wir sie in einem noch viel direkteren Sinne mit einem Schlag erfassen. Aber hast du dafür ein Vorbild? Nein. Es bietet sich uns nur diese Ausdrucksweise an. Als das Resultat sich kreuzender Gleichnisse.

124. Du hast kein Vorbild dieser übermäßigen Tatsache, aber du wirst dazu verführt, einen *Über-Ausdruck* zu gebrauchen.

125. Wann denkt man denn: die Maschine habe ihre möglichen Bewegungen schon in irgendeiner mysteriösen Weise in sich? – Nun, wenn man philosophiert. Und was verleitet uns, das zu denken? Die Art und Weise, wie wir von der Maschine reden. Wir sagen z. B., die Maschine *habe* (*besäße*) diese Bewegungsmöglichkeiten, wir sprechen von der ideal starren Maschine, die sich nur so und so bewegen *könne*. – Die Bewegungs*möglichkeit*, was ist sie? Sie ist nicht die *Bewegung*; aber sie scheint auch nicht die bloße physikalische *Bedingung* der Bewegung zu sein, etwa, daß zwischen Lager und Zapfen ein gewisser Zwischenraum ist, der Zapfen nicht zu streng ins Lager paßt. Denn dies ist zwar *erfahrungsmäßig* die Bedingung der Bewegung, aber man könnte sich die Sache auch anders vorstellen. Die Bewegungsmöglichkeit soll eher ein Schatten der Bewegung selber sein. Aber kennst du so einen Schatten? Und unter Schatten verstehe ich nicht irgendein Bild der Bewegung; denn dies Bild müßte ja nicht das Bild gerade *dieser* Bewegung sein. Aber die Möglichkeit dieser Bewegung muß die Möglichkeit gerade dieser Bewegung sein. (Sieh', wie hoch die Wellen der Sprache hier gehen!)
Die Wellen legen sich, sowie wir uns fragen: wie gebrauchen wir denn, wenn wir von einer Maschine reden, das Wort »Mög-

lichkeit der Bewegung«? – Woher kamen aber dann die seltsamen Ideen? Nun, ich zeige dir die Möglichkeit der Bewegung etwa durch ein *Bild* der Bewegung: ›also ist die Möglichkeit etwas der Wirklichkeit Ähnliches.‹ Wir sagen: »es bewegt sich noch nicht, aber es hat schon die Möglichkeit sich zu bewegen«, – ›also ist die Möglichkeit etwas der Wirklichkeit sehr Nahes‹. Wir mögen zwar bezweifeln, ob die und die physikalische Bedingung diese Bewegung möglich macht, aber wir diskutieren nie, ob *dies* die Möglichkeit dieser oder jener Bewegung *sei*: ›also steht die Möglichkeit der Bewegung zur Bewegung selbst in einer einzigartigen Relation, enger, als die des Bildes zu seinem Gegenstand‹, denn es kann bezweifelt werden, ob dies das Bild dieses oder jenes Gegenstandes ist. Wir sagen: »die Erfahrung wird lehren, ob dies dem Zapfen diese Bewegungsmöglichkeit gibt«, aber wir sagen nicht: »die Erfahrung wird lehren, ob dies die Möglichkeit dieser Bewegung ist«: ›also ist es nicht Erfahrungstatsache, daß diese Möglichkeit die Möglichkeit gerade dieser Bewegung ist.‹
Wir achten auf unsere eigene Ausdrucksweise, diese Dinge betreffend, verstehen sie aber nicht, sondern mißdeuten sie. Wir sind, wenn wir philosophieren, wie Wilde, wie primitive Menschen, die die Ausdrucksweise zivilisierter Menschen hören, sie mißdeuten und nun seltsame Schlüsse aus dieser Deutung ziehen.
Denke dir, es verstünde Einer unsre Vergangenheitsform nicht: »er ist hier gewesen.« — Er sagt: »›er *ist*‹, das ist die Gegenwart, also sagt der Satz, daß die Vergangenheit in einem gewissen Sinne gegenwärtig ist.«

126. »Aber ich meine nicht, daß, was ich jetzt (beim Erfassen) tue, die künftige Verwendung *kausal* und erfahrungsmäßig bestimmt, sondern daß, in einer *seltsamen* Weise, diese Verwendung selbst in irgend einem Sinne, gegenwärtig ist.« – Aber ›in *irgend* einem Sinne‹ ist sie es ja! (Wir sagen ja auch: »die Ereignisse der vergangenen Jahre sind mir gegenwärtig.«) Eigentlich ist an dem, was du sagst, falsch nur der Ausdruck:

»in seltsamer Weise.« Das Übrige ist richtig; und seltsam erscheint der Satz nur, wenn man sich zu ihm ein anderes Sprachspiel vorstellt, als das, worin wir ihn tatsächlich verwenden. (Jemand sagte mir, er habe sich als Kind darüber gewundert, wie denn der Schneider ›*ein Kleid nähe*‹ – er dachte, dies heiße, es werde durch *bloßes Nähen* ein Kleid erzeugt, indem nämlich Faden an Faden genäht würde.)

127. Die unverstandene Verwendung des Wortes wird als Ausdruck eines seltsamen *Vorgangs* gedeutet. (Wie man sich die Zeit als seltsames Medium, die Seele als seltsames Wesen denkt.)
Die Schwierigkeit aber entsteht hier in allen Fällen durch die Vermischung von »ist« und »heißt«.

128. Die Verbindung, die keine kausale, erfahrungsmäßige, sondern eine viel strengere und härtere sein soll, ja so fest, daß das Eine irgendwie schon das Andere *ist*, ist immer eine Verbindung in der Grammatik.

129. Woher weiß ich, daß dies Bild meine Vorstellung von der *Sonne* ist? – Ich *nenne* es Vorstellung von der Sonne. Ich *verwende* es als Bild der *Sonne*.

130. »Es ist, als könnten wir die ganze Verwendung des Wortes mit einem Schlag erfassen.« – Wir sagen ja, daß wir es tun. D. h., wir beschreiben ja, manchmal, was wir tun, mit diesen Worten. Aber es ist an dem, was geschieht, nichts Erstaunliches, nichts Seltsames. Seltsam wird es, wenn wir dazu geführt werden, zu denken, daß die künftige Entwickelung auf irgendeine

Weise schon im Akt des Erfassens gegenwärtig sein muß und doch nicht gegenwärtig ist. – Denn wir sagen, es sei kein Zweifel, daß wir das Wort... verstehen und anderseits liegt seine Bedeutung in seiner Verwendung. Es ist kein Zweifel, daß ich jetzt *Schach* spielen will; aber das Schachspiel ist dies Spiel durch *alle seine Regeln* (usf.). Weiß ich also nicht, was ich spielen wollte, ehe ich gespielt *habe*? Oder aber, sind alle Regeln in meinem Akt der Intention enthalten? Ist es nun Erfahrung, die mich lehrt, daß auf diesen Akt der Intention für gewöhnlich diese Art des Spielens folgt? Kann ich also doch nicht sicher sein, was ich zu tun beabsichtigte? Und wenn dies Unsinn ist, welcherlei über-starre Verbindung besteht zwischen dem Akt der Absicht und dem Beabsichtigten? — Wo ist die Verbindung gemacht zwischen dem Sinn der Worte »Spielen wir eine Partie Schach!« und allen Regeln des Spiels? – Im Regelverzeichnis des Spiels, im Schachunterricht, in der täglichen Praxis des Spielens.

131. Die logischen Gesetze sind allerdings der Ausdruck von ›Denkgewohnheiten‹, aber auch von der Gewohnheit *zu denken*. D. h., man kann sagen, sie zeigten: wie Menschen denken und auch, *was* Menschen »denken« nennen.

132. Frege nennt ›ein Gesetz des menschlichen Fürwahrhaltens‹: »Den Menschen ist es... unmöglich, einen Gegenstand als von ihm selbst verschieden anzuerkennen.«[1] – Wenn ich denke, daß mir das unmöglich ist, so denke ich, daß ich *versuche*, es zu tun. Ich schaue also auf meine Lampe und sage: »diese Lampe ist verschieden von ihr selbst.« (Aber es rührt sich nichts.) Ich sehe nicht etwa, daß es falsch ist, sondern ich kann damit gar nichts anfangen. (Außer, wenn die Lampe im Sonnenlicht flimmert, dann kann ich das ganz gut durch diesen Satz

---

[1] *Grundgesetze der Arithmetik*, Band I, S. XVII (Anm. d. Hrsg.)

ausdrücken.) Man kann sich auch in eine Art Denkkrampf versetzen, in welchem man *tut:* als versuchte man, das Unmögliche zu denken und es gelänge nicht. Ähnlich, wie man auch *tun* kann, als versuchte man (vergeblich) einen Gegenstand aus der Ferne durch bloßes Wollen an sich heran zu ziehen. (Dabei schneidet man etwa gewisse Gesichter, so, als wollte man dem Ding durch Mienen zu verstehen geben, es solle herkommen.)

133. Die Sätze der Logik sind ›Denkgesetze‹, ›weil sie das Wesen des menschlichen Denkens zum Ausdruck bringen‹ – richtiger aber: weil sie das Wesen, die Technik des Denkens zum Ausdruck bringen, oder zeigen. Sie zeigen, was das Denken ist, und auch Arten des Denkens.

134. Die Logik – kann man sagen – zeigt, was wir unter »Satz« und unter »Sprache« verstehen.

135. Denk dir diese seltsame Möglichkeit: Wir hätten uns bisher immer in der Multiplikation 12 × 12 verrechnet. Ja, es ist unbegreiflich, wie das geschehen konnte, aber es ist geschehen. Also ist alles falsch, was man so ausgerechnet hat! – Aber was macht es? Es macht ja gar nichts! – Dann muß also etwas falsch sein in unsrer Idee von Wahrheit und Falschheit der arithmetischen Sätze.

136. Aber ist es denn unmöglich, daß ich mich in der Rechnung geirrt habe? Und wie, wenn mich ein Teufel irrt, so daß ich irgend etwas immer wieder übersehe, so oft ich auch, Schritt für Schritt nachrechne. So daß, wenn ich aus der Verhexung erwachte, ich sagen würde: »Ja, war ich denn blind!« – Aber welchen Unterschied macht es, wenn ich dies ›annehme‹? Ich

könnte dann sagen: »Ja ja, die Rechnung ist gewiß falsch – aber so rechne ich. Und das nenne ich nun addieren, und diese Zahl ›die Summe dieser beiden‹.«

137. Denke, jemand würde so behext, daß er rechnete:

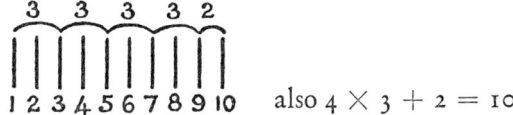 also 4 × 3 + 2 = 10.

Nun soll er seine Rechnung anwenden. Er nimmt viermal 3 Nüsse und noch 2, und verteilt sie unter 10 Leute; und jeder erhält *eine* Nuß: denn er teilt sie, den Bögen der Rechnung entsprechend, aus und so oft er Einem eine zweite Nuß gibt, ist sie verschwunden.

138. Man könnte auch sagen: Du schreitest in dem Beweis von Satz zu Satz; aber läßt du dir auch eine Kontrolle dafür gefallen, daß du richtig gegangen bist? – Oder sagst du bloß, »Es *muß* stimmen« und mißt alles andere mit dem Satz, den du erhältst?

139. Denn, wenn es *so* ist, dann schreitest du nur von Bild zu Bild.

140. Es könnte praktisch sein, mit einem Maßstab zu messen, der die Eigenschaft hat, sich auf etwa die Hälfte seiner Länge zusammen zu ziehen, wenn er aus diesem Raum in jenen gebracht wird. Eine Eigenschaft, die ihn unter andern Verhältnissen zum Maßstab untauglich machen würde.

Es könnte praktisch sein, beim Abzählen einer Menge, unter gewissen Umständen, Ziffern auszulassen; sie abzuzählen: 1, 2, 4, 5, 7, 8, 10.

141. Was geht da vor, wenn Einer versucht, eine Figur mit ihrem Spiegelbild durch Verschieben in der Ebene zur Deckung zu bringen und es ihm nicht gelingt? Er legt sie in verschiedener Weise aufeinander; blickt auf die Teile, die sich nicht decken, ist unbefriedigt, sagt etwa: »es *muß* doch gehen«, und legt die Figuren wieder anders zusammen.
Was geht vor, wenn Einer versucht, ein Gewicht aufzuheben und es ihm nicht gelingt, weil das Gewicht zu schwer ist? Er nimmt die und die Stellung ein, faßt das Gewicht an und spannt die und die Muskeln an, dann läßt er es los und gibt etwa Zeichen der Unbefriedigung.
Worin zeigt sich die geometrische, logische Unmöglichkeit der ersten Aufgabe?
»Nun, er hätte doch an einem Bild oder in andrer Weise zeigen können, wie das aussieht, was er im zweiten Versuch anstrebt.« – Aber er behauptet, das auch im ersten Fall zu können, indem er zwei gleiche, *kongruente,* Figuren miteinander zur Deckung bringt. – Was sollen wir nun sagen? Daß diese beiden Fälle eben verschieden sind? Aber das sind ja auch Bild und Wirklichkeit im zweiten Fall.

142. Was wir liefern, sind eigentlich Bemerkungen zur Naturgeschichte des Menschen; aber nicht kuriose Beiträge, sondern Feststellungen von Fakten, an denen niemand gezweifelt hat, und die dem Bemerktwerden nur entgehen, weil sie sich ständig vor unsern Augen herumtreiben.

143. Wir lehren jemand eine Methode, Nüsse unter Leute zu

verteilen; ein Teil dieser Methode ist das Multiplizieren zweier Zahlen im Dezimalsystem.
Wir lehren jemand ein Haus errichten; dabei auch, wie er sich die genügenden Mengen von Material, etwa Brettern, anschaffen soll, hiezu eine Technik des Rechnens. Die Technik des Rechnens ist ein Teil der Technik des Hausbaues.
Leute verkaufen und kaufen Scheitholz; die Stöße werden mit einem Maßstab gemessen, die Maßzahlen der Länge, Breite, Höhe multipliziert, und was dabei herauskommt, ist die Zahl der Groschen, die sie zu fordern und zu geben haben. Sie wissen nicht, ›warum‹ dies so geschieht, sondern sie machen es einfach so: so wird es gemacht. – Rechnen diese Leute nicht?

144. Wer so rechnet, muß er einen ›arithmetischen *Satz*‹ aussprechen? Wir lehren freilich die Kinder das Einmaleins in Form von *Sätzchen,* aber ist das wesentlich? Warum sollten sie nicht einfach: *rechnen lernen*? Und wenn sie es können, haben sie nicht Arithmetik gelernt?

145. Aber in welchem Verhältnis steht dann die *Begründung* eines Rechenvorgangs zu der Rechnung selbst?

146. »Ja, ich verstehe, daß dieser Satz aus diesem folgt.« – Verstehe ich, *warum* er folgt, oder verstehe ich nur, *daß* er folgt?

147. Wie, wenn ich gesagt hätte: Jene Leute zahlen für's Holz *auf Grund der Rechnung*; sie lassen sich die Rechnung als Beweis dafür gefallen, daß sie soviel zu zahlen haben. – Nun, es ist einfach eine Beschreibung ihres Vorgehens (Benehmens).

148. Jene Leute – würden wir sagen – verkaufen das Holz nach dem Kubikmaß – aber haben sie darin recht? Wäre es nicht richtiger, es nach dem Gewicht zu verkaufen – oder nach der Arbeitszeit des Fällens – oder nach der Mühe des Fällens, gemessen am Alter und an der Stärke des Holzfällers? Und warum sollten sie es nicht für einen Preis hergeben, der von alledem unabhängig ist: jeder Käufer zahlt ein und dasselbe, wieviel immer er nimmt (man hat etwa gefunden, daß man so leben kann). Und ist etwas dagegen zu sagen, daß man das Holz einfach verschenkt?

149. Gut; aber wie, wenn sie das Holz in Stöße von beliebigen, verschiedenen Höhen schichteten und es dann zu einem Preis proportional der Grundfläche der Stöße verkauften?
Und wie, wenn sie dies sogar mit den Worten begründeten: »Ja, wer mehr Holz kauft, muß auch mehr zahlen«?

150. Wie könnte ich ihnen nun zeigen, daß – wie ich sagen würde – der nicht wirklich mehr Holz kauft, der einen Stoß von größerer Grundfläche kauft? – Ich würde z. B. einen, nach ihren Begriffen, kleinen Stoß nehmen und ihn durch Umlegen der Scheiter in einen ›großen‹ verwandeln. Das *könnte* sie überzeugen – vielleicht aber würden sie sagen: »ja, jetzt ist es *viel* Holz und kostet mehr« – und damit wäre es Schluß. – Wir würden in diesem Falle wohl sagen: sie meinen mit »viel Holz« und »wenig Holz« einfach nicht das Gleiche, wie wir; und sie haben ein ganz anderes System der Bezahlung, als wir.

151. (Eine Gesellschaft, die so handelt, würde uns vielleicht an die »Klugen Leute« in dem Märchen erinnern.)

152. Frege sagt im Vorwort der »Grundgesetze der Arithmetik«: »... hier haben wir eine bisher unbekannte Art der Verrücktheit« – aber er hat nie angegeben, wie diese ›Verrücktheit‹ wirklich aussehen würde.

153. Worin besteht die Übereinstimmung der Menschen bezüglich der Anerkennung einer Struktur als Beweis? Darin, daß sie Worte als *Sprache* gebrauchen? Als das, was wir »Sprache« nennen.

Denke dir Menschen, die Geld im Verkehr gebrauchten, nämlich Münzen, die so aussehen wie unsere Münzen, aus Gold oder Silber sind und geprägt; und sie geben sie auch für Waren her – aber jeder gibt für die Waren, was ihm gerade gefällt und der Kaufmann gibt dem Kunden nicht mehr, oder weniger, je nachdem er bezahlt; kurz, dies Geld, oder was so aussieht, spielt bei ihnen eine ganz andere Rolle als bei uns. Wir würden uns diesen Leuten viel weniger verwandt fühlen, als solchen, die noch gar kein Geld kennen und eine primitive Art des Tauschhandels treiben. – »Aber die Münzen dieser Leute werden doch auch einen Zweck haben!« – Hat denn alles, was man tut, einen Zweck? Etwa religiöse Handlungen –.

Es ist schon möglich, daß wir geneigt wären, Menschen, die sich so benehmen, Verrückte zu nennen. Aber doch nennen wir nicht alle die Verrückte, die in den Formen unserer Kultur ähnlich handeln, Worte ›zwecklos‹ verwenden. (Denke an die Krönung eines Königs!)

154. Zum Beweis gehört Übersichtlichkeit. Wäre der Prozeß, durch den ich das Resultat erhalte, unübersehbar, so könnte ich zwar das Ergebnis, daß diese Zahl herauskommt, vermerken – welche Tatsache aber soll es mir bestätigen? ich weiß nicht: ›was herauskommen *soll*‹.

155. Wäre es möglich, daß Leute heute eine unsrer Berechnungen durchgingen und von den Schlüssen befriedigt wären, morgen aber ganz andre Schlüsse ziehen wollen, und einen andern Tag wieder andere?
Ja, kann man sich nicht denken, daß dies mit einer *Gesetzmäßigkeit* so geschehe; daß, wenn er einmal *diesen* Übergang macht, er ›*eben darum*‹ das nächste Mal einen andern macht, und darum (etwa) das nächste Mal wieder den ersten? (Ähnlich, wie wenn in einer Sprache die Farbe, die einmal »rot« genannt wird, darum beim nächsten Male anders genannt würde und beim übernächsten wieder »rot«, usf.; dies könnte Menschen so natürlich sein. Man könnte es ein Bedürfnis nach Abwechslung nennen.)
[*Randbemerkung*. Sind unsre Schlußgesetze ewig und unveränderlich?]

156. Ist es nicht so: Solange man denkt, es kann nicht anders sein, zieht man logische Schlüsse.
Das heißt wohl: solange *das und das gar nicht in Frage gezogen wird*.
Die Schritte, welche man nicht in Frage zieht, sind logische Schlüsse. Aber man zieht sie nicht darum *nicht* in Frage, weil sie ›sicher der Wahrheit entsprechen‹ – oder dergl. – sondern, dies ist es eben, was man ›Denken‹, ›Sprechen‹, ›Schließen‹, ›Argumentieren‹, nennt. Es handelt sich hier garnicht um irgendeine Entsprechung des Gesagten mit der Realität; vielmehr ist die Logik *vor* einer solchen Entsprechung; nämlich in dem Sinne, in welchem die Festlegung der Meßmethode *vor* der Richtigkeit oder Falschheit einer Längenangabe.

157. Wird es nun experimentell festgestellt, ob sich ein Satz aus dem andern ableiten läßt? – Es scheint, ja! Denn ich schreibe gewisse Zeichenfolgen hin, richte mich dabei nach gewissen Paradigmen – dabei ist es allerdings wesentlich, daß ich kein

Zeichen übersehe, oder daß es sonstwie abhanden kommt – und was bei diesem Vorgang entsteht, davon sage ich, es folge. – Dagegen ist ein Argument dies: Wenn 2 und 2 Äpfel nur 3 Äpfel geben, d. h., wenn 3 Äpfel daliegen, nachdem ich zwei und wieder zwei hingelegt habe, sage ich nun nicht: »2 + 2 ist also doch nicht immer 4«; sondern: »Einer muß irgendwie weggekommen sein«.

158. Aber inwiefern mache ich ein Experiment, wenn ich dem schon hingeschriebenen Beweis nur *folge*? Man könnte sagen: »Wenn du diese Kette von Umformungen ansiehst, – *kommt es dir nicht auch so vor, als stimmten sie* mit den Paradigmen?«

159. Wenn das also ein Experiment genannt werden soll, dann wohl ein psychologisches. – Der Anschein des Stimmens kann ja auf einer Sinnestäuschung beruhen. Und so ist es ja auch manchmal, wenn wir uns verrechnen.
Man sagt auch: »Das kommt mir heraus.« Und es ist doch wohl ein Experiment, das zeigt, daß dies *mir* herauskommt.

160. Man könnte sagen: Das Resultat des Experiments ist dies, daß ich, am Ende, beim Resultat des Beweises angelangt, mit Überzeugung sage: »Ja, es stimmt.«

161. Ist eine Berechnung ein Experiment? – Ist es ein Experiment, wenn ich morgens aus dem Bett steige? Aber könnte dies nicht ein Experiment sein, – welches zeigen soll, ob ich nach so und soviel Stunden Schlafes die Kraft habe, mich zu erheben? Und was fehlt dieser Handlung dazu, dies Experiment zu sein? – Bloß, daß sie nicht zu diesem Zwecke, d. h., in der Ver-

bindung mit einer solchen Untersuchung ausgeführt wird. *Experiment* ist etwas durch den Gebrauch, der davon gemacht wird.
Ist ein Experiment, in welchem wir die Beschleunigung beim freien Fall beobachten, ein physikalisches Experiment, oder ist es ein psychologisches, das zeigt, was Menschen, unter solchen Umständen, sehen? – Kann es nicht beides sein? Hängt das nicht von seiner *Umgebung* ab: von dem, was wir damit machen, darüber sagen?

162. Wenn man einen Beweis als Experiment auffaßt, so ist das Resultat des Experiments jedenfalls nicht das, was man das Resultat des Beweises nennt. Das Resultat der Rechnung ist der Satz, mit welchem sie abschließt; das Resultat des Experiments ist: daß ich von diesen Sätzen durch diese Regeln zu diesem Satz geführt wurde.

163. Aber nicht daran haftet unser Interesse, daß die und die (oder alle) Menschen von diesen Regeln so geleitet worden sind (oder so gegangen sind); es gilt uns als selbstverständlich, daß die Menschen – ›wenn sie richtig denken können‹ – *so* gehen. Wir haben jetzt aber einen *Weg* erhalten, sozusagen durch die Fußtapfen derer, die so gegangen sind. Und auf diesem Weg geht nun der Verkehr vor sich – zu verschiedenen Zwecken.

164. Erfahrung lehrt mich freilich, wie die Rechnung ausgeht; aber damit erkenne ich sie noch nicht an.

165. Die Erfahrung hat mich gelehrt, daß das diesmal herausgekommen ist, daß es für gewöhnlich herauskommt; aber sagt

das der Satz der Mathematik? Die Erfahrung hat mich gelehrt, daß ich diesen Weg gegangen bin. Aber ist *das* die mathematische Aussage? – Was sagt er aber? In welchem Verhältnis steht er zu diesen Erfahrungssätzen? Der mathematische Satz hat die Würde einer Regel.
Das ist wahr daran, daß Mathematik Logik ist: sie bewegt sich in den Regeln unserer Sprache. Und das gibt ihr ihre besondere Festigkeit, ihre abgesonderte und unangreifbare Stellung.
(Mathematik unter den Urmaßen niedergelegt.)

166. Aber wie –, dreht sie sich in diesen Regeln *hin* und *her*?
– Sie schafft immer neue und neue Regeln: baut immer neue Straßen des Verkehrs; indem sie das Netz der alten weiterbaut.

167. Aber bedarf sie denn dazu nicht einer Sanktion? Kann sie das Netz denn *beliebig* weiterführen? Nun, ich könnte ja sagen: der Mathematiker erfindet immer neue Darstellungsformen. Die einen, angeregt durch praktische Bedürfnisse, andre aus ästhetischen Bedürfnissen, – und noch mancherlei anderen. Und denke dir hier einen Gartenarchitekten, der Wege für eine Gartenanlage entwirft; es kann wohl sein, daß er sie bloß als ornamentale Bänder auf dem Reißbrett zieht und garnicht daran denkt, daß jemand einmal auf ihnen gehen wird.

168. Der Mathematiker ist ein Erfinder, kein Entdecker.

169. Erfahrung lehrt, daß beim Auszählen, wenn wir die Finger einer Hand brauchen, oder irgend eine Gruppe von Dingen, die so ||||| ausschaut, und an ihnen abzählen: Ich, Du, Ich, Du,

etc., das erste Wort auch das letzte ist.« »Aber *muß* es denn nicht so sein?« – Ist es denn so unvorstellbar, daß Einer die Gruppe | | | | | (z.B.) als Gruppe | | ||| | sieht, in der die beiden Mittelstriche verschmolzen sind und dementsprechend den Mittelstrich zweimal zählt? (Ja, das Gewöhnliche ist es nicht. –)

170. Wie aber ist es, wenn ich Einen erst darauf aufmerksam mache, daß das Ergebnis des Auszählens durch den Anfang vorausbestimmt ist, und er es nun versteht und sagt: »Ja freilich, – es muß ja so sein.« Was ist das für eine Erkenntnis? – Er hat sich etwa das Schema aufgezeichnet:

I D I D I
| | | | |

Und sein Raisonnement ist etwa: »Es ist doch *so*, wenn ich auszähle. – Also muß . . .«

(171. Damit hängt zusammen: Wir möchten manchmal sagen, »es muß doch einen Grund haben, warum auf dieses Thema – in einem Sonatensatz etwa – gerade *das* Thema folgt«. Als Grund würden wir eine gewisse Beziehung der beiden Themen, eine Verwandtschaft, einen Gegensatz, oder dergleichen, anerkennen. – Aber wir können ja eine solche Beziehung konstruieren: sozusagen eine Operation, die das eine Thema aus dem andern erzeugt; aber damit ist uns nur gedient, wenn diese Beziehung eine uns wohlvertraute ist. Es ist also, als müßte die Folge dieser Themen einem in uns schon vorhandenen Paradigma entsprechen.
Von einem Gemälde, das zwei menschliche Gestalten zeigt, könnte man ähnlich sagen: »Es muß einen Grund haben, warum gerade *diese* zwei Gesichter uns einen solchen Eindruck machen.« Wir möchten – heißt das – diesen Eindruck der beiden Gesichter wo anders wieder finden – in einem anderen Gebiet. – Aber ob er wieder zu finden ist?

Man könnte auch fragen: Welche Zusammenstellung von Themen hat eine *Pointe*, welche *keine*? Oder: *Warum* hat diese Zusammenstellung eine Pointe und *die* keine? Das mag nicht leicht zu sagen sein! Oft können wir sagen: »Diese entspricht einer Geste, diese nicht.«)[1]

---

[1] Diese Bemerkung stand am Ende der auf Zettel verteilten Maschinenschrift, die diesem Teil I und dem nachfolgenden Anhang I zu Grunde liegt. (Vgl. Vorwort, S. 30.) Ihr Platz in der Zettelsammlung ist aber nicht ganz klar und deshalb hatten die Herausgeber die Bemerkung nicht in die Erstausgabe aufgenommen. Es ist unsicher, ob »Damit hängt zusammen« sich auf die vorhergehenden Bemerkungen 169 und 170 bezieht. Auch in der Maschinenschrift war die Bemerkung zwischen Parenthesen eingeschlossen. (Anm. d. Hrsg.)

Anhang I
(1933-1934)

1. Könnte ich nicht sagen: zwei Wörter – schreiben wir sie »non« und »ne« – hätten dieselbe Bedeutung, sie seien beide Verneinungszeichen – aber

$$\text{non non } p = p$$

und

$$\text{ne ne } p = \text{ne } p?$$

(In den Wortsprachen bedeutet eine doppelte Verneinung sehr oft eine Verneinung.) Warum nenne ich dann aber beide »Verneinungen«? Was haben sie miteinander gemein? Nun, es ist klar, ein großer Teil ihrer Verwendung ist ihnen gemeinsam. Das löst aber unser Problem noch nicht. Denn wir möchten doch sagen: Auch, daß die doppelte Verneinung eine Bejahung ist, muß für beide stimmen, wenn wir nur die Verdoppelung entsprechend auffassen. Aber *wie?* – Nun so, wie es z. B. durch Klammern ausgedrückt werden kann:

$$(\text{ne ne}) \, p = \text{ne } p \quad , \quad \text{ne} \, (\text{ne } p) = p.$$

Wir denken gleich an einen analogen Fall der Geometrie: »Zwei halbe Drehungen addiert heben einander auf«, »Zwei halbe Drehungen addiert sind eine halbe Drehung«.

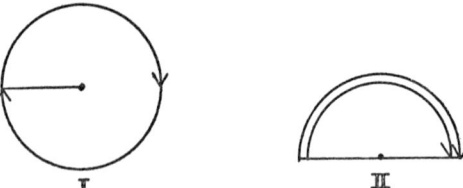

Es kommt eben darauf an, wie wir sie addieren. (Ob wir sie nebeneinander schalten, oder hintereinander.)

2. (Wir stoßen hier auf eine merkwürdige und charakteristische Erscheinung in philosophischen Untersuchungen: Die Schwie-

rigkeit – könnte ich sagen – ist nicht, die Lösung zu finden, sondern, etwas als die Lösung anerkennen: Wir haben schon alles gesagt. – Nicht etwas, was daraus folgt, sondern eben *das* ist die Lösung!
Das hängt, glaube ich, damit zusammen, daß wir fälschlich eine Erklärung erwarten; während eine Beschreibung die Lösung der Schwierigkeit ist, wenn wir sie richtig in unsere Betrachtung einordnen. Wenn wir bei ihr verweilen und nicht versuchen, über sie hinauszukommen.)

3. »Das ist bereits alles, was sich darüber sagen läßt.«
»non non p« als Verneinung des verneinten Satzes *auffassen*, das ist im besondern Fall etwa: eine Erklärung der Art »non non p = non (non p)« geben.

4. »Wenn ›ne‹ eine Verneinung ist, so muß ›ne ne p‹, wenn es nur entsprechend aufgefaßt wird, gleich p sein.«
»Wenn man ›ne ne p‹ als Negation von p nimmt, muß man die Verdoppelung anders auffassen.«
Man möchte sagen: »›Verdoppelung‹ *heißt* dann etwas anderes, *darum* ergibt sie jetzt eine Verneinung«; also: daß sie jetzt eine Verneinung ergibt ist die Folge ihres anderen Wesens. »Ich meine sie jetzt als Verstärkung«, würde man sagen. *Wir* prüfen die Meinung durch den Ausdruck der Meinung.[1]

5. Worin mag es gelegen haben, als ich die doppelte Verneinung

---

[1] Zum letzten Satze waren im Manuskript mehrere Alternativen angedeutet. »Wir richten unser Augenmerk auf den Ausdruck der Meinung.« »*Wir* setzen statt der Meinung den Ausdruck der Meinung.« »*Wir* untersuchen den Ausdruck der Meinung.« »*Wir* stellen unsern Blick auf den *Ausdruck* der Meinung ein.« »Richte deinen Blick auf den Ausdruck der Meinung.« (Hrsg.)

sagte, daß ich sie als Verstärkung meinte? In den Umständen, unter denen ich den Ausdruck gebrauche, vielleicht in der Vorstellung die mir dabei vorschwebt, oder im Bild das ich anwendete, im Ton meiner Rede (wie ich auch im Ton die Klammern in »ne (ne p)« wiedergeben kann). Die Verdoppelung als Verstärkung meinen, entspricht dann dem: sie als Verstärkung aussprechen. Die Tätigkeit die Verdoppelung als Aufhebung meinen, war z. B. die Klammern zu setzen. – »Ja, aber diese Klammern selbst können doch verschiedene Rollen spielen; denn wer sagt, daß sie in ›non (non p)‹ im gewöhnlichen Sinn als Klammern aufzufassen seien und nicht z. B. die erste als Trennungsstrich zwischen den beiden ›non‹, die zweite als Schlußpunkt des Satzes?« – Niemand sagt es. Und du hast ja deine Auffassung jetzt wieder durch Worte ersetzt. Was die Klammern bedeuten, wird sich in ihrem Gebrauch zeigen und, in anderm Sinn, liegt es etwa im Rhythmus des Gesichtseindrucks von ›non (non p)‹.

6. Soll ich nun sagen: die Bedeutungen von »non« und »ne« seien *etwas* verschieden? Sie seien verschiedene Abarten der Verneinung? – Das würde niemand sagen. Denn, würde man einwenden, heißt dann »geh nicht in dieses Zimmer!« vielleicht nicht genau dasselbe wie gewöhnlich, wenn wir die Regel aufstellen »nicht nicht« solle als Verneinung gebraucht werden? – Dagegen aber möchte man einwenden: »Wenn die beiden Sätze ›ne p‹ und ›non p‹ ganz dasselbe sagen, wie kann dann ›ne ne‹ nicht dasselbe bedeuten wie ›non non‹?« Aber hier setzen wir eben einen Symbolismus voraus – d. h., nehmen einen zum Vorbild – in welchem aus »ne p = non p« folgt, daß »ne« und »non« in allen Fällen gleich verwendet werden.
Die Drehung um $180°$ und die Verneinung sind im besonderen Fall tatsächlich dasselbe, und die Anwendung des Satzes ›non non p = p‹ von der Art der Anwendung einer bestimmten Geometrie.

7. Was meint man damit: ›ne ne p‹, auch wenn es nach dem Übereinkommen ›ne p‹ bedeutet, *könnte* auch als aufgehobene Verneinung gebraucht werden? – Man möchte sagen: »›ne‹, mit der Bedeutung, die wir ihm gegeben haben, könnte sich selbst aufheben, wenn wir es nur richtig applizieren«. Was meint man damit? (Die beiden halben Drehungen in der gleichen Richtung könnten einander aufheben, wenn sie entsprechend zusammengesetzt würden.) »Die *Bewegung* der Verneinung ›ne‹ ist imstande, sich selbst aufzuheben.« Aber wo ist diese Bewegung? Man möchte natürlich von einer geistigen Bewegung der Verneinung reden, zu deren Ausführung das Zeichen ›ne‹ nur das Signal gibt.

8. Wir können uns Menschen mit einer ›primitiveren‹ Logik denken, in der es etwas unserer Verneinung entsprechendes nur für gewisse Sätze gibt; für solche etwa, die keine Verneinung enthalten. In der Sprache dieser Menschen könnte man dann einen Satz wie »Er geht in dieses Haus« verneinen; sie würden aber eine Verdoppelung der Verneinung als bloße Wiederholung, nie als Aufhebung der Verneinung, verstehen.

9. Die Frage, ob für diese Menschen die Verneinung dieselbe Bedeutung hat, wie für uns, wäre dann analog der, ob die Ziffer ›2‹ für Menschen, deren Zahlenreihe mit 5 endigt, dasselbe bedeutet wie für uns.

10. Denke, ich fragte: Zeigt es sich uns klar, wenn wir die Sätze aussprechen »dieser Stab ist 1 m lang« und »hier steht 1 Soldat«, daß wir mit »1« verschiedenes meinen, da »1« verschiedene Bedeutung hat? – Es zeigt sich uns gar nicht. Besonders, wenn wir einen Satz sagen wie: »Auf je 1 m steht 1 Soldat, auf 2 m 2 Soldaten, usw.«. Gefragt, »Meinst du dasselbe

mit den beiden Einsern«, würde man etwa antworten: »freilich meine ich dasselbe: – *eins*!« (wobei man etwa einen Finger in die Höhe hebt).

11. Wer »∼∼ p = p« (oder auch »∼∼ p ≡ p«) einen »notwendigen Satz der Logik« nennt (nicht, eine Bestimmung über die von uns angenommene Darstellungsart) der hat auch die Tendenz zu sagen, dieser Satz gehe aus der Bedeutung der Verneinung hervor. Wenn in einer dialektischen Redeweise die verdoppelte Verneinung als Verneinung gebraucht wird, wie in »er hat nirgends nichts gefunden«, so sind wir geneigt, zu sagen: *eigentlich* heiße das, er habe überall etwas gefunden. Überlegen wir, was dieses »eigentlich« heißt! –

12. Angenommen, wir hätten zwei Systeme der Längenmessung; eine Länge wird in beiden durch ein Zahlzeichen ausgedrückt, diesem folgt ein Wort, welches das Maßsystem angibt. Das eine System bezeichnet eine Länge als »n Fuß« und Fuß ist eine Längeneinheit im gewöhnlichen Sinne; im andern System wird eine Länge mit »n W« bezeichnet und
1 Fuß = 1 W.
Aber: 2 W = 4 Fuß, 3 W = 9 Fuß, usw. – Also sagt der Satz »dieser Stock ist 1 W lang« dasselbe wie, »dieser Stock ist 1 Fuß lang«. Frage: Hat in diesen beiden Sätzen »W« und »Fuß« dieselbe Bedeutung?

13. Die Frage ist falsch gestellt. Das sieht man, wenn wir Bedeutungsgleichheit durch eine Gleichung ausdrücken. Die Frage kann dann nur lauten: »Ist W = Fuß, oder nicht?« – Die Sätze, in denen diese Zeichen stehen, verschwinden in dieser Betrachtung. – Ebenso wenig kann man natürlich in dieser Terminologie fragen, ob »ist« das gleiche bedeutet wie »ist«; wohl aber,

ob »ε« das gleiche bedeutet wie »=«. Nun, wir sagten ja:
1 Fuß = 1 W, aber: Fuß ≠ W.

14. Hat »ne« dieselbe Bedeutung wie »non«? – Kann ich »ne« statt »non« setzen? – »Nun, an gewissen Stellen wohl, an andern nicht«. – Aber danach fragte ich nicht. Meine Frage war: kann man, ohne weitere Qualifikation, »ne« statt »non« gebrauchen? – Nein.

15. »›ne‹ und ›non‹ heißen in *diesem* Fall genau dasselbe.« – Und zwar *was*? – »Nun, man solle das und das *nicht* tun.« – Aber damit hast du nur gesagt, daß in diesem Fall ne p = non p ist und das leugnen wir nicht.
Wenn du erklärst: ne ne p = ne p, non non p = p, so gebrauchst du die beiden Wörter eben in verschiedener Weise; und hält man dann an der Auffassung fest, daß, was sie in gewissen Kombinationen ergeben, von ihrer Bedeutung ›abhängt‹, der Bedeutung, die sie mit sich herumtragen, dann muß man also sagen, sie müssen verschiedene Bedeutungen haben, wenn sie, auf gleiche Weise zusammengesetzt, verschiedene Resultate ergeben können.

16. Man möchte etwa von der *Funktion,* der Wirkungsweise, des Wortes in diesem Satz reden. Wie von der Funktion eines Hebels in einer Maschine. Aber worin besteht diese Funktion? Wie tritt sie zutage? Denn es ist ja nichts verborgen! Wir sehen ja den ganzen Satz. Die Funktion muß sich im Laufe des Kalküls zeigen.
Man will aber sagen: »›non‹ *tut* dasselbe mit dem Satz ›p‹, was ›ne‹ tut: es kehrt ihn um«. Aber das sind nur andere Worte für: »non p = ne p«.[1] Immer wieder der Gedanke, das Bild, daß,

---

[1] [Randbemerkung:] Was bedeutet »ne non p« und »non ne p«?

was wir vom Zeichen sehen, nur eine Außenseite zu einem Innern ist, worin sich die eigentlichen Operationen des Meinens abspielen.

17. Wenn aber der Gebrauch des Zeichens seine Bedeutung ist, ist es nun nicht merkwürdig, daß ich sage, das Wort »ist« werde in zwei verschiedenen Bedeutungen (als ›ε‹ und ›=‹) gebraucht, und nicht sagen möchte, seine Bedeutung sei sein Gebrauch als Kopula und Gleichheitszeichen?
Man möchte sagen, diese beiden Arten des Gebrauchs geben nicht *eine* Bedeutung; die Personalunion durch das gleiche Wort sei unwesentlich, sei bloßer Zufall.

18. Aber wie kann ich entscheiden, welches ein wesentlicher und welches ein unwesentlicher, zufälliger, Zug der Notation ist? Liegt denn eine Realität hinter der Notation, nach der sich ihre Grammatik richtet?
Denken wir an einen ähnlichen Fall im Spiel: Im Damespiel wird eine Dame dadurch gekennzeichnet, daß man zwei Spielsteine aufeinanderlegt. Wird man nicht sagen, es sei für das Damespiel unwesentlich, daß eine Dame so gekennzeichnet wird?

19. Sagen wir: die Bedeutung eines Steines (einer Figur) ist ihre Rolle im Spiel. – Nun werde vor Beginn jeder Schachpartie durch das Los entschieden, welcher der Spieler Weiß erhält. Dazu hält ein Spieler in jeder geschlossenen Hand einen Schachkönig und der andere wählt auf gut Glück eine der Hände. Wird man es nun zur Rolle des Königs im Schachspiel rechnen, daß er beim Auslosen verwendet wird?

20. Ich bin also geneigt auch im Spiel zwischen wesentlichen und unwesentlichen Regeln zu unterscheiden. Das Spiel, möchte ich sagen, hat nicht nur Regeln, sondern auch einen Witz.

21. Wozu das gleiche Wort? Wir machen ja im Kalkül keinen Gebrauch von dieser Gleichheit! Wozu für Beides die gleichen Steine? – Aber was heißt es hier »von der Gleichheit Gebrauch machen«? Ist es denn nicht ein Gebrauch, wenn wir eben das gleiche Wort gebrauchen?

22. Hier scheint es nun, als hätte der Gebrauch des gleichen Worts, des gleichen Steines, einen *Zweck* – wenn die Gleichheit nicht zufällig, unwesentlich, ist. Und als sei der Zweck, daß man den Stein wiedererkennen, und wissen könne, wie man zu spielen hat. Ist da von einer physikalischen oder einer logischen Möglichkeit die Rede? Wenn das Letztere, so gehört eben die Gleichheit der Steine zum Spiel.

23. Das Spiel soll doch durch die Regeln bestimmt sein! Wenn also eine Spielregel vorschreibt, daß zum Auslosen vor der Schachpartie die Könige zu nehmen sind, so gehört das, wesentlich, zum Spiel. Was könnte man dagegen einwenden? – Daß man den Witz dieser Regel nicht einsehe. Etwa, wie man auch den Witz einer Vorschrift nicht einsähe, jeden Stein dreimal umzudrehen, ehe man mit ihm zieht. Fänden wir diese Regel in einem Brettspiel, so würden wir uns wundern, und Vermutungen über den Ursprung, Zweck so einer Regel anstellen. (»Sollte diese Vorschrift verhindern, daß man ohne Überlegung zieht?«)

24. »Wenn ich den Charakter des Spiels richtig verstehe«, könnte ich sagen, »so gehört das nicht wesentlich dazu«.

25. Denken wir uns aber die beiden Ämter in einer Person vereinigt wie ein altes Herkommen.

26. Man sagt: der Gebrauch des gleichen Wortes ist *hier* unwesentlich, weil die Gleichheit der Wortgestalt hier nicht dazu dient, einen Übergang zu vermitteln. Aber damit beschreibt man nur den Charakter des Spiels, welches man spielen will.

27.[1] »Was bedeutet das Wort ›a‹ im Satz ›F(a)‹«?
»Was bedeutet das Wort a im Satze Fa den du soeben ausgesprochen hast?«
»Was bedeutet das Wort . . . in diesem Satz?«

---

[1] Diese Bemerkung war auf der Rückseite des Blatts in Handschrift geschrieben. (Herausg.)

Anhang II

1. Das Überraschende kann in der Mathematik zweierlei völlig verschiedene Rollen spielen.
Man kann den Wert einer mathematischen Gedankenreihe darin erblicken, daß sie etwas uns überraschendes zutage fördert: – weil es von großem Interesse, von großer Wichtigkeit ist, zu sehen, wie ein Sachverhalt durch die und die Art seiner Darstellung überraschend, oder erstaunlich, ja paradox wird.
Hievon aber verschieden ist eine heute herrschende Auffassung, der das Überraschende, das Erstaunliche, darum als Wert gilt, weil es zeige, in welche Tiefe die mathematische Untersuchung dringt – wie wir den Wert eines Teleskops daran ermessen könnten, daß es uns Dinge zeigt, die wir ohne dieses Instrument nicht hätten *ahnen* können. Der Mathematiker sagt gleichsam: »Siehst du, das ist doch wichtig, das hättest du ohne mich nicht gewußt.« So als wären durch diese Überlegungen, als durch eine Art höheren Experiments, erstaunliche, ja die erstaunlichsten Tatsachen ans Licht gefördert worden.

2. Der Mathematiker aber ist kein Entdecker, sondern ein Erfinder.
»Die Demonstration hat ein überraschendes Resultat!« – Wenn es dich überrascht, dann hast du es noch nicht verstanden. Denn die Überraschung ist hier nicht legitim, wie beim Ausgang eines Experiments. *Da* – möchte ich sagen – darfst du dich ihrem Reiz hingeben; aber nicht, wenn sie dir am Ende einer Schlußkette zuteil wird. Denn da ist sie nur ein Zeichen dafür, daß noch Unklarheit, oder ein Mißverständnis herrscht.
»Aber warum soll ich nicht überrascht sein, daß ich *dahin* geleitet worden bin?« – Denk dir du hättest einen langen algebraischen Ausdruck vor dir; es sieht zuerst aus, als ließe er sich nicht wesentlich kürzen; dann aber siehst du eine Möglichkeit der Kürzung und nun geht sie weiter, bis der Ausdruck zu einer

kompakten Form zusammenschrumpft. Können wir nicht über dieses Resultat überrascht sein? (Beim Patience-Legen geschieht ähnliches.) Gewiß, und es ist eine angenehme Überraschung; und sie ist von psychologischem Interesse, denn sie zeigt ein Phänomen des Nicht-Überblickens und der Änderung des Aspekts eines gesehenen Komplexes. Es ist interessant, daß man es diesem Komplex nicht immer ansieht, daß er sich so kürzen läßt; ist aber der Weg der Kürzung übersichtlich vor unsern Augen, so verschwindet die Überraschung.
Wenn man sagt, man sei eben überrascht, daß man *dahin* geführt worden sei, so ist dies keine ganz richtige Darstellung des Sachverhalts. Denn diese Überraschung hat man doch nur dann, wenn man den Weg noch nicht kennt. Nicht, wenn man ihn ganz vor sich sieht. Daß dieser Weg, den ich ganz vor mir habe, da anfängt, wo er anfängt, und da aufhört, wo er aufhört, das ist keine Überraschung. Die Überraschung und das Interesse kommen dann sozusagen von außen. Ich meine: man kann sagen, »Diese mathematische Untersuchung hat großes psychologisches Interesse«, oder »großes physikalisches Interesse«.

3. Ich staune immer wieder bei dieser Wendung des Themas; obwohl ich es unzählige Male gehört habe und es auswendig weiß. Es ist vielleicht sein *Sinn*, Staunen zu erwecken.
Was soll es dann heißen, wenn ich sage: ›Du *darfst* nicht staunen!‹?
Denke an mathematische Rätselfragen. Sie werden gestellt, weil sie überraschen; das ist ihr ganzer Sinn.
Ich will sagen: Du sollst nicht glauben, es sei hier etwas verborgen, in das man nicht Einsicht nehmen kann – – als seien wir durch einen unterirdischen Gang gegangen und kämen nun irgendwo ans Licht, ohne aber wissen zu können, wie wir dahin gekommen sind, oder welches die Lage des Eingangs zum Ausgang des Tunnels sei.
Wie aber konnte man denn überhaupt in dieser Einbildung sein? Was gleicht in der Rechnung einer Bewegung unter der Erde? Was konnte uns denn dieses Bild nahelegen? Ich glaube: daß

kein Tageslicht auf diese Schritte fällt; daß wir den Anfangs- und Endpunkt der Rechnung in einem Sinne verstehen, in dem wir den übrigen Gang der Rechnung nicht verstehen.

4. »Hier ist kein Geheimnis!« – aber wie konnten wir denn *glauben,* daß eines sei? – Nun, ich bin immer wieder den Weg gegangen und war immer wieder überrascht; und auf den Gedanken, daß man hier etwas *verstehen* kann, bin ich nicht gekommen. – »Hier ist kein Geheimnis«, heißt also: Schau dich doch um!

5. Ist es nicht, als sähe man in einer Rechnung eine Art Kartenaufschlagen? Man hat die Karten gemischt; man weiß nicht, was dabei vor sich ging: aber am Ende lag diese Karte obenauf, und dies bedeutet es komme Regen.

6. Unterschied zwischen dem Werfen des Loses und dem Auszählen vor einem Spiel. Könnten aber nicht naive Menschen auch im Ernstfalle statt einen Mann auszulosen sich des Auszählens bedienen?

7. Was tut der, der uns darauf aufmerksam macht, daß beim Auszählen das Ergebnis abgekartet ist?

8. Ich will sagen: »Wir haben keinen Überblick über das, was wir gemacht haben, und deshalb kommt es uns geheimnisvoll vor«. Denn nun steht ein Resultat vor uns, und wir wissen nicht mehr, es ist uns nicht durchsichtig, wie wir dazu gekommen

sind, aber wir sagen (wir haben gelernt zu sagen): »so muß es sein«; und wir nehmen es hin – und staunen darüber. Könnten wir uns nicht diesen Fall denken: Jemand hat eine Reihe von Befehlen, von der Form »Du mußt jetzt das und das tun« einzeln auf Karten geschrieben. Er mischt diese Karten, liest die, welche obenauf zu liegen kommt – und sagt: Also, ich *muß das tun?* – Denn das Lesen eines geschriebenen Befehls macht nun einmal einen bestimmten Eindruck, hat eine bestimmte Wirkung. Und ebenso auch das Anlangen bei einer Schlußfolgerung. – Man könnte aber vielleicht den Bann eines solchen Befehls brechen, indem man diesem Menschen noch einmal klar vor Augen führt, *wie* er zu diesen Worten gekommen ist, und, was da geschehen ist, mit anderen Fällen vergleicht – indem man z. B. sagt: »Es hat dir doch niemand den Befehl gegeben!«.
Und ist es nicht auch *so,* wenn ich sage: »Hier ist kein Geheimnis«? – Er hatte ja, in gewissem Sinne, nicht geglaubt, daß ein Geheimnis vorliegt. Aber er war unter dem *Eindruck* des Geheimnisses (wie der Andere unter dem *Eindruck* eines Befehles). In *einem* Sinne kannte er ja die Situation, aber er verhielt sich zu ihr (im Gefühl und im Handeln) ›als läge ein andrer Sachverhalt vor‹ – wie wir sagen würden.

9. »Eine Definition führt dich doch nur wieder einen Schritt zurück, zu etwas anderem nicht Definiertem.« Was sagt uns das? Wußte das irgend jemand nicht? – Nein; aber konnte er es nicht aus dem Auge verlieren?

10. Oder: »Wenn du schreibst
›1, 4, 9, 16, ...‹, so hast du nur vier Zahlen angeschrieben, und vier Pünktchen« – worauf machst du da aufmerksam? Konnte jemand etwas anderes glauben? Man sagt Einem in so einem Falle auch: »Damit hast du weiter nichts hingeschrieben als vier Zahlzeichen und ein fünftes Zeichen – die Pünktchen«. Ja, wußte

er das nicht? Aber kann er nicht doch sagen: Ja wirklich, ich habe die Pünktchen nie als *ein* weiteres Zeichen in dieser Zeichenreihe aufgefaßt, – sondern als eine Art Andeutung weiterer Zahlzeichen aufgefaßt.

11. Oder wie ist es, wenn man darauf aufmerksam macht, daß eine Linie im Sinne Euklids eine Farbengrenze ist und nicht ein Strich; und ein Punkt der Schnitt solcher Farbengrenzen und kein Tupfen? (Wie oft ist gesagt worden, daß man sich einen Punkt nicht vorstellen kann.)

12. Man kann in der Einbildung leben, denken – daß es sich so und so verhält, ohne es zu *glauben*; d. h.: wenn man gefragt wird, so weiß man es, hat man aber nicht auf die Frage zu antworten, so weiß man es *nicht,* sondern man handelt und denkt nach einer andern Ansicht.

13. Denn eine Ausdrucksform läßt uns so und so handeln. Wenn sie unser Denken beherrscht, so möchten wir trotz aller Einwendungen sagen: »in gewissem Sinne verhält es sich *doch* so«. Obwohl es gerade auf den ›gewissen Sinn‹ ankommt. (Ähnlich beinahe, wie es uns die Unehrlichkeit eines Menschen bedeutet, wenn wir sagen: er sei *kein Dieb*.)

Anhang III

1. Man kann sich leicht eine Sprache denken, in der es keine Frage- und keine Befehlsform gibt, sondern in der Frage und Befehl in der Form der Behauptung ausgedrückt wird, in Formen z. B., entsprechend unserem: »Ich möchte wissen, ob...« und »Ich wünsche, daß...«.
Niemand würde doch von einer Frage (etwa, ob es draußen regnet) sagen, sie sei wahr oder falsch. Es ist freilich deutsch, dies von einem Satz, »ich wünsche zu wissen, ob...«, zu sagen. Wenn nun aber diese Form immer statt der Frage verwendet wird? –

2. Die große Mehrzahl der Sätze, die wir aussprechen, schreiben und lesen, sind Behauptungssätze.
Und – sagst du – diese Sätze sind wahr oder falsch. Oder, wie ich auch sagen könnte, mit ihnen wird das Spiel der Wahrheitsfunktionen gespielt. Denn die Behauptung ist nicht etwas, was zu dem Satz hinzutritt, sondern ein wesentlicher Zug des Spiels, das wir mit ihm spielen. Etwa vergleichbar dem Characteristikum des Schachspiels, daß es ein Gewinnen und Verlieren dabei gibt, und daß der gewinnt, der dem Andern den König nimmt. Freilich, es könnte ein dem Schach in gewissem Sinne sehr verwandtes Spiel geben, das darin besteht, daß man die Schachzüge macht, aber ohne daß es dabei ein Gewinnen und Verlieren gibt, oder die Bedingungen des Gewinnens sind andere.

3. Denke, man sagte: Ein Befehl besteht aus einem Vorschlag (›Annahme‹) und dem Befehlen des Vorgeschlagenen.

4. Könnte man nicht Arithmetik treiben, ohne auf den Gedanken zu kommen, arithmetische *Sätze* auszusprechen, und ohne daß uns die Ähnlichkeit einer Multiplikation mit einem Satz je auffiele?
Aber würden wir nicht den Kopf schütteln, wenn Einer uns eine falsch gerechnete Multiplikation zeigte, wie wir es tun, wenn er uns sagt, es regne, wenn es nicht regnet? – Doch; und hier liegt ein Punkt der Anknüpfung. Wir machen aber auch abwehrende Gesten, wenn unser Hund z. B. sich nicht so benimmt, wie wir es wünschen.
Wir sind gewohnt, zu sagen »2 mal 2 ist 4« und das Verbum »ist« macht dies zum Satz und stellt scheinbar eine nahe Verwandtschaft her mit allem, was wir ›Satz‹ nennen. Während es sich nur um eine sehr oberflächliche Beziehung handelt.

5. Gibt es wahre Sätze in Russells System, die nicht in seinem System zu beweisen sind? – Was nennt man denn einen wahren Satz in Russells System?

6. Was heißt denn, ein Satz ›*ist wahr*‹? ›*p*‹ *ist wahr* = *p*. (Dies ist die Antwort.)
Man will also etwa fragen: unter welchen Umständen behauptet man einen Satz? Oder: wie wird die Behauptung des Satzes im Sprachspiel gebraucht? Und die ›Behauptung des Satzes‹ ist hier entgegengesetzt dem Aussprechen des Satzes etwa als Sprachübung, – oder als *Teil* eines andern Satzes, u. dergl.
Fragt man also in diesem Sinne: »Unter welchen Umständen behauptet man in Russells Spiel einen Satz?«, so ist die Antwort: Am Ende eines seiner Beweise, oder als ›Grundgesetz‹ (Pp.). Anders werden in diesem System Behauptungssätze in den Russellschen Symbolen nicht verwendet.

7. »Kann es aber nicht wahre Sätze geben, die in diesem Symbolismus angeschrieben sind, aber in dem System Russells nicht beweisbar?« – ›Wahre Sätze‹, das sind also Sätze, die in einem *andern* System wahr sind, d. h. in einem andern Spiel mit Recht behauptet werden können. Gewiß; warum soll es keine solchen Sätze geben; oder vielmehr: warum soll man nicht Sätze – der Physik, z. B. – in Russells Symbolen anschreiben? Die Frage ist ganz analog der: Kann es wahre Sätze in Euklids Sprache geben, die in seinem System nicht beweisbar, aber wahr sind? – Aber es gibt ja sogar Sätze, die in Euklids System beweisbar, aber in einem andern System *falsch* sind. Können nicht Dreiecke – in einem andern System – ähnlich (*sehr* ähnlich) sein, die nicht gleiche Winkel haben? – »Aber das ist doch ein Witz! Sie sind ja dann nicht im selben Sinne einander ›ähnlich‹!« – Freilich nicht; und ein Satz, der nicht in Russells System zu beweisen ist, ist in anderm Sinne ›wahr‹ oder ›falsch‹, als ein Satz der »Principia Mathematica«.

8. Ich stelle mir vor, es fragte mich Einer um Rat; er sagt: »Ich habe einen Satz (ich will ihn mit ›P‹ bezeichnen) in Russells Symbolen konstruiert, und den kann man durch gewisse Definitionen und Transformationen so deuten, daß er sagt: ›P ist nicht in Russells System beweisbar‹. Muß ich nun von diesem Satz nicht sagen: einerseits er sei wahr, andererseits er sei unbeweisbar? Denn angenommen, er wäre falsch, so ist es also wahr, daß er beweisbar ist! Und das kann doch nicht sein. Und ist er bewiesen, so ist bewiesen, daß er nicht beweisbar ist. So kann er also nur wahr, aber unbeweisbar sein.«
So wie wir fragen: »in welchem System ›beweisbar‹?«, so müssen wir auch fragen: »in welchem System ›wahr‹?«. ›In Russells System wahr‹ heißt, wie gesagt: in Russells System bewiesen; und ›in Russells System falsch‹ heißt: das Gegenteil sei in Russells System bewiesen. – Was heißt nun dein: »angenommen, er sei falsch«? *In Russells Sinne* heißt es: ›angenommen das Gegenteil sei in Russells System bewiesen‹; *ist das deine Annahme,* so wirst du jetzt die Deutung, er sei unbeweis-

bar, wohl aufgeben. Und unter dieser Deutung verstehe ich die Übersetzung in diesem deutschen Satz. – Nimmst du an, der Satz sei in Russells System beweisbar, so ist er damit *in Russells Sinne* wahr und die Deutung »P ist nicht beweisbar« ist wieder aufzugeben. Nimmst du an, der Satz sei in Russells Sinne wahr, so folgt das *Gleiche*. Ferner: soll der Satz in einem andern als Russells Sinne falsch sein: so widerspricht dem nicht, daß er in Russells System bewiesen ist. (Was im Schach »verlieren« heißt, kann doch in einem andern Spiel das Gewinnen ausmachen.)

9. Was heißt es denn: P und »P ist unbeweisbar« seien der gleiche Satz? Es heißt, daß diese *zwei* deutschen Sätze in der und der Notation *einen* Ausdruck haben.

10. »Aber P kann doch nicht beweisbar sein, denn, angenommen es wäre bewiesen, so wäre der Satz bewiesen, er sei nicht beweisbar.« Aber wenn dies nun bewiesen wäre, oder wenn ich glaubte – vielleicht durch Irrtum – ich hätte es bewiesen, warum sollte ich den Beweis nicht gelten lassen und sagen, ich müsse meine Deutung »*unbeweisbar*« wieder zurückziehen?

11. Nehmen wir an, ich beweise die Unbeweisbarkeit (in Russells System) von P; so habe ich mit diesem Beweis P bewiesen. Wenn nun dieser Beweis einer in Russells System wäre, – dann hätte ich also zu gleicher Zeit seine Zugehörigkeit und Unzugehörigkeit zum Russellschen System bewiesen. – Das kommt davon, wenn man solche Sätze bildet. – Aber hier ist ja ein Widerspruch! – Nun so ist hier ein Widerspruch. Schadet er hier etwas?

12. Schadet der Widerspruch, der entsteht wenn Einer sagt: »Ich lüge. – Also lüge ich nicht. – Also lüge ich. – etc.«? Ich meine: ist unsere Sprache dadurch weniger brauchbar, daß man in diesem Fall aus einem Satz nach den gewöhnlichen Regeln sein Gegenteil und daraus wider ihn folgern kann? – der Satz *selbst* ist unbrauchbar, und ebenso dieses Schlüsseziehen; aber warum soll man es nicht tun? – Es ist eine brotlose Kunst! – Es ist ein Sprachspiel, das Ähnlichkeit mit dem Spiel des Daumenfangens hat.

13. Interesse erhält so ein Widerspruch nur dadurch, daß er Menschen gequält hat und dadurch zeigt, wie aus der Sprache quälende Probleme wachsen können; und was für Dinge uns quälen können.

14. Ein Beweis der Unbeweisbarkeit ist quasi ein geometrischer Beweis; ein Beweis, die Geometrie der Beweise betreffend. Ganz analog einem Beweise etwa, daß die und die Konstruktion nicht mit Zirkel und Lineal ausführbar ist. Nun enthält so ein Beweis ein Element der Vorhersage, ein physikalisches Element. Denn als Folge dieses Beweises sagen wir ja einem Menschen: »Bemüh' dich nicht, eine Konstruktion (der Dreiteilung des Winkels, etwa) zu finden, – man kann beweisen, daß es nicht geht.« Das heißt: es ist wesentlich, daß sich der Beweis der Unbeweisbarkeit in dieser Weise soll anwenden lassen. Er muß – könnte man sagen – für uns ein *triftiger Grund* sein, die Suche nach einem Beweis (also einer Konstruktion der und der Art) aufzugeben.
Ein Widerspruch ist als eine solche Vorhersage unbrauchbar.

15. Ob etwas mit Recht der Satz genannt wird »X ist unbeweisbar«, hängt davon ab, wie wir diesen Satz beweisen. Nur der

Beweis zeigt, was als das Kriterium der Unbeweisbarkeit gilt. Der Beweis ist ein Teil des Systems von Operationen, des Spiels, worin der Satz gebraucht wird, und zeigt uns seinen ›Sinn‹.
Es ist also die Frage ob der ›Beweis der Unbeweisbarkeit von P‹ hier ein triftiger Grund ist zur Annahme daß ein Beweis von P nicht gefunden werden wird.

16. Der Satz »P ist unbeweisbar« hat einen andern Sinn, nachdem – als ehe er bewiesen ist.
Ist er bewiesen, so ist er die Schlußfigur des Unbeweisbarkeitsbeweises. – Ist er unbewiesen, so ist ja noch nicht *klar, was* als Kriterium seiner Wahrheit zu gelten hat, und sein Sinn ist – kann man sagen – noch verschleiert.

17. Wie, soll ich nun annehmen, ist P bewiesen? Durch einen Unbeweisbarkeitsbeweis? Oder auf eine andere Weise? Nimm an, durch einen Unbeweisbarkeitsbeweis. Nun, um zu sehen, *was* bewiesen ist, schau an den Beweis! Vielleicht ist hier bewiesen, daß die und die Form des Beweises nicht zu P führt. – Oder, es sei P auf eine direkte Art bewiesen – wie ich einmal sagen will –, dann folgt also der Satz »P ist unbeweisbar«, und es muß sich nun zeigen, wie diese Deutung der Symbole von P mit der Tatsache des Beweises kollidiert und warum sie hier aufzugeben sei.
Angenommen aber, nicht-P sei bewiesen. – *Wie* bewiesen? Etwa dadurch, daß P direkt bewiesen ist – denn daraus folgt, daß es beweisbar ist, also nicht-P. Was soll ich nun aussagen: »P«, oder »nicht-P«? Warum nicht beides? Wenn mich jemand fragt: »Was ist der Fall – P, oder nicht-P?«, so antworte ich: P steht am Ende eines Russellschen Beweises, du schreibst also im Russellschen System: P; anderseits ist es aber eben beweisbar und dies drückt man durch nicht-P aus, dieser Satz aber steht nicht am Ende eines Russellschen Beweises, gehört also nicht

zum Russellschen System. – Als die Deutung »P ist unbeweisbar« für P gegeben wurde, da kannte man ja diesen Beweis für P nicht und man kann also nicht sagen, P sage: *dieser* Beweis existierte nicht. – Ist der Beweis hergestellt, so ist damit eine *neue Lage* geschaffen: Und wir haben nun zu entscheiden, ob wir *dies* einen Beweis (*noch* einen Beweis), oder ob wir *dies* noch die Aussage der Unbeweisbarkeit nennen wollen.
Angenommen nicht-P sei direkt bewiesen; es ist also bewiesen, daß sich P direkt beweisen läßt! Das ist also wieder eine Frage der Deutung – es sei denn, daß wir nun auch einen direkten Beweis von P haben. Wäre es nun so, nun, so wäre es so. –
(Die abergläubische Angst und Verehrung der Mathematiker vor dem Widerspruch.)

18. »Aber angenommen, der Satz wäre nun *falsch* – und daher beweisbar!« – Warum nennst du ihn ›falsch‹? Weil du einen Beweis siehst? – Oder aus andern Gründen? Dann macht es ja nichts. Man kann ja den Satz des Widerspruchs sehr wohl falsch nennen, mit der Begründung z. B., daß wir sehr oft mit gutem Sinn auf eine Frage antworten: »Ja, und nein«. Und desgleichen den Satz ›$\sim \sim p = p$‹: weil wir die Verdoppelung der Verneinung als eine *Verstärkung* der Verneinung verwenden und nicht bloß als ihre Aufhebung.

19. Du sagst: ». . ., also ist P wahr und unbeweisbar.« Das heißt wohl: »Also P«. Von mir aus – aber zu welchem Zweck schreibst du diese ›Behauptung‹ hin? (Das ist, als hätte jemand aus gewissen Prinzipien über Naturformen und Baustil abgeleitet, auf den Mount Everest, wo niemand wohnen kann, gehöre ein Schlößchen im Barockstile.) Und wie könntest du mir die Wahrheit der Behauptung plausibel machen, da du sie ja zu nichts weiter brauchen kannst als zu jenen Kunststückchen?

20. Man muß sich hier daran erinnern, daß die Sätze der Logik so konstruiert sind, daß sie als *Information keine* Anwendung in der Praxis haben. Man könnte also sehr wohl sagen, sie seien garnicht *Sätze*; und daß man sie überhaupt hinschreibt, bedarf einer Rechtfertigung. Fügt man diesen ›Sätzen‹ nun ein weiteres satzartiges Gebilde andrer Art hinzu, so sind wir hier schon erst recht im Dunkeln darüber, was dieses System von Zeichenkombinationen nun für eine Anwendung, für einen Sinn haben soll, denn der bloße *Satzklang* dieser Zeichenverbindungen gibt ihnen ja eine Bedeutung noch nicht.

Teil II
1938

1. In wiefern beweist die Diagonalmethode, daß es eine Zahl gibt, die – sagen wir – keine Quadratwurzel ist? – Es ist natürlich äußerst leicht zu zeigen, daß es Zahlen gibt, die keine Quadratwurzeln sind – aber wie zeigt es *diese* Methode?

$\sqrt{1}$				
$\sqrt{2}$				
$\sqrt{3}$				
$\sqrt{4}$				

Haben wir denn einen allgemeinen Begriff davon, was es heißt: zeigen, daß es eine Zahl gibt, die keine dieser unendlichen Menge ist?
Denken wir, jemand hätte diese Aufgabe erhalten, eine Zahl zu nennen, die von allen $\sqrt[2]{n}$ verschieden ist; er hätte aber vom Diagonalverfahren nichts gewußt und hätte die Zahl $\sqrt[3]{2}$ als Lösung genannt; und gezeigt, daß sie keine $\sqrt[2]{n}$ ist. Oder er hätte gesagt: nimm die $\sqrt{2} = 1.4142\ldots$ und subtrahiere 1 von der ersten Dezimale, im übrigen aber sollen die Stellen mit $\sqrt{2}$ übereinstimmen. $1.3142\ldots$ kann keine $\sqrt{n}$ sein.

2. »Nenne mir eine Zahl, die mit $\sqrt{2}$ an jeder zweiten Dezimalstelle übereinstimmt!« Was fordert diese Aufgabe? – Die Frage ist: ist sie befriedigt durch die Antwort: Es ist die Zahl, die man nach der Regel erhält: entwickle $\sqrt{2}$ und addiere 1 oder – 1 zu jeder zweiten Dezimalstelle?
Es ist ebenso wie die Aufgabe: Teile einen Winkel in 3 Teile,

dadurch als gelöst betrachtet werden kann, daß man 3 gleiche Winkel aneinander legt.

3. Wenn einem auf die Aufforderung: »Zeige mir eine Zahl, die von allen diesen verschieden ist«, die Diagonalregel zur Antwort gegeben wird, warum soll er nicht sagen: »Aber so hab ich's ja nicht gemeint!«? Was du mir gegeben hast, ist eine Regel, Zahlen successive herzustellen, die von jeder von diesen nach der Reihe verschieden sind.
»Aber warum willst du das nicht auch eine Methode nennen, eine Zahl zu kalkulieren?« – Aber was ist hier die Methode des Kalkulierens und was das Resultat? Du wirst sagen, sie seien *eins*, denn es hat nun Sinn zu sagen: die Zahl D ist größer als . . . und kleiner als . . .; man kann sie quadrieren etc. etc.
Ist die Frage nicht eigentlich: Wozu kann man diese Zahl *brauchen*? Ja, das klingt sonderbar. – Aber es heißt eben in welcher mathematischen Umgebung steht sie.

4. Ich vergleiche also Methoden des Kalkulierens – aber da gibt es ja sehr verschiedene Arten und Weisen des Vergleichens. Ich soll aber in irgend einem Sinne die *Resultate* der Methoden mit einander vergleichen. Aber da wird schon alles unklar, denn in *einem* Sinne haben sie nicht jede *ein* Resultat, oder es ist nicht von vornherein klar, was hier in jedem Falle als *das* Resultat zu betrachten ist. Ich will sagen, es ist hier jede Gelegenheit gegeben, die Bedeutungen zu drehen und zu wenden. –

5. Sagen wir einmal – nicht: »Die Methode gibt ein Resultat«, sondern: »sie gibt eine unendliche Reihe von Resultaten«. Wie vergleiche ich unendliche Reihen von Resultaten? Ja, da gibt es sehr Verschiedenes, was ich so nennen kann.

6. Es heißt hier immer: Blicke *weiter* um dich!

7. Das Resultat einer Kalkulation in der Wortsprache ausgedrückt, ist mit Mißtrauen zu betrachten. Die *Rechnung* beleuchtet die Bedeutung des Wortausdrucks. Sie ist das *feinere* Instrument zur Bestimmung der Bedeutung. Willst du wissen, was der Wortausdruck bedeutet, so schau auf die Rechnung; nicht umgekehrt. Der Wortausdruck wirft nur einen matten allgemeinen Schein auf die Rechnung: die Rechnung aber ein grelles Licht auf den Wortausdruck. (Als wolltest du die Höhen zweier Berge nicht durch Höhenmessung vergleichen, sondern durch ihr scheinbares Verhältnis, wenn man sie von unten anschaut.)

8. ›Ich will dich eine Methode lehren, wie du in einer Entwicklung allen diesen Entwicklungen nach der Reihe *ausweichen* kannst.‹ So eine Methode ist das Diagonalverfahren. – »Also erzeugt sie eine Reihe, die von allen diesen verschieden ist.« Ist das richtig? – Ja; wenn du nämlich diese Worte auf diesen oben beschriebenen Fall anwenden willst.

9. Wie wäre es mit dieser Konstruktionsmethode: Die Diagonalzahl wird durch Addition oder Subtraktion von 1 erzeugt, aber ob zu addieren oder zu subtrahieren ist, erfährt man erst, wenn man die ursprüngliche Reihe um mehrere Stellen fortgesetzt hat. Wie wenn man nun sagte: die Entwicklung der Diagonalreihe holt die Entwicklung der andern Reihen nie ein; – gewiß die Diagonalreihe weicht jeder der Reihen aus, wenn sie sie trifft, aber das nützt ihr nichts, da die Entwicklung der andern Reihen ihr wieder voraus ist. Ich kann hier doch sagen: es gibt *immer* eine der Reihen, für die nicht bestimmt ist, ob sie von der Diagonalreihe verschieden ist oder nicht. Man kann sagen: sie laufen einander ins Unendliche nach, aber immer die ursprüngliche Reihe voran.

»Aber deine Regel reicht doch schon ins Unendliche, also weißt du doch schon genau, daß die Diagonalreihe von jeder andern verschieden sein wird!« – – –

10. Es heißt nichts zu sagen: »*Also* sind die X-Zahlen nicht abzählbar«. Man könnte etwa sagen: Den Zahlbegriff X nenne ich unabzählbar, wenn festgesetzt ist, daß, welche der unter ihn fallenden Zahlen immer du in eine Reihe bringst, die Diagonalzahl dieser Reihe auch unter ihn fallen solle.

11. Da meine Zeichnung ja doch nur die *Andeutung* der Unendlichkeit ist, warum muß ich so zeichnen:

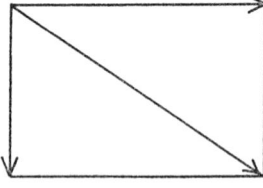

und nicht so:

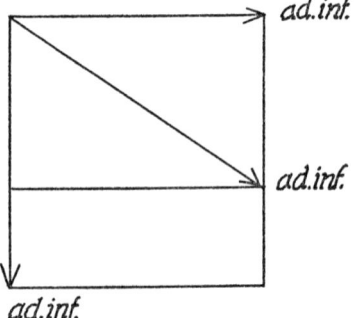

Hier haben wir eben verschiedene Bilder; und ihnen entsprechen verschiedene Redeweisen. Aber kommt denn dabei etwas Nützliches heraus, wenn wir über *ihre* Berechtigung streiten? Das

Wichtige muß doch wo anders liegen; wenn auch diese Bilder unsre *Phantasie* am stärksten erhitzen.

12. Wozu läßt sich der Begriff ›unabzählbar‹ verwenden?

13. Man könnte doch sagen – wenn Einer tagaus tagein versuchte ›alle Irrationalzahlen in eine Reihe zu bringen‹: »Laß das! es heißt nichts; siehst du nicht; wenn du eine Reihe aufgestellt hättest, so käme ich dir mit der Diagonalreihe!« Das könnte ihn von seinem Unternehmen abbringen. Nun, das wäre ein Nutzen. Und mir kommt vor, das wäre auch der ganze und eigentliche Zweck dieser Methode. Sie bedient sich des vagen Begriffes dieses Menschen, der gleichsam idiotisch drauflos arbeitet und bringt ihn durch ein Bild zur Ruhe. (Man könnte ihn aber durch ein andres Bild auch wieder zur Weiterführung seines Unternehmens bringen.)

14. Das Verfahren führt etwas vor, – was man auf sehr vage Weise die Demonstration davon nennen kann, daß sich *diese* Rechnungsmethoden nicht in eine Reihe ordnen lassen. Und die Bedeutung des »*diese*« ist hier eben vag gehalten.

15. Ein gescheiter Mann hat sich in diesem Sprachnetz gefangen! Also muß es ein interessantes Sprachnetz sein.

16. Der Fehler beginnt damit, daß man sagt, die Kardinalzahlen ließen sich in eine Reihe ordnen. Welchen Begriff hat man denn von diesem Ordnen? Ja man hat natürlich einen von

einer unendlichen Reihe, aber das gibt uns ja hier höchstens eine vage Idee, einen Leitstern für die Bildung eines Begriffs. Der Begriff selbst ist ja von dieser und einigen anderen Reihen *abstrahiert*; oder: der Ausdruck bezeichnet eine gewisse Analogie von Fällen, und man kann ihn etwa dazu benützen, um ein Gebiet, von dem man reden will, vorläufig abzugrenzen.
Damit ist aber nicht gesagt, daß die Frage einen klaren Sinn hat: »Ist die Menge R. in eine Reihe zu ordnen?« Denn diese Frage bedeutet nun etwa: Kann man mit diesen Gebilden etwas tun, was dem Ordnen der Kardinalzahlen in eine Reihe entspricht? Wenn man also fragt: »Kann man die reellen Zahlen in eine Reihe ordnen?« so könnte die gewissenhafte Antwort sein: »Ich kann mir vorläufig gar nichts Genaues darunter vorstellen«. – »Aber du kannst doch zum Beispiel die Wurzeln und die algebraischen Zahlen in eine Reihe ordnen; also verstehst du doch den Ausdruck!« – Richtiger gesagt, ich *habe* hier gewisse analoge Gebilde, die ich mit dem gemeinsamen Namen ›Reihen‹ benenne. Aber ich habe noch keine sichere Brücke von diesen Fällen zu dem ›aller reellen Zahlen‹. Ich habe auch keine allgemeine Methode um zu versuchen, ob sich die und die Menge ›in eine Reihe ordnen läßt‹.
Nun zeigt man hier das Diagonalverfahren und sagt: »hier hast du nun den Beweis, daß dieses Ordnen hier nicht geht«. Aber ich kann antworten: »Ich weiß – wie gesagt – nicht, was es ist, was hier *nicht geht*. Wohl aber sehe ich: Du willst einen Unterschied zeigen in der Verwendung von »Wurzel«, »algebraische Zahl«, etc. einerseits und »reelle Zahl« anderseits. Und zwar etwa so: Die Wurzeln nennen wir »reelle Zahlen« und die Diagonalzahl, die aus den Wurzeln gebildet ist *auch*. Und ähnlich mit allen Reihen reeller Zahlen. Daher hat es keinen Sinn, von einer »Reihe *aller* reellen Zahlen« zu reden, weil man ja auch die Diagonalzahl der Reihe eine »reelle Zahl« nennt. – Wäre das nicht etwas ähnlich, wie wenn man gewöhnlich jede Reihe von Büchern selbst ein Buch nennte und nun sagte: »Es hat keinen Sinn, von ›der Reihe aller Bücher‹ zu reden, da diese Reihe selbst ein Buch wäre.«

17. Es ist hier sehr nützlich, sich vorzustellen, daß das Diagonalverfahren zur Erzeugung einer reellen Zahl längst vor der Erfindung der Mengenlehre bekannt und auch den Schulkindern geläufig gewesen wäre, wie es ja sehr wohl hätte sein können. So wird nämlich der Aspekt der Entdeckung Cantors geändert. Diese Entdeckung hätte sehr wohl *bloß* in der neuen Auffassung dieser altbekannten, elementaren Rechnung liegen können.

18. Die Rechnungsart selbst ist ja nützlich. Die Aufgabe wäre etwa: Schreibe eine Dezimalzahl an, die verschieden ist von den Zahlen:
0.1246798
0.3469876
0.0127649   (Man denke sich eine lange
0.3426794   Reihe.)
Das Kind denkt sich: Wie soll ich das machen, ich müßte ja auf alle die Zahlen zugleich schauen, um zu vermeiden, daß ich nicht doch eine von ihnen anschriebe. Die Methode sagt nun: Durchaus nicht; ändere die erste Stelle der ersten Zahl, die zweite der zweiten, etc. etc. und du bist sicher, eine Zahl hingeschrieben zu haben, die mit keiner der gegebenen übereinstimmt. Die Zahl, die man so erhält, könnte immer die Diagonalzahl genannt werden.

19. Das Gefährliche, Täuschende der Fassung: »Man kann die reellen Zahlen nicht in eine Reihe ordnen« oder gar »Die Menge … ist nicht abzählbar« liegt darin, daß sie das, was eine Begriffsbestimmung, Begriffsbildung ist, als eine Naturtatsache erscheinen lassen.

20. Bescheiden lautet der Satz: »Wenn man etwas eine Reihe reeller Zahlen nennt, so heißt die Entwicklung des Diagonal-

verfahrens auch eine ›reelle Zahl‹, und zwar sagt man, sie sei von allen Gliedern der Reihe verschieden.«

21. Unser Verdacht sollte immer rege sein, wenn ein Beweis mehr beweist, als seine Mittel ihm erlauben. Man könnte so etwas ›einen prahlerischen Beweis‹ nennen.

22. Der gebräuchliche Ausdruck fingiert einen Vorgang, eine Methode des Ordnens, die hier zwar anwendbar ist, aber nicht zum Ziele führt wegen der Zahl der Gegenstände, die größer ist als selbst die aller Kardinalzahlen.
Wenn gesagt würde: »Die Überlegung über das Diagonalverfahren zeigt Euch, daß der *Begriff* ›reelle Zahl‹ viel weniger Analogie mit dem Begriff Kardinalzahl hat, als man, durch gewisse Analogien verführt, zu glauben geneigt ist«, so hätte das einen guten und ehrlichen Sinn. Es geschieht aber gerade das *Gegenteil*: indem die ›Menge‹ der reellen Zahlen angeblich der Größe nach mit der der Kardinalzahlen verglichen wird. Die Artverschiedenheit der beiden Konzeptionen wird durch eine schiefe Ausdrucksweise als Verschiedenheit der Ausdehnung dargestellt. Ich glaube und hoffe, eine künftige Generation wird über diesen Hokus Pokus lachen.

23. Die Krankheit einer Zeit heilt sich durch eine Veränderung in der Lebensweise der Menschen und die Krankheit der philosophischen Probleme konnte nur durch eine veränderte Denkweise und Lebensweise geheilt werden, nicht durch eine Medizin die ein einzelner erfand.
Denke, daß der Gebrauch des Wagens gewisse Krankheiten hervorruft und begünstigt und die Menschheit von dieser Krankheit geplagt wird, bis sie sich, aus irgendwelchen Ursachen, als Resultat irgendeiner Entwickelung, das Fahren wieder abgewöhnt.

24. Wie macht man denn von dem Satz Verwendung: »Es gibt keine größte Kardinalzahl«? Wann und bei welcher Gelegenheit würde man ihn sagen? Diese Verwendung ist jedenfalls eine ganz andere, als die des mathematischen Satzes ›$25 \times 25 = 625$‹.

25. Vor allem ist zu bemerken, daß wir das überhaupt fragen, was darauf deutet, daß die Antwort nicht auf der Hand liegt. Und ferner, wenn man die Frage rasch beantworten will, gleitet man leicht aus. Es ist hier ähnlich wie mit der Frage, welche Erfahrung uns zeigt, daß unser Raum dreidimensional ist.

26. Von einer *Erlaubnis* sagen wir, sie habe kein Ende.

27. Und man kann sagen, die Erlaubnis Sprachspiele mit Kardinalzahlen zu spielen habe kein Ende. Dies würde man etwa Einem sagen, den wir unsere Sprache und Sprachspiele lehrten. Es wäre also wieder ein grammatischer Satz, aber von *ganz* anderer Art als ›$25 \times 25 = 625$‹. Er wäre aber von großer Bedeutung, wenn der Schüler etwa geneigt wäre (vielleicht weil er in einer ganz anderen Kultur erzogen worden wäre), ein definitives Ende dieser Reihe von Sprachspielen zu erwarten.

28. Warum sollen wir sagen: Die Irrationalzahlen können nicht geordnet werden? – Wir haben eine Methode, jede Ordnung zu stören.

29. Das Cantorsche Diagonalverfahren zeigt uns nicht eine

Irrationalzahl, die von allen im System verschieden ist, aber es gibt dem mathematischen Satz Sinn, die Zahl so und so sei von allen des Systems verschieden. Cantor könnte sagen: Du kannst *dadurch* beweisen, daß eine Zahl von allen des Systems verschieden ist, daß du beweist, daß sie in der ersten Stelle von der ersten Zahl, in der zweiten Stelle von der zweiten Zahl usf. verschieden ist.

Cantor sagt etwas über die Multiplizität des Begriffs ›reelle Zahl, verschieden von allen eines Systems‹.

30. Cantor zeigt, wenn wir ein System von Extensionen haben, daß es dann Sinn hat, von einer Extension zu reden, die von ihnen allen verschieden ist. – Aber damit ist die Grammatik des Wortes »Extension« noch nicht bestimmt.

31. Cantor gibt dem Ausdruck »Extension die von allen Extensionen eines Systems verschieden ist« einen Sinn, indem er vorschlägt, eine Extension solle so genannt werden, wenn von ihr bewiesen werden kann, daß sie von den Extensionen eines Systems diagonal verschieden ist.

32. Es gibt also eine *Aufgabe*: Finde eine Zahl deren Entwicklung von denen dieses Systems diagonal verschieden ist.

33. Man könnte sagen: Außer den rationalen Punkten befinden sich auf der Zahlenlinie *diverse Systeme* irrationaler Punkte.
Es gibt kein System der Irrationalzahlen – aber auch kein Über-System, keine ›Menge der irrationalen Zahlen‹ von einer Unendlichkeit höherer Ordnung.

34. Cantor definiert eine *Verschiedenheit höherer Ordnung*, nämlich eine Verschiedenheit einer Entwicklung von einem *System* von Entwicklungen. Man kann diese Erklärung so benützen, daß man zeigt, daß eine Zahl in diesem Sinne von einem System von Zahlen verschieden ist: sagen wir π von dem System der algebraischen Zahlen. Aber wir können nicht gut sagen, die Regel, die Stellen in der Diagonale so und so zu verändern, sei dadurch als von den Regeln des Systems verschieden bewiesen, weil diese Regel selbst ›höherer Ordnung‹ ist, denn sie *handelt* von der Veränderung eines Systems von Regeln und daher ist es von vornherein nicht klar, in welchem Fall wir die Entwickelung *so einer* Regel von allen Entwicklungen des Systems verschieden erklären wollen.

35. ›*Diese Überlegungen können uns dahin führen, zu sagen,* daß $2^{\aleph_0} > \aleph_0$.‹
D. h.: wir können die Überlegungen uns dahin führen *lassen*.
Oder: wir können *dies* sagen, und *dies* als Grund dafür angeben.
Aber wenn wir es nun sagen – was ist weiter damit anzufangen? In welcher Praxis ist dieser Satz *verankert*? Er ist vorläufig ein Stück mathematischer Architektur, die in der Luft hängt, so aussieht als wäre es, sagen wir, ein Architrav, aber von nichts getragen wird und nichts trägt.

36. Gewisse Überlegungen können uns dahin führen zu sagen, daß 10^{10} Seelen in einem cm^3 Platz haben. Warum sagen wir es aber trotzdem nicht? Weil es zu nichts nütze ist. Weil es zwar ein Bild herauf ruft, aber eins, womit wir weiter nichts machen können.

37. Der Satz gilt soviel, als seine Gründe gelten.
Er trägt soviel, wie seine Gründe tragen, die ihn stützen.

38. Eine interessante Frage ist: Welchen Zusammenhang hat $\aleph_0$ mit den Kardinalzahlen, deren Zahl es sein soll? $\aleph_0$ wäre offenbar das Prädikat »endlose Reihe«, in seiner Anwendung auf die Reihe der Kardinalzahlen und ähnliche mathematische Bildungen. Es ist hier wichtig, das Verhältnis zwischen einer Reihe im nicht-mathematischen Sinn und einer im mathematischen Sinn zu erfassen. Es ist natürlich klar, daß wir in der Mathematik das Wort »Zahlenreihe« *nicht* im Sinne von »Reihe von Zahlzeichen« gebrauchen, wenn, natürlich, auch ein Zusammenhang zwischen dem Gebrauch des einen Ausdrucks und des andern besteht. Eine Eisenbahn ist nicht ein Eisenbahnzug; sie ist auch nicht etwas einem Eisenbahnzug ähnliches. ›Reihe‹ im mathematischen Sinn ist eine Konstruktionsart für Reihen sprachlicher Ausdrücke.

Wir haben also eine grammatische Klasse »endlose Folge« und äquivalent mit diesem Ausdruck ein Wort, dessen Grammatik (eine gewisse) Ähnlichkeit mit der eines Zahlworts hat: »Endlos« oder »$\aleph_0$«. Dies hängt damit zusammen, daß wir unter den Kalkülen der Mathematik eine Technik haben, die wir mit einem gewissen Recht »1-1 Zuordnung der Glieder zweier endlosen Folgen« nennen können, da sie mit einem solchen gegenseitigen Zuordnen der Glieder sogenannter ›endlicher‹ Klassen Ähnlichkeit hat.

Daraus aber, daß wir Verwendung für eine *Art* von Zahlwort haben, welches, gleichsam, die Anzahl der Glieder einer endlosen Reihe angibt, folgt nicht daß es auch irgend einen Sinn hat von der Anzahl des Begriffes ›endlose Folge‹ zu reden, daß wir *hier* irgend welche Verwendung für etwas zahlwort-ähnliches haben. Es gibt eben keine grammatische Technik, die die Verwendung so eines Ausdrucks nahelegte. Denn ich kann freilich den Ausdruck bilden: »Klasse aller Klassen, die mit der Klasse ›endlose Folge‹ zahlengleich sind« wie auch den: »Klasse aller Engel, die auf einer Nadelspitze Platz haben« aber dieser Ausdruck ist leer, solang es keine Verwendung für ihn gibt. Eine solche ist nicht: noch zu entdecken, sondern: erst zu *erfinden*.

39. Denke, ich legte ein in Felder geteiltes Spielbrett vor dich, setzte Schachfiguren-ähnliche Stücke darauf, – erklärte: »Diese Figur ist der ›*König*‹, das sind die ›*Ritter*‹, das die ›*Bürger*‹. – Mehr wissen wir von dem Spiel noch nicht; aber das ist immerhin etwas. – Und mehr wird vielleicht noch entdeckt werden.«

40. »Man kann die Brüche nicht ihrer Größe nach ordnen.« – Dies klingt vor allem höchst interessant und merkwürdig.
Es klingt interessant im ganz anderen Sinne, als, etwa, ein Satz aus der Differentialrechnung. Der Unterschied liegt, glaube ich, darin, daß ein solcher sich leicht mit einer Anwendung auf Physikalisches assoziiert, während *jener* Satz einzig und allein der Mathematik anzugehören, gleichsam die Naturgeschichte der mathematischen Gegenstände selbst zu betreffen scheint.
Man möchte von ihm etwa sagen: er führe uns in die Geheimnisse der mathematischen Welt ein. Es ist *dieser* Aspekt vor dem ich warnen will.

41. Wenn es den Anschein hat, . . ., dann ist Vorsicht geboten.

42. Wenn ich mir bei dem Satz, die Brüche können nicht ihrer Größe nach in eine Reihe geordnet werden, das Bild einer unendlichen Reihe von Dingen mache, und zwischen jedem Ding und seinem Nachbar werden neue Dinge sichtbar, und wieder zwischen jedem Ding und seinem Nachbar neue, und so fort ohne Ende, so haben wir hier sicher etwas, wovor Einem schwindlich werden kann.
Sehen wir aber, daß dieses Bild, wenn auch sehr aufregend, doch aber kein treffendes ist, daß wir uns nicht von den Worten »Reihe«, »ordnen«, »existieren«, und andern, fangen lassen dürfen, so werden wir auf die *Technik* des Bruchrechnens zurückgreifen, an der nun nichts *seltsames* mehr ist.

43. Daß in einer Technik der Berechnung von Brüchen der Ausdruck »der nächst größere Bruch« keinen Sinn hat, daß wir ihm keinen Sinn gegeben haben, ist nichts erstaunliches.

44. Wenn wir eine Technik des fortgesetzten Interpolierens von Brüchen anwenden, so werden wir keinen Bruch den »nächst größeren« nennen wollen.

45. Von einer Technik zu sagen, sie sei unbegrenzt, heißt *nicht*, sie laufe ohne aufzuhören weiter – *wachse* ins ungemessene; sondern, es fehle ihr die Institution des Endes, sie sei nicht abgeschlossen. Wie man von einem Satz sagen kann, es mangle ihm der Abschluß, wenn der Schlußpunkt fehlt. Oder von einem Spielfeld es sei unbegrenzt, wenn die Spielregeln keine Begrenzung – etwa durch einen Strich – vorschreiben.

46. Eine neue Rechentechnik soll uns ja eben ein *neues* Bild liefern, eine *neue Ausdrucksweise*; und wir können nichts Absurderes tun, als dieses neue Schema, diese neue Art von Gerüst, vermittels der alten Ausdrücke beschreiben zu wollen.

47. Was ist die Funktion eines solchen Satzes wie: »Es gibt zu einem Bruch nicht einen nächst größern Bruch, aber zu einer Kardinalzahl eine nächst größere«? Es ist doch gleichsam ein Satz, der zwei Spiele vergleicht. (Wie: im Damespiel gibt es ein Überspringen eines Steines, aber nicht im Schachspiel.)

48. Wir nennen etwas »die nächst größere Kardinalzahl konstruieren« aber nichts »den nächst größeren Bruch konstruieren«.

49. Wie vergleicht man Spiele? Indem man sie beschreibt – indem man das eine als Variation des andern beschreibt – indem man sie beschreibt und die Unterschiede und Analogien *hervorhebt*.

50. »Im Damespiel gibt es keinen König« – was sagt das? (Es klingt kindisch.) Heißt es nur, daß man keinen Damestein »König« nennt; und wenn man nun einen so nennte, gäbe es nun im Damespiel einen König? Wie ist es aber mit *dem* Satz: »Im Damespiel sind alle Steine gleichberechtigt, aber nicht im Schach«? Wem teile ich dies mit? Dem, der die beiden Spiele schon kennt, oder einem der sie noch nicht kennt. Da scheint es, daß der erste unsere Mitteilung nicht bedarf und der zweite mit ihr nichts anfangen kann. Aber wie wenn ich sagte: »Schau! im Damespiel sind alle Steine gleichberechtigt, ...« oder noch besser: »Schau! in diesen Spielen sind alle Steine gleichberechtigt, in jenen nicht«. Aber was tut so ein Satz? Er führt einen neuen *Begriff* ein, einen neuen Einteilungsgrund. Ich lehre dich, die Aufgabe beantworten: »Nenne mir Spiele der ersten Art!« etc. Ähnlich aber könnte man Aufgaben stellen: »Erfinde ein Spiel, in dem es einen König gibt«.

51. ›Wir können die Brüche nicht ihrer Größe nach in eine Reihe, aber wir *können* sie in eine unendliche Reihe ordnen.‹ Was hat der gelernt, der das nicht wußte? Er hat eine neue Art der Rechnung gelernt, z. B.: »Bestimme die Nummer des Bruches ...«.

52. Er lernt diese Technik – aber lernt er nicht auch, daß es so eine Technik gibt? Ich habe allerdings in einem wichtigen Sinne gelernt, daß es so eine Technik gibt; ich habe nämlich eine Technik kennen gelernt, die sich jetzt auf alles mögliche Andre anwenden läßt.

53. ›Wie würdest du nun *das* nennen?‹

	1	2	3	4	·	·	·
1	1	3	6	10	·		
2	2	5	9	·			
3	4	8	·				
4	7	·					
·	·						

Nicht, »eine Methode die Zahlenpaare fortlaufend zu numerieren«? Und könnte ich nicht auch sagen: »die Zahlenpaare in eine Reihe zu ordnen«?

54. Lehrt mich nun die Mathematik, daß ich die Zahlenpaare in eine Reihe ordnen kann? Kann ich denn sagen: sie lehrt mich, daß ich *das* machen kann? Hat es denn Sinn zu sagen, ich lehre ein Kind, daß man multiplizieren kann – indem ich es lehre zu multiplizieren? Eher könnte man natürlich sagen, ich lehre ihn daß man Brüche multiplizieren kann, nachdem er Kardinalzahlen miteinander zu multiplizieren gelernt hat. Denn nun, könnte man sagen, weiß er schon was »multiplizieren« heißt. Aber wäre nicht auch das irreführend?

55. Wenn Einer sagt, ich habe den Satz bewiesen, daß man Zahlenpaare in eine Reihe ordnen könne; so ist zu antworten, daß dies ja kein mathematischer Satz ist, da man mit den Worten »man«, »kann«, »die«, »Zahlenpaare« etc. nicht rechnet. Der

Satz »man kann die...« ist vielmehr nur eine beiläufige Beschreibung der Technik die man lehrt, etwa ein nicht unpassender *Titel*, eine Überschrift zu diesem Kapitel. Aber ein Titel mit dem man, vorderhand, nicht *rechnen* kann.

56. Aber, sagst du, das ist es eben, was der logische Kalkül Freges und Russells tut: in ihm hat jedes Wort, was in der Mathematik gesprochen wird, exakte Bedeutung, ist ein Element des Kalküls. In diesem Kalkül kann man also wirklich beweisen: »man kann multiplizieren«. Wohl, nun ist er ein mathematischer Satz; aber wer sagt, daß man mit diesem Satz etwas anfangen kann? Wer sagt, *wozu* er nütze sein kann? Denn, daß er interessant klingt, ist nicht genug.
Weil wir im Unterricht vielleicht den Satz gebrauchen: »Du siehst also, man kann die Brüche in eine Reihe ordnen«, sagt nicht, daß wir für diesen Satz andere Verwendung haben, als die, ein einprägsames Bild mit dieser Rechnungsart zu verknüpfen.
Wenn hier das Interesse an dem Satz haftet, der bewiesen wurde, so haftet es an einem Bild, das eine äußerst schwächliche Berechtigung hat, uns aber durch seine Seltsamkeit reizt, wie etwa das Bild von der ›Richtung‹ des Zeitverlaufs. Es bewirkt einen leisen Taumel der Gedanken.

57. Ich kann hier nur sagen: Trenne dich so bald wie möglich von diesem Bild, und sieh das Interesse der Rechnung in ihrer Anwendung. (Es ist als wären wir auf einem Maskenball, auf dem jede Rechnung in seltsamer Verkleidung erscheint.)

58. »Soll man das Wort ›unendlich‹ in der Mathematik vermeiden?« Ja; dort, wo es dem Kalkül eine Bedeutung zu verleihen scheint; statt sie erst von ihm zu erhalten.

59. Die Redeweise: »Wenn man aber in den Kalkül sieht, ist gar nichts Unendliches da« – natürlich eine ungeschickte Redeweise – aber sie bedeutet: Ist es wirklich nötig das Bild des Unendlichen (der ungeheuern Größe) hier heraufzubeschwören? Und wie ist dieses Bild mit dem *Kalkül* in Verbindung? denn seine Verbindung ist nicht die des Bildes | | | | mit 4.

60. So zu tun, als sei man enttäuscht, nichts Unendliches im Kalkül gefunden zu haben, ist freilich komisch; nicht aber zu fragen: welches ist denn die alltägliche Verwendung des Wortes »unendlich«, die ihm seine Bedeutung für uns gibt, und was ist nun seine Verbindung mit diesen mathematischen Kalkülen?

61. Finitismus und Behaviourismus sind ganz ähnliche Richtungen. Beide sagen: hier ist doch nur ... Beide leugnen die Existenz von etwas, beide zu dem Zweck, um aus einer Verwirrung zu entkommen.

62. Was ich tue ist nicht Rechnungen als falsch zu erweisen; sondern das *Interesse* von Rechnungen einer Prüfung zu unterziehen. Ich prüfe etwa die Berechtigung, hier noch das Wort ... zu gebrauchen. Eigentlich aber: ich fordere immer wieder zu so einer Untersuchung auf. Zeige, daß es sie gibt, und was da etwa zu untersuchen ist. Ich darf also nicht sagen: »So darf man sich nicht ausdrücken«, oder »Das ist absurd«, oder »Das ist uninteressant«, sondern: »Prüfe diesen Ausdruck in dieser Weise auf seine Berechtigung«. Man kann die Berechtigung eines Ausdrucks, *weil seine Verwendung*, damit nicht übersehen, daß man eine Facette seiner Verwendung ansieht; etwa ein Bild, das sich mit ihm verbindet.

Teil III
1939-1940

1. ›Ein mathematischer Beweis muß übersichtlich sein.‹ »Beweis« nennen wir nur eine Struktur, deren Reproduktion eine leicht lösbare Aufgabe ist. Es muß sich mit Sicherheit entscheiden lassen, ob wir hier wirklich zweimal den gleichen Beweis vor uns haben, oder nicht. Der Beweis muß ein Bild sein, welches sich mit Sicherheit genau reproduzieren läßt. Oder auch: was dem Beweise wesentlich ist, muß sich mit Sicherheit genau reproduzieren lassen. Er kann z. B. in zwei verschiedenen Handschriften oder Farben niedergeschrieben sein. Zur Reproduktion eines Beweises soll nichts gehören, was von der Art einer genauen Reproduktion eines Farbtones oder einer Handschrift ist.

Es muß leicht sein, *genau* diesen Beweis wieder anzuschreiben. Hierin liegt der Vorteil des geschriebenen im Vergleich zum gezeichneten Beweis. Dieser ist oft seinem Wesen nach mißverstanden worden. Die Zeichnung eines Euklidischen Beweises kann ungenau sein, in dem Sinne, daß die Geraden nicht gerade sind, die Kreisbögen nicht genau kreisförmig etc. etc. und dabei ist die Zeichnung doch ein exakter Beweis und daraus sieht man, daß diese Zeichnung nicht - z. B. - demonstriert, daß eine solche Konstruktion ein Vieleck mit 5 gleich langen Seiten ergibt, daß sie einen Satz der Geometrie, nicht einen über die Eigenschaften von Papier, Zirkel, Lineal und Bleistift beweist.
[Hängt zusammen mit: Beweis ein *Bild* eines Experiments.]

2. Ich will sagen: Wenn man eine nicht übersehbare Beweisfigur durch Veränderung der Notation übersehbar macht, dann schafft man erst einen Beweis, wo früher keiner war.

Denken wir uns nun einen Beweis für einen Russellschen Additionssatz der Art ›a + b = c‹ der aus ein paar tausend Zeichen bestünde. Du wirst sagen: Zu sehen, ob dieser Beweis stimmt oder nicht, ist eine rein äußerliche Schwierigkeit, die von keinem mathematischen Interesse ist. (»Ein Mensch übersieht leicht, was ein anderer schwer oder gar nicht übersieht« etc. etc.)
Die Annahme ist, daß die Definitionen nur zur Abkürzung des Ausdrucks dienen, zur Bequemlichkeit des Rechnenden; während sie doch ein Teil der Rechnung sind. Mit ihrer Hilfe werden Ausdrücke erzeugt, die ohne ihre Hilfe nicht erzeugt werden könnten.

3. Wie ist es aber damit: »Man kann zwar im Russellschen Kalkül nicht 234 mit 537 multiplizieren – im gewöhnlichen Sinn – aber es gibt eine Russellsche Rechnung, die dieser Multiplikation entspricht.« – Welcher Art ist diese Entsprechung? Es könnte so sein: Man kann auch im Russellschen Kalkül diese Multiplikation ausführen, nur in einem andern Symbolismus – wie wir ja auch sagen würden, wir könnten sie auch in einem andern Zahlensystem ausführen. Wir könnten dann also z. B. die praktischen Aufgaben, zu deren Lösung man jene Multiplikation benützt, auch durch die Rechnung im Russellschen Kalkül lösen, nur umständlicher.

Denken wir uns nun die Kardinalzahlen erklärt als 1, 1 + 1, (1 + 1) + 1, ((1 + 1) + 1) + 1, und so fort. Du sagst, die Definitionen, welche die Ziffern des Dezimalsystems einführen, dienen bloß zur Bequemlichkeit; man könnte die Rechnung 703000 × 40000101 auch in jener langwierigen Schreibweise ausführen. Aber stimmt das? – »Freilich stimmt es! Ich kann doch eine Rechnung in jener Notation anschreiben, konstruieren, die der Rechnung in der Dezimalnotation entspricht.« – Aber wie weiß ich, daß sie ihr entspricht? – Nun, weil ich sie nach einer gewissen Methode aus der andern abgeleitet habe. – Aber wenn ich sie nun nach einer halben Stunde wieder anschaue, kann sie sich da nicht verändert haben? Sie ist ja nicht übersehbar.

Ich frage nun: Könnten wir uns von der Wahrheit des Satzes 7034174 + 6594321 = 13628495 auch durch einen Beweis überzeugen, der in der ersten Notation geführt wäre? – Gibt es so einen Beweis dieses Satzes? – Die Antwort ist: nein.

4. Aber lehrt uns Russell nicht doch *eine* Art des Addierens?

Angenommen wir bewiesen auf Russells Methode, daß $(\exists a \ldots g) (\exists a \ldots l) \supset (\exists a \ldots s)$ eine Tautologie ist; könnten wir nun unser Resultat dahin ausdrücken, $g + l$ sei s? Das setzt doch voraus, daß ich die drei Stücke des Alphabets als Repräsentanten des Beweises nehmen kann. Aber zeigt denn das Russells Beweis? Den Russellschen Beweis hätte ich doch offenbar mit solchen Gruppen von Zeichen in den Klammern führen können, deren Reihenfolge für mich nichts Charakteristisches gehabt hätten, so daß es nicht möglich gewesen wäre, die Zeichengruppe in einer Klammer durch ihr letztes Glied zu repräsentieren.

Angenommen sogar, der Russellsche Beweis werde mit einer Notation der Art $x_1 x_2 \ldots x_{10} x_{11} \ldots x_{100} \ldots$ als in der Dezimalnotation geführt, und es seien 100 Glieder in der ersten, 300 Glieder in der zweiten und 400 Glieder in der dritten Klammer, zeigt der Beweis selbst dann, daß 100 + 300 = 400 ist? – Wie, wenn dieser Beweis einmal zu diesem, einmal zu einem andern Resultat führte, zum Beispiel 100 + 300 = 420? Was bedarf

145

es, um zu sehen, daß das Resultat des Beweises, wenn er richtig geführt ist, immer nur von den letzten Ziffern der ersten zwei Klammern abhängt?

Aber für kleine Zahlen lehrt uns doch Russell addieren; denn dann übersehen wir eben die Zeichengruppen in den Klammern und können *sie* als Zahlzeichen nehmen; zum Beispiel ›xy‹, ›xyz‹, ›xyzuv‹.
Russell lehrt uns also einen anderen Kalkül, um von 2 und 3 zu 5 zu gelangen; und das stimmt auch dann, wenn wir sagen, der logische Kalkül sei nur – Fransen, die dem arithmetischen Kalkül angehängt seien.

Die *Anwendung* der Rechnung muß für sich selber sorgen. Und das ist, was am ›Formalismus‹ richtig ist.
Die Zurückführung der Arithmetik auf symbolische Logik soll die Applikation der Arithmetik zeigen; gleichsam das Ansatzstück, mit welchem sie an ihrer Anwendung angebracht ist. So als zeigte man Einem erst eine Trompete ohne das Mundstück – und nun das Mundstück, welches uns lehrt, wie eine Trompete verwendet, mit dem menschlichen Körper in Kontakt gebracht wird. Das Ansatzstück aber, das uns Russell gibt, ist einerseits zu eng, anderseits zu weit – zu allgemein und zu speziell. Die Rechnung sorgt für ihre eigene Anwendung.

Wir dehnen unsere Ideen von den Rechnungen mit kleinen Zahlen auf die mit großen Zahlen aus, ähnlich wie wir uns vorstellen, daß, wenn die Distanz von hier zur Sonne mit dem Zollstock gemessen werden *könnte*, dann eben das herauskäme, was wir heute auf ganz andere Art herausbringen. D. h., wir sind geneigt, die Längenmessung mit dem Zollstab zum Modell zu nehmen auch für die Messung des Abstands zweier Sterne.

Und man sagt, etwa in der Schule: »Wenn wir uns Zollstäbe von hier bis zur Sonne gelegt denken, ...« und scheint damit zu erklären, was wir unter dem Abstand zwischen Sonne und Erde verstehen. Und die Verwendung eines solchen Bildes ist ganz in Ordnung, so lange es uns klar ist, daß wir den Abstand von uns zur Sonne messen können, und daß wir ihn nicht mit Zollstäben messen können.

5. Wie, wenn jemand sagen würde: »Der eigentliche Beweis von 1000 + 1000 = 2000 ist doch erst der Russellsche, der zeigt, daß der Ausdruck ... eine Tautologie ist«? Kann ich denn nicht beweisen, daß eine Tautologie herauskommt, wenn ich in den beiden ersten Klammern je 1000 Glieder und in der dritten 2000 habe? Und wenn ich dies beweisen kann, so kann ich das als Beweis des arithmetischen Satzes ansehen.

In der Philosophie ist es immer gut, statt einer Beantwortung einer Frage eine *Frage* zu setzen.
Denn eine Beantwortung der philosophischen Frage kann leicht ungerecht sein; ihre Erledigung mittels einer andern Frage ist es nicht.

Soll ich also zum Beispiel hier eine *Frage* setzen statt der Antwort, man könne jenen arithmetischen Satz mit Russells Methode nicht beweisen?

6. Der Beweis, daß $(\overset{1}{})(\overset{2}{}) \supset (\overset{3}{})$ eine Tautologie ist, besteht darin, daß man immer ein Glied der dritten Klammer für ein Glied von (1) oder (2) abstreicht. Und es gibt ja viele Arten und

Weisen dieses Kollationierens. Oder man könnte auch sagen: Es gibt viele Arten und Weisen, das Gelingen der 1-1 Zuordnung festzustellen. Eine Art wäre z. B. sternförmige Muster, eines für die linke, eines für die rechte Seite der Implikation zu konstruieren und diese wieder dadurch zu vergleichen, daß man ein Ornament aus beiden bildet.

Man könnte also die Regel geben: »Wenn du wissen willst, ob die Zahlen A und B zusammen wirklich C ergeben, schreib einen Ausdruck der Form ... an und ordne die Variablen in den Klammern einander zu, indem du den Beweis dafür anschreibst (oder anzuschreiben trachtest), daß der Ausdruck eine Tautologie ist.«

Mein Einwand dagegen ist nun *nicht,* daß es willkürlich ist, gerade diese Art des Kollationierens vorzuschreiben, sondern, daß man auf diese Weise nicht feststellen kann, daß 1000 + 1000 = 2000 ist.

7. Denke, du hättest eine meilenlange ›Formel‹ angeschrieben, und zeigtest durch Transformation, daß sie tautologisch ist (›wenn *sie* sich inzwischen nicht verändert hat‹ müßte man sagen). Nun *zählen* wir die Glieder in den Klammern oder teilen sie ab und machen den Ausdruck übersichtlich, und es zeigt sich, daß in der ersten Klammer 7566, in der zweiten 2434, in der dritten 10000 Glieder stehen. Habe ich nun gezeigt, daß 2434 + 7566 = 10000 ist? – Das kommt drauf an – könnte man sagen – ob du sicher bist, daß das Zählen wirklich die Zahlen der Glieder ergeben hat, die während des Beweises in den Klammern standen.

Könnte man so sagen: »Russell lehrt uns in die dritte Klammer so viele Variablen schreiben als in den beiden ersten zusammen stehen«? Aber eigentlich: er lehrt uns für je eine Variable in (1) und in (2) eine Variable in (3) schreiben.

Aber lernen wir dadurch, welche Zahl die Summe zweier gegebener Zahlen ist? Vielleicht sagt man: »Freilich, denn in der dritten Klammer steht nun das Paradigma, Urbild der neuen Zahl«. Aber inwiefern ist ||||||||||||||| das Paradigma einer Zahl? Bedenke, wie man es als solches verwenden kann.

8. Die Russellsche Tautologie, die dem Satz a + b = c entspricht, zeigt uns vor allem nicht in welcher Notation die Zahl c zu schreiben ist, und es ist kein Grund, warum sie nicht in der Form a + b geschrieben werden soll. – Denn Russell lehrt uns ja nicht die Technik des Addierens, etwa, im Dezimalsystem. – Aber könnten wir sie vielleicht aus seiner Technik ableiten?
Fragen wir einmal so: Kann man die Technik des Dezimalsystems aus der des Systems 1, 1 + 1, (1 + 1) + 1, etc. ableiten?
Könnte man diese Frage nicht auch so stellen: Wenn man eine Rechentechnik in dem einen System und eine im andern System hat, – wie zeigt man, daß die beiden äquivalent sind?

9. »Ein Beweis soll nicht nur zeigen, daß es so ist, sondern daß es so sein muß.«

Unter welchen Umständen zeigt dies das Zählen?

Man möchte sagen: »Wenn die Ziffern und das Gezählte ein einprägsames Bild ergeben. Wenn dieses Bild nun statt jedes neuen Zählens dieser Menge gebraucht wird.« – Aber hier scheinen wir nur von *räumlichen* Bildern zu reden: wenn wir aber eine Reihe von Wörtern auswendig wissen und nun zwei solche Reihen einander eins zu eins zuordnen, indem wir zum Beispiel sagen: »der erste – Montag; der zweite – Dienstag; der

dritte – Mittwoch; etc.« – können wir so nicht *beweisen*, daß von Montag zum Donnerstag vier Tage sind?
Es fragt sich eben: Was nennen wir ein »einprägsames Bild«? Was ist das Kriterium davon, daß wir es uns eingeprägt haben? Oder ist die Antwort hierauf: »Daß wir es als Paradigma der Identität benützen!«?

10. Wir machen nicht *Versuche* an einem Satz oder Beweis, um seine Eigenschaften festzustellen.

Wie reproduzieren wir, kopieren wir einen Beweis? – Nicht zum Beispiel, indem wir Messungen an ihm anstellen.

Wie, wenn ein Beweis so ungeheuer lang wäre, daß man ihn unmöglich übersehen könnte? Oder sehen wir einen andern Fall an: Man habe als Paradigma der Zahl, die wir 1000 nennen, eine lange Reihe von Strichen in einen harten Fels gegraben. Diese Reihe nennen wir die Urtausend und um zu erfahren, ob tausend Menschen auf einem Platz sind, ziehen wir Striche oder spannen Schnüre (1-1 Zuordnung).
Hier hat nun das Zahlzeichen für 1000 nicht die Identität einer Gestalt, sondern eines physikalischen Gegenstandes. Wir könnten uns ähnlich eine Ur-Hundert etc. denken und einen Beweis, daß $10 \times 100 = 1000$ ist, den wir nicht *übersehen* könnten.
Die Ziffer für 1000 im $1 + 1 + 1 + 1 \ldots$ System kann nicht durch ihre *Gestalt* erkannt werden.

11. |||||||||||||||||||||||||||| |||||||||||||||||
Ist diese Figur ein Beweis für $27 + 16 = 43$, weil man zu ›27‹ kommt, wenn man die Striche der linken Seite zählt, zu ›16‹

auf der rechten Seite, und zu ›43‹, wenn man die ganze Reihe zählt?
Worin liegt hier das Seltsame – wenn man die Figur den Beweis dieses Satzes nennt? Doch in der Art, wie dieser Beweis zu reproduzieren oder wiederzuerkennen ist; darin, daß er keine charakteristische visuelle Gestalt hat.

Wenn nun jener Beweis auch keine visuelle Gestalt hat, so kann ich ihn dennoch genau kopieren (reproduzieren) – ist die Figur also nicht doch ein Beweis? Ich könnte ihn etwa in ein Stahlstück einritzen und von Hand zu Hand geben lassen. Ich würde also Einem sagen: »Hier hast du den Beweis, daß 27 + 16 = 43 ist.« – Nun, kann man nicht *doch* sagen: er beweise den Satz mit Hilfe der Figur? Doch; aber die Figur ist nicht der Beweis.

Das aber würde man doch einen Beweis von 250 + 3220 = 3470 nennen: Man zählt über 250 hinaus und fängt zugleich auch bei 1 zu zählen an und ordnet die beiden Zählungen einander zu:
$$251 \ldots 1$$
$$252 \ldots 2$$
$$253 \ldots 3$$
etc.
$$3470 \ldots 3220$$
Man könnte das einen Beweis nennen, der durch 3220 Stufen fortschreitet. Das ist doch ein Beweis – und kann man ihn übersichtlich nennen??

12. Was ist die Erfindung des Dezimalsystems eigentlich? Die Erfindung eines Systems von Abkürzungen – aber was ist das System der Abkürzungen? Ist es bloß das System der neuen Zahlen oder auch ein System ihrer Anwendungen zur Abkür-

zung? Und ist es das Zweite, dann ist es ja eine neue Anschauungsart des alten Zeichensystems.
Können wir, vom $1 + 1 + 1\ldots$ System kommend, durch bloße Abkürzungen der Schreibweise im Dezimalsystem rechnen lernen?

13. Angenommen ich habe nach Russell einen Satz der Form
$(\exists\, xyz\ldots)\;(\exists\, uvw\ldots) \supset (\exists\, abc\ldots)$ bewiesen – und nun ›mache ich ihn übersichtlich‹, indem ich über die Variablen Zeichen x_1, x_2, $x_3\ldots$ schreibe – soll ich nun sagen, ich habe nach Russell einen arithmetischen Satz im Dezimalsystem bewiesen?

Aber jedem Beweis im Dezimalsystem entspricht doch einer im Russellschen System. – Woher wissen wir, daß es so ist? Lassen wir die Intuition beiseite. – Aber man kann es beweisen. –

Wenn man eine Zahl im Dezimalsystem aus 1, 2, 3,...9, 0 definiert und die Zeichen 0, 1..., 9 aus 1, $1 + 1$, $(1 + 1) + 1$, ..., kann man dann durch die rekursive Erklärung des Dezimalsystems hindurch von irgend einer Zahl zu einem Zeichen der Form $1 + 1 + 1 \ldots$ gelangen?

Wie, wenn Einer sagte: Die Russellsche Arithmetik stimmt mit der gewöhnlichen bis zu Zahlen unter 10^{10} überein; dann aber weicht sie von ihr ab. Und nun führt er uns einen R-Beweis dafür vor, daß $10^{10} + 1 = 10^{10}$ ist. Warum soll ich nun einem solchen Beweis nicht trauen? Wie wird man mich davon überzeugen, daß ich mich im R-Beweis verrechnet haben muß?
Brauche ich denn aber einen Beweis aus einem andern System, um mich zu überzeugen, ob ich mich in dem ersten Beweis ver-

rechnet habe? Genügt es nicht, daß ich diesen Beweis übersehbar anschreibe?

14. Liegt denn nicht meine ganze Schwierigkeit darin, einzusehen, wie man, ohne aus Russells logischen Kalkül herauszutreten, zum Begriff der *Menge der Variablen* im Ausdruck ›(∃ xyz...)‹ kommen kann dort, wo dieser Ausdruck nicht übersehbar ist? —
Nun kann man ihn aber doch übersehbar machen, indem man schreibt: (∃ x_1, x_2, x_3...). Und dennoch verstehe ich etwas nicht: man hat doch nun das Kriterium für die Identität so eines Ausdrucks geändert. Ich sehe jetzt auf andere Weise, daß die Menge der Zeichen in zwei solchen Ausdrücken dieselbe ist.

Ich bin eben versucht zu sagen: Russells Beweis kann wohl Stufe für Stufe weitergehen, aber am Schluß wisse man nicht recht, was man bewiesen habe – wenigstens nicht nach den alten Kriterien. Indem ich den Russellschen Beweis übersichtlich mache, beweise ich etwas über diesen Beweis.
Ich will sagen: man brauche die Russellsche Rechentechnik gar nicht anzuerkennen – und könne mit einer andern Rechentechnik beweisen, daß es einen Russellschen Beweis des Satzes geben *müsse*. Dann aber ruht der Satz freilich nicht mehr auf dem R-Beweis.
Oder: Daß man sich zu jedem bewiesenen Satz der Form m + n = l einen Russellschen Beweis vorstellen kann, zeigt nicht, daß der Satz auf diesem Beweis ruht. Denn der Fall ist denkbar, daß man den R-Beweis eines Satzes vom R-Beweis eines andern Satzes gar nicht unterscheiden kann und nur darum sagt, sie seien verschieden, weil sie die Übersetzungen zweier erkennbar verschiedener Beweise sind.

Oder: Etwas hört auf, Beweis zu sein, wenn es aufhört, Paradigma zu sein, z. B. Russells logischer Kalkül; und anderseits ist jeder andere Kalkül annehmbar, der uns als Paradigma dient.

15. Es ist eine Tatsache, daß verschiedene Methoden der Zählung so gut wie immer übereinstimmen.

Wenn ich die Felder eines Schachbretts zähle, komme ich so gut wie immer zu ›64‹.

Wenn ich zwei Reihen von Wörtern auswendig weiß, z. B. Zahlwörter und das Alphabet, und ich ordne sie nun einander 1-1 zu

$$\begin{array}{cc} a & 1 \\ b & 2 \\ c & 3 \\ \text{etc.} \end{array}$$

so komme ich bei ›z‹ so gut wie immer zu ›26‹.

Es gibt so etwas wie: eine Reihe von Wörtern auswendig können. Wann sagt man, ich wisse das Gedicht... auswendig? Die Kriterien sind ziemlich kompliziert. Übereinstimmung mit dem gedruckten Texte ist eines. Was müßte geschehen, das mich zweifeln machte, daß ich wirklich das ABC auswendig weiß? Es ist schwer vorzustellen.
Aber ich verwende nun das Aufsagen oder Anschreiben aus dem Gedächtnis einer Wortfolge als Kriterium der Zahlengleichheit, Mengengleichheit.

Soll ich nun sagen: Das macht ja alles nichts – die Logik bleibt doch der Grundkalkül, nur wird freilich, ob ich zweimal dieselbe Formel vor mir habe, von Fall zu Fall verschieden festgestellt?

16. Es ist nicht die Logik, die mich zwingt – möchte ich sagen – einen Satz von der Form (∃) (∃) ⊃ (∃) anzuerkennen, wenn in den ersten beiden Klammern je eine Million Variablen ist und in der dritten zwei Millionen. Ich will sagen: die Logik zwänge mich in diesem Falle gar nicht, irgend einen Satz anzuerkennen. Etwas *anderes* zwingt mich, so einen Satz als der Logik gemäß anzuerkennen.

Die Logik zwingt mich nur, sofern mich der logische Kalkül zwingt.

Aber es ist doch dem Kalkül mit 1000000 wesentlich, daß sich diese Zahl muß in eine Summe 1 + 1 + 1 ... auflösen lassen! Und um sicher zu sein, daß wir die richtige Anzahl von Einsern vor uns haben, können wir die Einser numerieren:
$$1 + 1 + 1 + 1 + \ldots + 1$$
$$1 \quad 2 \quad 3 \quad 4 \quad\quad 1000000.$$
Diese Notation wäre ähnlich der: ›100,000.000,000‹, die ja auch das Zahlzeichen übersehbar macht. Und ich kann mir doch denken, jemand hätte große Summen Geldes in Pfennigen in ein Buch eingetragen, wo sie etwa als 100stellige Zahlen erschienen, mit denen ich nun zu rechnen hätte. Ich finge nun damit an, sie mir in eine übersehbare Notation zu übersetzen, würde sie aber doch ›Zahlzeichen‹ nennen, sie als Dokumente von Zahlen behandeln. Ja ich würde es sogar als Dokument einer Zahl ansehen, wenn mir einer sagte, N hat soviele Schillinge, als Erbsen in dieses Faß gehen. Anders wieder: »Er hat soviele Schillinge als das Hohe Lied Buchstaben hat.«

17. Die Notation $›x_1, x_2, x_3, \ldots‹$ macht den Ausdruck $›(∃\ldots)‹$ zur Gestalt und damit die R-bewiesene Tautologie.

Laß mich so fragen: Ist es nicht denkbar, daß die 1-1 Zuordnung im Russellschen Beweis nicht verläßlich vollzogen werden kann, daß z. B., wenn wir sie zum Addieren benutzen wollen, regelmäßig sich ein dem gewöhnlichen Resultate widersprechendes ergibt, und daß wir das auf eine Ermüdung schieben, die, ohne daß wir's merken, uns gewisse Schritte überspringen läßt? Und könnten wir dann nicht sagen: – wenn wir nur nicht ermüdeten, würde sich das gleiche Resultat ergeben –? Darum, weil es die *Logik* fordert? Fordert sie es denn? Berichtigen wir hier nicht die Logik mit einem anderen Kalkül?

Nehmen wir an, wir nähmen immer 100 Schritte des logischen Kalküls zusammen und erhielten nun verläßliche Resultate, während wir sie nicht erhalten, wenn wir alle Schritte einzeln auszuführen versuchen – man möchte sagen: die Rechnung basiert ja doch auf Einerschritten, da ein Hundertschritt durch Einerschritte definiert ist. – Die Definition sagt doch: einen Hundertschritt machen, sei dasselbe wie ..., und doch machen wir den Hundertschritt und *nicht* die hundert Einerschritte.
Beim abgekürzten Rechnen folge ich doch einer *Regel* – und wie wurde diese Regel begründet? – Wie, wenn der gekürzte und der ungekürzte Beweis verschiedene Resultate ergeben?

18. Was ich sage, kommt doch darauf hinaus: daß ich z. B. $›10‹$ als $›1 + 1 + 1 + 1\ldots‹$ definieren kann und $›100 \times 2‹$ als $›2 + 2 + 2\ldots‹$, aber darum nicht notwendig $›100 \times 10‹$ als $›10 + 10 + 10\ldots‹$ oder gar als $›1 + 1 + 1 + \ldots‹$.

Ich kann mich davon, daß 100 × 100 = 10000 ist, durch ein ›abgekürztes‹ Verfahren überzeugen. Warum soll ich dann nicht *dieses* als das ursprüngliche Beweisverfahren betrachten?

Ein abgekürztes Verfahren lehrt mich, was bei dem unabgekürzten herauskommen *soll*. (Statt daß es umgekehrt wäre.)

19. »Die Rechnung basiert ja doch auf den Einerschritten...« Ja; aber auf andre Weise. Der Beweisvorgang ist eben ein anderer.

Ich könnte zum Beispiel sagen: 10 = 1 + 1 + 1 + 1 + 1 + 1 + 1 + 1 + 1 + 1 und *gleichermaßen* 100 = 10 + 10 + 10 + 10 + 10 + 10 + 10 + 10 + 10 + 10. Habe ich nicht die Erklärung von 100 auf die successive Addition von 1 basiert? Aber in derselben Weise, als hätte ich 100 Einser addiert? Braucht es in meiner Notation überhaupt ein Zeichen der Form – ›1 + 1 + 1...‹ mit 100 Summanden geben?

Die Gefahr scheint hier zu sein, das gekürzte Verfahren als einen blassen Schatten des ungekürzten anzusehen. Die Regel des Zählens ist nicht das Zählen.

20. Worin besteht es, 100 Schritte des Kalküls ›zusammenzunehmen‹? Doch darin, daß man nicht die Einerschritte, sondern einen andern Schritt als maßgebend ansieht.

Beim gewöhnlichen Addieren von ganzen Zahlen im Dezimalsystem machen wir Einerschritte, Zehnerschritte, etc. Kann man sagen, das Verfahren basiere auf dem, nur Einerschritte zu machen? Und man könnte es so begründen: Das Resultat der Addition schaut allerdings so aus – ›7583‹, aber die Erklärung dieses Zeichens, seine Bedeutung, die endlich auch in seiner Anwendung zum Ausdruck kommen muß, ist doch dieser Art: $1 + 1 + 1 + 1 + 1$ usf. Aber ist dem so? Muß das Zahlzeichen so erklärt werden oder diese Erklärung implizite in seiner Anwendung zum Ausdruck kommen? Ich glaube, wenn wir nachdenken, zeigt sich's, es ist nicht der Fall.

Das Rechnen mit Kurven oder mit dem Rechenschieber.
Freilich wenn wir die eine Art des Rechnens mit der anderen kontrollieren, kommt normalerweise dasselbe heraus. Wenn es nun aber mehrere Arten gibt – wer sagt, wenn sie nicht übereinstimmen, welches die eigentliche, an der Quelle der Mathematik sitzende Rechnungsweise ist?

21. Wo ein Zweifel darüber auftauchen kann, ob *dies* wirklich das Bild *dieses* Beweises ist, wo wir bereit sind, die Identität eines Beweises anzuzweifeln, dort hat die Ableitung ihre Beweiskraft verloren. Denn der Beweis dient uns ja als Maß.

Könnte man sagen: Zu einem Beweise gehört ein von uns anerkanntes Kriterium der richtigen Reproduktion des Beweises?

Das heißt z. B.: wir müssen sicher sein können, es muß uns als sicher feststehen, daß wir beim Beweisen kein Zeichen übersehen haben. Daß uns kein Teufelchen betrogen haben kann, indem es Zeichen ohne unser Wissen verschwinden ließ, hinzusetzte, etc.

Man könnte sich so ausdrücken: Wo man sagen kann: »auch wenn uns ein Dämon betrogen hätte, so wäre doch alles in Ordnung«, dort hat der Schabernack, den er uns antun wollte, eben seinen Zweck verfehlt.

22. Der Beweis, könnte man sagen, zeigt nicht bloß, *daß* es so ist, sondern: *wie* es so ist. Er zeigt, *wie* 13 + 14 27 ergeben.

»Der Beweis muß übersehbar sein« – heißt: wir müssen bereit sein, ihn als Richtschnur unseres Urteilens zu gebrauchen.

Wenn ich sage »der Beweis ist ein Bild« – so kann man sich ihn als kinematographisches Bild denken.

Den Beweis macht man ein für alle Mal.
Der Beweis muß natürlich vorbildlich sein.

Der Beweis (das Beweisbild) zeigt uns das Resultat eines Vorgangs (der Konstruktion); und wir sind überzeugt, daß ein *so* geregeltes Vorgehen immer zu diesem Bild führt.
(Der Beweis führt uns ein synthetisches Faktum vor.)

23. Mit dem Satz, der Beweis sei ein Vorbild, – dürfen wir natürlich nichts Neues sagen.

Der Beweis muß ein Vorgang sein, von dem ich sage: Ja, so muß es sein; das muß herauskommen, wenn ich nach dieser Regel vorgehe.

Der Beweis, könnte man sagen, muß ursprünglich eine Art Experiment sein – wird aber dann einfach als Bild genommen.

Wenn ich 200 Äpfel und 200 Äpfel zusammenschütte und zähle, und es kommt 400 heraus, so ist das kein Beweis für 200 + 200 = 400. Das heißt, wir würden dieses Faktum nicht als Paradigma zur Beurteilung aller ähnlicher Situationen verwenden wollen.

Zu sagen: »diese 200 Äpfel und diese 200 Äpfel geben 400« – sagt: Wenn man sie zusammenschüttet, kommt keiner weg noch dazu, sie verhalten sich *normal*.

24. »Das ist das Vorbild der Addition von 200 und 200« – nicht: »Das ist das Vorbild davon, daß 200 und 200 addiert 400 ergeben«. Der Vorgang des Addierens *ergab* allerdings 400, aber dies Resultat nehmen wir nun zum Kriterium der richtigen Addition – oder einfach: der Addition – dieser Zahlen.

Der Beweis muß unser Vorbild, unser Bild, davon sein, wie diese Operationen *ein Ergebnis* haben.

Der ›bewiesene Satz‹ drückt aus, was aus dem Beweisbild abzulesen ist.

Der Beweis ist unser Vorbild des richtigen Zusammenzählens von 200 Äpfeln und 200 Äpfeln. Das heißt, er bestimmt einen neuen Begriff: ›das Zusammenzählen von 200 und 200 Gegenständen‹. Oder man könnte auch sagen: »ein neues Kriterium dafür, daß nichts weggekommen oder dazugekommen ist«.

Der Beweis *definiert* das ›richtige Zusammenzählen‹.

Der Beweis ist unser Vorbild eines bestimmten *Ergebens*, welches als Vergleichsobjekt (Maßstab) für wirkliche Veränderungen dient.

25. Der Beweis überzeugt uns von etwas – aber nicht der Gemütszustand des Überzeugtseins interessiert uns – sondern die Anwendungen, die diese Überzeugung belegen.

Daher läßt uns die Aussage kalt: der Beweis überzeuge uns von der Wahrheit dieses Satzes, – da dieser Ausdruck der verschiedensten Auslegungen fähig ist.

Wenn ich sage: »der Beweis überzeugt mich von etwas«, so muß aber der Satz, der dieser Überzeugung Ausdruck gibt, nicht im Beweise konstruiert werden. Wie wir z. B. multiplizieren, aber nicht notwendigerweise das Ergebnis in Form des Satzes ›... × ... = ...‹ hinschreiben. Man wird also wohl sagen: die Multiplikation gebe uns diese Überzeugung, ohne daß der *Satz*, der sie ausdrückt, je ausgesprochen wird.

Ein psychologischer Nachteil der Beweise, die *Sätze* konstruieren, ist, daß sie uns leichter vergessen lassen, daß der *Sinn* des Resultats nicht aus diesem allein abzulesen ist, sondern aus dem *Beweis*. In dieser Hinsicht hat das Eindringen des Russellschen Symbolismus in die Beweise viel Schaden getan.

Die Russellschen Zeichen hüllen die wichtigen Formen des Beweises gleichsam bis zur Unkenntlichkeit ein, wie wenn eine menschliche Gestalt in viele Tücher gewickelt ist.

26. Bedenken wir, wir werden in der Mathematik von *grammatischen* Sätzen überzeugt; der Ausdruck, das Ergebnis, dieser Überzeugtheit ist also, daß wir *eine Regel annehmen*.

Nichts ist wahrscheinlicher, als daß der Wortausdruck des Resultats eines mathematischen Beweises dazu angetan ist, uns einen Mythus vorzuspiegeln.

27. Ich will etwa sagen: Wenn auch der bewiesene mathematische Satz auf eine Realität außerhalb seiner selbst zu deuten

scheint, so ist er doch nur der Ausdruck der Anerkennung eines neuen Maßes (der Realität).

Wir nehmen also die Konstruierbarkeit (Beweisbarkeit) dieses Symbols (nämlich des mathematischen Satzes) zum Zeichen dafür, daß wir Symbole so und so transformieren sollen.

Wir haben uns im Beweis zu einer Erkenntnis durchgerungen? Und der letzte Satz spricht diese Erkenntnis aus? Ist diese Erkenntnis nun frei vom Beweis (ist die Nabelschnur abgeschnitten)? – Nun, der Satz wird jetzt allein und ohne das Anhängsel des Beweises verwendet.

Warum soll ich nicht sagen: ich habe mich im Beweis zu einer *Entscheidung* durchgerungen?

Der Beweis stellt diese Entscheidung in ein System von Entscheidungen.

(Ich könnte natürlich auch sagen: »der Beweis überzeugt mich von der Zweckmäßigkeit dieser Regel«. Aber das zu sagen könnte leicht irreführen.)

28. Der durch den Beweis bewiesene Satz dient als Regel, also als Paradigma. Denn nach der Regel *richten* wir uns. Aber bringt uns der Beweis nur dazu, daß wir uns nach dieser

Regel richten (sie anerkennen), oder zeigt er uns auch, *wie* wir uns nach ihr richten sollen?

Der mathematische Satz soll uns ja zeigen, was zu sagen SINN hat.

Der Beweis konstruiert einen Satz; aber es kommt eben drauf an, *wie* er ihn konstruiert. Manchmal z. B. konstruiert er zuerst eine *Zahl* und dann folgt der Satz, daß es eine solche Zahl gibt. Wenn wir sagen, die Konstruktion müsse uns von dem Satz *überzeugen,* so heißt das, daß sie uns dazu bringen muß, diesen Satz so und so anzuwenden. Daß sie uns bestimmen muß, das als Sinn, das nicht als Sinn anzuerkennen.

29. Was hat der Zweck einer euklidischen Konstruktion, etwa der Halbierung der Strecke, mit dem Zweck der Ableitung einer Regel aus Regeln mittels logischer Schlüsse gemein?

Das Gemeinsame scheint zu sein, daß ich durch die Konstruktion eines Zeichens die Anerkennung eines Zeichens erzwinge.

Könnte man sagen: »Die Mathematik schafft neue *Ausdrücke,* nicht neue Sätze«??
Insofern nämlich, als die mathematischen Sätze ein für allemal in die Sprache aufgenommene Instrumente sind – und ihr Beweis die Stelle zeigt, an der sie stehen.

Inwiefern sind aber zum Beispiel Russells Tautologien ›Instrumente der Sprache‹?
Russell hätte sie jedenfalls nicht für solche gehalten. Sein Irrtum, wenn ein solcher vorlag, konnte aber nur darin bestehen, daß er auf die *Anwendung* nicht acht hatte.

Der Beweis läßt ein Gebilde aus einem anderen entstehen.
Er führt uns die Entstehung von einem aus anderen vor.
Das ist alles recht gut – aber er leistet doch damit in verschiedenen Fällen ganz Verschiedenes! Was ist das *Interesse* dieser Überleitung?!

Wenn ich auch den Beweis in einem Archiv der Sprache niedergelegt denke – wer sagt, *wie* dies Instrument zu verwenden ist, wozu er dient?

30. Der Beweis bringt mich dazu zu sagen: das *müsse* sich so verhalten. — Nun, das verstehe ich im Fall eines euklidischen Beweises oder eines Beweises von ›25 × 25 = 625‹, aber ist es auch so im Fall eines Russellschen Beweises etwa von
$$\vdash p \supset q \,.\, p : \supset : q$$
Was heißt hier ›es *müsse* sich so verhalten‹, im Gegensatz zu ›es verhält sich so‹? Soll ich sagen: »Nun, ich nehme diesen Ausdruck als Paradigma für alle nichtssagenden Sätze dieser Form an«?

Ich gehe den Beweis durch und sage: »Ja, so *muß* es sein; ich muß den Gebrauch meiner Sprache *so* festlegen«.

Ich will sagen, daß das *Muß* einem Gleise entspricht, das ich in der Sprache lege.

31. Wenn ich sagte, ein Beweis führe einen neuen Begriff ein, so meinte ich so etwas wie: der Beweis setze ein neues Paradigma zu den Paradigmen der Sprache; ähnlich wie wenn man ein besonderes rötlichblau mischte, die besondere Farbmischung irgendwie festlegte und ihr einen Namen gäbe.
Aber, wenn wir auch geneigt sind, einen Beweis ein solches neues Paradigma zu nennen – was ist die genaue Ähnlichkeit eines Beweises zu so einem Begriffsvorbild?
Man möchte sagen: der Beweis ändert die Grammatik unserer Sprache, ändert unsere Begriffe. Er macht neue Zusammenhänge, und er schafft den Begriff dieser Zusammenhänge. (Er stellt nicht fest, daß sie da sind, sondern sie sind nicht da, ehe er sie nicht macht.)

32. Welchen Begriff schafft ›p ⊃ p‹? Und doch ist es mir als könnte man sagen ›p ⊃ p‹ diene uns als Begriffszeichen.
›p ⊃ p‹ ist eine Formel. Legt eine Formel einen Begriff fest? Man kann sagen: »daraus folgt nach der Formel ... das und das«. Oder auch: »daraus folgt auf die Art ... das und das«. Aber ist das ein Satz, wie ich ihn wünsche? Wie ist es aber damit: »Zieh' daraus die Konsequenz auf die Art ...«?

33. Wenn ich vom Beweis sage, er sei ein Vorbild (ein Bild), so muß ich es auch von einem Russellschen Pp. sagen können (als der Eizelle eines Beweises).

Man kann fragen: Wie ist man darauf gekommen, den Satz

›p ⊃ p‹ als eine wahre Behauptung auszusprechen? Nun, man hat ihn nicht im praktischen Sprachverkehr gebraucht, – aber dennoch war man geneigt, ihn unter besonderen Umständen (wenn man zum Beispiel Logik betrieb) mit *Überzeugung* auszusprechen.

Wie ist es aber mit ›p ⊃ p‹? Ich sehe in ihm einen degenerierten Satz, der auf der Seite der Wahrheit ist.
Ich lege ihn als wichtigen Schnittpunkt von sinnvollen Sätzen fest. Ein Angelpunkt der Darstellungsweise.

34. Die Konstruktion des Beweises beginnt mit irgend welchen Zeichen, und unter diesen müssen einige, die ›Konstanten‹, in der Sprache schon Bedeutung haben. So ist es wesentlich, daß ›v‹ und ›∼‹ schon eine uns geläufige Anwendung besitzen, und die Konstruktion eines Beweises in der »Principia Mathematica« nimmt ihre Wichtigkeit, ihren Sinn, daher. Die Zeichen aber des Beweises lassen diese Bedeutung *nicht* erkennen.

Die ›Verwendung‹ des Beweises hat natürlich mit jener Verwendung seiner Zeichen zu tun.

35. Wie gesagt, ich bin ja auch schon von den Pp. Russells in gewissem Sinne überzeugt.
Die Überzeugung also, die der Beweis hervorbringt, kann nicht nur von der Beweiskonstruktion herrühren.

36. Wenn ich das Urmeter in Paris sähe, aber die Institution

des Messens und ihren Zusammenhang mit jenem Stab nicht kennte – könnte ich sagen, ich kenne den Begriff des Urmeters?

Ist nicht auch so der Beweis ein Teil einer Institution?

Der Beweis ist ein Instrument – aber warum sage ich: »ein Instrument der Sprache«?
Ist denn die Rechnung notwendigerweise ein Instrument der Sprache?

37. Was ich immer tue, scheint zu sein – zwischen Sinnbestimmung und Sinnverwendung einen Unterschied hervorzuheben.

38. Den Beweis anerkennen: Man kann ihn anerkennen als Paradigma der Figur, die entsteht, wenn *diese* Regeln richtig auf gewisse Figuren angewandt werden. Man kann ihn anerkennen als die richtige Ableitung einer Schlußregel. Oder als eine richtige Ableitung aus einem richtigen Erfahrungssatz; oder als die richtige Ableitung aus einem falschen Erfahrungssatz; oder einfach als die richtige Ableitung aus einem Erfahrungssatz, von dem wir nicht wissen, ob er wahr oder falsch ist.

Kann ich nun aber sagen, daß die Auffassung des Beweises als ›Beweises der Konstruierbarkeit‹ des bewiesenen Satzes in irgendeinem Sinn eine einfachere, primärere, als jede andre Auffassung ist?

Kann ich also sagen: »Ein jeder Beweis beweist *vor allem*, daß diese Zeichenform herauskommen muß, wenn ich diese Regel auf diese Zeichenformen anwende«? Oder: »Der Beweis beweist vor allem, daß diese Zeichenform entstehen kann, wenn man nach diesen Transformationsregeln mit diesen Zeichen operiert.« –

Das würde auf eine geometrische Anwendung deuten. Denn der Satz, dessen Wahrheit, wie ich sage, hier bewiesen ist, ist ein geometrischer Satz – ein Satz Grammatik die Transformierungen von Zeichen betreffend. Man könnte zum Beispiel sagen: es sei bewiesen, daß es Sinn habe zu sagen, jemand habe das Zeichen...nach diesen Regeln aus...und...erhalten; aber keinen Sinn etc. etc.

Oder: Wenn man die Mathematik jedes Inhalts entkleide, so bleibe, daß gewisse Zeichen aus andern nach gewissen Regeln sich konstruieren lassen. –

Das Mindeste, was wir anerkennen müssen, sei: daß dies Zeichen etc. etc. – und diese Anerkennung lege jeder anderen zu Grunde. –

Ich möchte nun sagen: Die Zeichenfolge des Beweises zieht nicht notwendigerweise irgendein Anerkennen nach sich. Wenn wir aber einmal mit dem Anerkennen anfangen, dann braucht es nicht das ›geometrische‹ zu sein.

Ein Beweis könnte doch aus bloß zwei Stufen bestehen; etwa einem Satz ›(x).fx‹ und einem ›fa‹ – spielt hier das richtige Übergehen nach einer Regel eine wichtige Rolle?

39. *Was* ist unerschütterlich gewiß am Bewiesenen?

Einen Satz als unerschütterlich gewiß anzuerkennen – will ich sagen – heißt, ihn als grammatische Regel zu verwenden: dadurch entzieht man ihn der Ungewißheit.

»Der Beweis muß übersehbar sein« heißt eigentlich nichts andres als: der Beweis ist kein Experiment. Was sich im Beweis ergibt, nehmen wir nicht deshalb an, weil es sich einmal ergibt, oder weil es sich oft ergibt. Sondern wir sehen im Beweis den Grund dafür zu sagen, daß es sich so ergeben *muß*.

Nicht, daß dies Zuordnen zu diesem Resultat führt, *beweist* – sondern daß wir überredet werden, diese Erscheinungen (Bilder) als Vorlagen zu nehmen dafür, wie es ausschaut, wenn . . .

Der Beweis ist unser neues Vorbild dafür wie es ausschaut, wenn nichts weg- und nichts dazukommt, wenn wir richtig zählen, etc. Aber diese Worte zeigen, daß ich nicht recht weiß, wovon der Beweis ein Vorbild ist.

Ich will sagen: mit der Logik der »Principia Mathematica« könnte man eine Arithmetik begründen, in der $1000 + 1 = 1000$ ist; und alles, was dazu nötig ist, wäre die sinnliche Richtigkeit der Rechnungen anzuzweifeln. Wenn wir sie aber nicht anzweifeln, so hat daran nicht unsre Überzeugtheit von der Wahrheit der Logik die Schuld.

Wenn wir beim Beweis sagen: »Das *muß* herauskommen« – so nicht aus Gründen, die wir nicht *sehen*.

Nicht, daß wir dieses Resultat erhalten, sondern, daß es das Ende dieses Weges ist, läßt es uns annehmen.

Das ist der Beweis, was uns überzeugt: Das Bild, was uns nicht überzeugt, ist der Beweis auch dann nicht, wenn von ihm gezeigt werden kann, daß es den bewiesenen Satz exemplifiziert.

Das heißt: es darf keine physikalische Untersuchung des Beweisbildes nötig sein, um uns zu zeigen, was bewiesen ist.

40. Wir sagen von zwei Menschen auf einem Bild nicht *vor allem*, der eine erscheint kleiner als der andre und *erst dann*, er erscheine weiter hinten zu sein. Es ist, kann man sagen, wohl möglich, daß uns das Kürzersein gar nicht auffällt, sondern *bloß* das Hintenliegen. (Dies scheint mir mit der Frage der ›geometrischen‹ Auffassung des Beweises zusammen zu hängen.)

41. »Er ist das Vorbild für das, was man so und so nennt.«

Von was soll aber der Übergang von ›(x).fx‹ auf ›fa‹ ein Vorbild sein? Höchstens davon, wie von Zeichen der Art ›(x).fx‹ geschlossen werden kann.
Das Vorbild dachte ich mir als eine Rechtfertigung, hier aber ist

es keine Rechtfertigung. Das Bild (x).fx ∴ fa *rechtfertigt* den Schluß nicht. Wenn wir von einer Rechtfertigung des Schlusses reden wollen, so liegt sie außerhalb dieses Zeichenschemas.

Und doch ist etwas daran, daß der mathematische Beweis einen neuen Begriff schafft. – Jeder Beweis ist gleichsam ein Bekenntnis zu einer bestimmten Zeichenverwendung.

Aber zu was ist er ein Bekenntnis? Nur zu *dieser* Verwendung der Übergangsregeln von Formel zu Formel? Oder auch ein Bekenntnis zu den ›Axiomen‹ in irgend einem Sinn?

Könnte ich sagen: ich bekenne mich zu p ⊃ p als einer Tautologie?

Ich nehme ›p ⊃ p‹ als Maxime an, etwa des Schließens.

Die Idee, der Beweis schaffe einen neuen Begriff, könnte man ungefähr so ausdrücken: Der Beweis ist nicht seine Grundlagen plus den Schlußregeln, sondern ein *neues* Haus – obgleich ein Beispiel dieses und dieses Stils. Der Beweis ist ein *neues* Paradigma.

Der Begriff, den der Beweis schafft, kann zum Beispiel ein neuer Schlußbegriff sein, ein neuer Begriff des richtigen Schließens. *Warum* ich aber das als *richtiges* Schließen anerkenne, hat seine Gründe außerhalb des Beweises.

Der Beweis schafft einen neuen Begriff – indem er ein neues Zeichen schafft oder ist. Oder – indem er dem Satz, der sein Ergebnis ist, einen neuen Platz gibt. (Denn der Beweis ist nicht eine Bewegung, sondern ein Weg.)

42. Es darf nicht *vorstellbar* sein, daß *diese* Substitution in *diesem* Ausdruck etwas anderes ergibt. Oder: ich muß es für nicht vorstellbar erklären. (Das Ergebnis eines Experiments aber kann so und anders ausfallen.)

Man könnte sich doch aber den Fall vorstellen, daß der Beweis sich dem Ansehen nach ändert – er ist in einen Fels gegraben und man sagt, es sei der gleiche, was immer der Anschein sagt.

Sagst du eigentlich etwas anderes als: der Beweis wird als *Beweis* genommen?

Der Beweis muß ein anschaulicher Vorgang sein. Oder auch: der Beweis ist der *anschauliche* Vorgang.

Nicht etwas hinter dem Beweise, sondern der Beweis beweist.

43. Wenn ich sage: »es muß vor allem offenbar sein, daß *diese* Substitution wirklich *diesen* Ausdruck ergibt« – so könnte ich auch sagen: »ich muß es als unzweifelhaft annehmen« – aber dann müssen dafür gute Gründe vorliegen: z. B., daß die gleiche

Substitution so gut wie immer das gleiche Resultat ergibt etc. Und besteht darin nicht eben die Übersehbarkeit?

Ich möchte sagen, daß, wo die Übersehbarkeit nicht vorhanden ist, wo also für einen Zweifel Platz ist, ob wirklich das Resultat dieser Substitution vorliegt, der *Beweis* zerstört ist. Und nicht in einer dummen und unwichtigen Weise, die mit dem *Wesen* des Beweises nichts zu tun hat.

Oder: Die Logik als Grundlage aller Mathematik tut's schon darum nicht, weil die Beweiskraft der logischen Beweise mit ihrer geometrischen Beweiskraft steht und fällt.[1]

Das heißt: Der logische Beweis, etwa von der Russellschen Art, ist beweiskräftig nur so lange, als er auch geometrische Überzeugungskraft besitzt. Und eine Abkürzung eines solchen logischen Beweises kann diese Überzeugungskraft haben und durch sie ein Beweis sein, wenn die voll ausgeführte Konstruktion nach Russellscher Art es nicht ist.

Wir neigen zu dem Glauben, daß der *logische* Beweis eine eigene, absolute Beweiskraft hat, welche von der unbedingten Sicherheit der logischen Grund- und Schlußgesetze herrührt. Während doch die so bewiesenen Sätze nicht sicherer sein können, als es die Richtigkeit der *Anwendung* jener Schlußgesetze ist.

---

[1] Vgl. aber § 38. (Anm. d. Hrsg.)

Die logische Gewißheit der Beweise – will ich sagen – reicht nicht weiter, als ihre geometrische Gewißheit.

44. Wenn nun der Beweis ein Vorbild ist, so muß es darauf ankommen, was als eine richtige Reproduktion des Beweises zu gelten hat.

Käme zum Beispiel im Beweis das Zeichen ›|||||||||‹ vor, so ist es nicht klar, ob als Reproduktion davon nur eine ›gleichzahlige‹ Gruppe von Strichen (oder etwa Kreuzchen) gelten soll, oder ebensowohl auch eine andere, wenn nicht gar zu kleine Anzahl. Etc.

Es ist doch die Frage, was als Kriterium der Reproduktion des Beweises zu gelten hat, – der Gleichheit von Beweisen. Wie sind sie zu vergleichen, um die Gleichheit festzustellen? Sind sie gleich, wenn sie gleich ausschaun?

Ich möchte, sozusagen, zeigen, daß wir den logischen Beweisen in der Mathematik entlaufen können.

45. »Mittels entsprechender Definitionen können wir ›25 × 25 = 625‹ in der Russellschen Logik beweisen.« – Und kann ich die gewöhnliche Beweistechnik durch die Russellsche erklären? Aber wie kann man eine Beweistechnik durch eine andere *erklären*? Wie kann die eine das *Wesen* der andern erklären? Denn ist die eine eine ›Abkürzung‹ der anderen, so muß sie doch eine *systematische* Abkürzung sein. Es bedarf doch eines

Beweises, daß ich die langen Beweise systematisch abkürzen kann und also wieder ein System von Beweisen erhalte.
Die langen Beweise gehen nun zuerst immer mit den kurzen einher und bevormunden sie gleichsam. Aber endlich können sie den kurzen nicht mehr folgen und diese zeigen ihre Selbständigkeit.

Das Betrachten der *langen* unübersehbaren logischen Beweise ist nur ein Mittel um zu zeigen, wie diese Technik – die auf der Geometrie des Beweisens ruht – zusammenbrechen kann und neue Techniken notwendig werden.

46. Ich möchte sagen: Die Mathematik ist ein BUNTES *Gemisch* von Beweistechniken. – Und darauf beruht ihre mannigfache Anwendbarkeit und ihre Wichtigkeit.

Und das kommt doch auf das Gleiche hinaus, wie zu sagen: Wer ein System, wie das Russellsche, besäße und aus diesem durch entsprechende Definitionen Systeme, wie den Differentialkalkül, erzeugte, der erfände ein neues Stück Mathematik.

Nun, man könnte doch einfach sagen: Wenn ein Mensch das Rechnen im Dezimalsystem erfunden hätte – der hätte doch eine mathematische Erfindung gemacht! – Auch wenn ihm Russells »Principia Mathematica« bereits vorgelegen wären.–

Wie ist es, wenn man ein Beweissystem einem anderen koordiniert? Es gibt dann eine Übersetzungsregel mittels derer man die

im einen bewiesenen Sätze in die im andern bewiesenen übersetzen kann.
Man kann sich doch aber denken, daß einige – oder alle – Beweissysteme der heutigen Mathematik auf solche Weise einem System, etwa dem Russellschen zugeordnet wären. Sodaß alle Beweise, wenn auch umständlich, in diesem System ausgeführt werden könnten. So gäbe es dann nur das eine System – und nicht mehr die vielen Systeme? – Aber es muß sich doch also von dem *einen* System zeigen lassen, daß es sich in die vielen auflösen läßt. – *Ein* Teil des Systems wird die Eigentümlichkeiten der Trigonometrie besitzen, ein anderes die der Algebra, und so weiter. Man *kann* also sagen, daß in diesen Teilen verschiedene Techniken verwendet werden.

Ich sagte: der, welcher das Rechnen in der Dezimalnotation erfunden hat, habe doch eine mathematische Entdeckung gemacht. Aber hätte er diese Entdeckung nicht in lauter Russellschen Symbolen machen können? Er hätte, sozusagen einen neuen *Aspekt* entdeckt.

»Aber die Wahrheit der wahren mathematischen Sätze kann dann dennoch aus jenen allgemeinen Grundlagen bewiesen werden.« – Mir scheint, hier ist ein Haken. Wann sagen wir, ein mathematischer Satz sei wahr? –

Mir scheint, als führten wir, ohne es zu wissen, neue Begriffe in die Russellsche Logik ein. – Zum Beispiel, indem wir festsetzen, was für Zeichen der Form ›($\exists$ x, y, z ...)‹ als einander äquivalent und welche nicht als äquivalent gelten sollen.
Ist es selbstverständlich, daß ›($\exists$ x, y, z)‹ nicht das gleiche Zeichen ist wie ›($\exists$ x, y, z, n)‹?

Aber wie ist es –: Wenn ich zuerst ›p ∨ q‹ und ›∼p‹ einführe und einige Tautologien mit ihnen konstruiere – und dann zeige ich etwa die Reihe ∼p, ∼∼p, ∼∼∼p, etc. vor und führe eine Notation ein wie ∼^{1}p, ∼^{2}p, ... ∼^{10}p ... Ich möchte sagen: wir hätten vielleicht an die *Möglichkeit* so einer Reihenordnung ursprünglich gar nicht gedacht, und wir haben nun einen neuen Begriff in unsre Rechnung eingeführt. Hier ist ein ›neuer Aspekt‹.

Es ist ja klar, daß ich den Zahlbegriff, wenn auch in sehr primitiver und unzureichender Weise, hätte so einführen können – aber dieses Beispiel zeigt mir alles, was ich brauche.

Inwiefern kann es richtig sein zu sagen, man hätte mit der Reihe ∼p, ∼∼p, ∼∼∼p, etc. einen neuen Begriff in die Logik eingeführt? – Nun, vor allem könnte man sagen, man habe es mit dem ›*etc.*‹ getan. Denn dieses ›etc.‹ steht für ein mir neues Gesetz der Zeichenbildung. Dafür charakteristisch – die Tatsache, daß eine *rekursive* Definition zur Erklärung der Dezimalnotation nötig ist.

Eine neue *Technik* wird eingeführt.

Man kann es auch so sagen: Wer den Begriff der Russellschen Beweis- und Satzbildung hat, hat damit noch *nicht* den Begriff jeder *Reihe* Russellscher Zeichen.

Ich möchte sagen: Russells Begründung der Mathematik schiebt die Einführung neuer Techniken hinaus, – bis man endlich glaubt, sie sei gar nicht mehr nötig.

(Es wäre vielleicht so, als philosophierte ich über den Begriff der Längenmessung so lange, bis man vergäße, daß zur Längenmessung die tatsächliche Festsetzung einer Längeneinheit nötig ist.)

47. Kann man nun, was ich sagen will, *so* ausdrücken: »Wenn wir von Anfang an gelernt hätten, alle Mathematik in Russells System zu betreiben, so wäre natürlich mit dem Russellschen Kalkül die Differentialrechnung z. B. noch nicht erfunden. Wer also diese Rechnungsart *im Russellschen Kalkül* entdeckte –.«

Angenommen, ich hätte Russellsche Beweise der Sätze
$$›p = \sim\sim p‹$$
$$›\sim p = \sim\sim\sim p‹$$
$$›p = \sim\sim\sim\sim p‹$$
vor mir und fände nun einen abgekürzten Weg, den Satz
$$›p = \sim^{10} p‹$$
zu beweisen. Es ist, als habe ich eine neue Rechnungsart innerhalb des alten Kalküls gefunden. Worin besteht es, daß sie gefunden wurde?

Sage mir: Habe ich eine neue Rechnungsart entdeckt, wenn ich multiplizieren gelernt hatte und mir nun Multiplikationen mit lauter gleichen Faktoren als ein besonderer Zweig, dieser Rechnungen auffallen und ich daher die Notation einführe ›$a^n = \ldots$‹?

Offenbar die bloß ›abgekürzte‹, oder *andere,* Schreibweise – ›16^2‹ statt ›16 × 16‹ – macht's nicht. Wichtig ist, daß wir jetzt die Faktoren bloß *zählen.*
Ist ›16^{15}‹ nur eine andere Schreibweise für ›16 × 16 × 16 × 16 × 16 × 16 × 16 × 16 × 16 × 16 × 16 × 16 × 16 × 16 × 16‹?

Der Beweis, daß 16^{15} = ... ist, besteht nicht einfach darin, daß ich 16 fünfzehnmal mit sich selbst multipliziere, und daß dabei dies herauskommt – sondern der Beweis muß es zeigen, daß ich die Zahl 15-*mal* zum Faktor setze.

Wenn ich frage: »Was ist das Neue an der ›neuen Rechnungsart‹ des Potenzierens« – so ist das schwer zu sagen. Das Wort ›neuer Aspekt‹ ist vag. Es heißt, wir sehen die Sache jetzt anders an – aber die Frage ist: was ist die wesentliche, die *wichtige* Äußerung dieses ›anders-Ansehens‹?
Zuerst will ich sagen: »Es hätte einem nie *auffallen* brauchen, daß in gewissen Produkten alle Faktoren gleich sind« – oder: »›Produkt lauter gleicher Faktoren‹ ist ein neuer Begriff« – oder: »Das Neue besteht darin, daß wir die Rechnungen anders zusammenfassen«. Beim Potenzieren ist es offenbar das Wesentliche, daß wir auf die *Zahl* der Faktoren sehen. Es ist doch nicht gesagt, daß wir auf die Zahl der Faktoren je geachtet haben. Es *muß* uns nicht aufgefallen sein, daß es Produkte mit 2, 3, 4 etc. Faktoren gibt, obwohl wir schon oft solche Produkte ausgerechnet haben. Ein neuer Aspekt – aber wieder: Was ist seine *wichtige* Seite? Wozu benütze ich, was mir aufgefallen ist? – Nun vor allem lege ich es vielleicht in einer Notation nieder. Ich schreibe also zum Beispiel statt ›a × a‹ ›a^2‹. Dadurch beziehe ich mich auf die Zahlenreihe (spiele auf sie an), was früher nicht geschehen war. Ich stelle also doch eine neue Verbindung her! – Eine Verbindung – zwischen welchen Dingen? Zwischen der Technik des Zählens von Faktoren und der Technik des Multiplizierens.

Aber so macht ja jeder Beweis, jede einzelne Rechnung neue Verbindungen!

Aber der *gleiche* Beweis, der zeigt, daß a × a × a × a ... = b ist, zeigt doch auch, daß a^n = b ist; nur, daß wir den Übergang nach der Definition von ›a^n‹ machen müssen.
Aber dieser Übergang ist ja gerade das Neue. Aber wenn er nur ein Übergang zum alten Beweis ist, wie kann er dann wichtig sein?

›Es ist nur eine andere Schreibweise.‹ Wo hört es auf – bloß eine andere Schreibweise zu sein?

Nicht dort: wo nur die eine Schreibweise und nicht die andre so und so verwendet werden kann?

Man könnte es »einen neuen Aspekt finden« nennen, wenn Einer statt ›f(a)‹ schreibt ›(a)f‹; man könnte sagen: »Er *sieht* die Funktion als Argument ihres Arguments an«. Oder wenn Einer statt ›a × a‹ schriebe ›× (a)‹ könnte man sagen: »Was man früher als Spezialfall einer Funktion mit zwei Argumentstellen ansah, sieht er als Funktion mit *einer* Argumentstelle an«.
Wer das tut, hat gewiß in einem Sinn den Aspekt verändert, er hat z. B. *diesen* Ausdruck mit anderen zusammengestellt, verglichen, mit denen er früher nicht verglichen wurde. – Aber ist das nun eine *wichtige* Aspektänderung? *Nicht,* solange sie nicht gewisse Konsequenzen hat.

Es ist schon wahr, daß ich durch das Hineinbringen des Begriffs der *Anzahl* der Negationen den Aspekt der logischen Rechnung geändert habe: »So habe ich es noch nicht angeschaut« – könnte man sagen. Aber wichtig wird diese Änderung erst, wenn sie in die Anwendung des Zeichens eingreift.

Ein Fuß als 12 *Zoll* auffassen, hieße allerdings den Aspekt des Fußes ändern, aber wichtig würde diese Änderung erst, wenn man nun auch Längen in Zoll *mäße*.

Wer das Zählen der Negationszeichen einführt, führt eine neue Art der Reproduktion der Zeichen ein.

Es ist zwar für die Arithmetik, die doch von der Gleichheit von Anzahlen spricht, ganz gleichgültig, wie Anzahlengleichheit zweier Klassen festgestellt wird – aber es ist für ihre Schlüsse nicht gleichgültig, wie ihre Zeichen mit einander verglichen werden, nach welcher Methode also z. B. festgestellt wird, ob die Anzahl der Ziffern zweier Zahlzeichen die gleiche ist.

Nicht die Einführung der Zahlzeichen als Abkürzungen ist wichtig, sondern die *Methode* des Zählens.

48. Ich will die Buntheit der Mathematik erklären.

49. »Ich kann auch in Russells System den Beweis führen, daß $127 : 18 = 7{\cdot}05$ ist.« Warum nicht. – Aber muß beim Rus-

sellschen Beweis dasselbe herauskommen, wie bei der gewöhnlichen Division? Die beiden sind freilich durch eine *Rechnung* (durch Übersetzungsregeln etwa) mit einander verbunden; aber ist es nicht doch gewagt, die Division nach der neuen Technik auszuführen, – da doch die Wahrheit des Resultats nun abhängig wird von der Geometrie der Übertragung?

Aber wenn nun Einer sagte: »Unsinn – solche Bedenken spielen in der Mathematik gar keine Rolle«.

– Aber nicht um die Unsicherheit handelt sich's, denn wir sind unsrer Schlüsse sicher, sondern darum, ob wir noch (Russellsche) Logik betreiben, wenn wir z. B. *dividieren*.

50. Die Trigonometrie hat ihre Wichtigkeit ursprünglich in ihrer Verbindung mit Längen- und Winkelmessungen: sie ist ein Stück Mathematik, das zur Verwendung auf Längen- und Winkelmessungen eingerichtet ist.
Man könnte die Anwendbarkeit auf dieses Gebiet auch einen ›Aspekt‹ der Trigonometrie nennen.

Wenn ich einen Kreis in gleiche Teile teile und den Cosinus eines dieser Teile durch Messung bestimme – ist das eine Rechnung oder ein Experiment?

Wenn eine Rechnung – ist sie denn ÜBERSEHBAR?
Ist das Rechnen mit dem Rechenschieber *übersehbar*?

Wenn man den Cosinus eines Winkels durch Messung bestimmen muß, – ist dann ein Satz der Form ›cos α = n‹ ein *mathematischer* Satz? Was ist das Kriterium dieser Entscheidung? Sagt der Satz etwas Äußeres über unsere Lineale und dergleichen aus; oder etwas Internes über unsere Begriffe? – Wie ist das zu entscheiden?

Gehören die Figuren (Zeichnungen) in der Trigonometrie zur reinen Mathematik, oder sind sie nur Beispiele einer möglichen *Anwendung*?

51. Wenn an dem, was ich sagen will, irgend etwas Wahres ist, so muß – z. B. – das Rechnen in der Dezimalnotation sein eigenes Leben haben. – Man kann natürlich jede Dezimalzahl darstellen in der Form:

und daher die vier Rechnungsarten in dieser Notation ausführen. Aber das Leben der Dezimalnotation müßte unabhängig sein von dem Rechnen mit Einerstrichen.

52. In diesem Zusammenhang fällt mir immer wieder dies ein: Daß man in Russells Logik zwar einen Satz ›a : b = c‹ *beweisen* kann, daß sie uns aber einen richtigen Satz dieser Form nicht konstruieren lehrt, d. h. daß sie uns nicht *dividieren* lehrt. Der Vorgang des Dividierens entspräche z. B. dem eines *systematischen Probierens* Russellscher Beweise zu dem Zweck etwa, den Beweis eines Satzes von der Form ›37 × 15 = x‹ zu erhalten. »Aber die Technik eines solchen systematischen Probierens gründet sich doch wieder auf Logik. Man kann doch wieder

logisch beweisen, daß diese Technik zum Ziel führen muß.« Es ist also ähnlich, wie wenn wir im Euklid beweisen, daß sich das und das so und so konstruieren läßt.

53. Was will Einer zeigen, der zeigen will, daß Mathematik nicht Logik ist? Er will doch etwas sagen wie: – Wenn man Tische, Stühle, Schränke etc. in genug Papier wickelt, werden sie gewiß endlich kugelförmig ausschauen.

Er will nicht zeigen, daß es unmöglich ist, zu jedem mathematischen Beweis einen Russellschen zu konstruieren, der ihm (irgendwie) ›entspricht‹, sondern, daß das Anerkennen so einer Entsprechung sich nicht auf Logik stützt.

»Aber wir können doch immer auf die primitive logische Methode zurückgehen!« Nun, angenommen, daß wir es können – wie kommt es, daß wir es nicht tun *müssen*? Oder sind wir vorschnell, unvorsichtig, wenn wir es nicht tun?
Aber wie finden wir denn zurück zum primitiven Ausdruck? Gehen wir z. B. den Weg durch den sekundären Beweis und von seinem Ende aus zurück ins primäre System und sehen zu, wo wir so hingelangen; oder gehen wir in beiden Systemen vor und machen dann die Verbindung der Endpunkte? Und wie wissen wir, daß wir im primären System in beiden Fällen zum gleichen Resultat gelangen?
Führt das Vorgehen im sekundären System nicht Überzeugungskraft mit sich?

»Aber wir können uns doch beim jeden Schritt im sekundären System denken, daß er auch im primären gemacht werden könnte!« – Das ist es eben: *wir können uns denken, daß er gemacht werden könnte* – ohne, daß wir ihn machen.

Und warum nehmen wir den einen an Stelle des andern an? Aus Gründen der *Logik*?

»Aber kann man nicht logisch beweisen, daß beide Umwandlungen zum gleichen Resultat gelangen müssen?« – Aber es handelt sich doch hier um das Ergebnis von Umwandlungen von Zeichen! Wie kann die Logik dies entscheiden?

54. Wie kann der Beweis im Strichsystem beweisen, daß der Beweis im Dezimalsystem ein Beweis ist?

Nun, – ist es hier mit dem Beweis im Dezimalsystem nicht so, wie mit einer *Konstruktion* bei Euklid, von der bewiesen wird, daß sie wirklich eine Konstruktion dieses und dieses Gebildes ist?

Darf ich es so sagen: »Die Übertragung des Strichsystems ins Dezimalsystem setzt eine rekursive Definition voraus. Diese Definition führt aber nicht die Abkürzung *eines* Ausdrucks durch einen andern ein. Der induktive Beweis im Dezimalsystem aber enthält natürlich nicht die Menge jener Zeichen, die durch die rekursive Definition in Strichzeichen zu übertragen wären. Dieser allgemeine Beweis kann daher durch die rekursive Definition nicht in einen Beweis des Strichsystems übertragen werden«?

Der rekursive Beweis führt eine neue Zeichentechnik ein. – Er muß also den Übergang in eine neue ›Geometrie‹ machen. Es wird uns eine neue Methode gelehrt, Zeichen wiederzuerkennen. Es wird ein neues Kriterium für die Gleichheit von Zeichen eingeführt.

55. Der Beweis zeigt uns, was herauskommen SOLL. – Und da jede Reproduktion des Beweises das Nämliche demonstrieren muß, so muß sie einerseits also das Resultat automatisch reproduzieren, anderseits aber auch den *Zwang*, es zu erhalten.
D. h.: wir reproduzieren nicht nur die *Bedingungen,* unter welchen sich dies Resultat einmal ergab (wie beim Experiment), sondern das Resultat selbst. Und doch ist der Beweis kein abgekartetes Spiel, insofern er uns immer wieder muß führen können.

Wir müssen einerseits den Beweis automatisch ganz reproduzieren können, und anderseits muß diese Reproduktion wieder ein *Beweis* des Resultats sein.

»Der Beweis muß übersehbar sein« will unsre Aufmerksamkeit eigentlich auf den Unterschied richten der Begriffe: ›einen Beweis wiederholen‹, ›ein Experiment wiederholen‹. Einen Beweis wiederholen, heißt nicht: die Bedingungen reproduzieren, unter denen einmal ein bestimmtes Resultat erhalten wurde, sondern es heißt, jede Stufe *und das Resultat* wiederholen. Und obwohl so der Beweis also etwas ist, was sich ganz automatisch muß reproduzieren lassen, so muß doch jede solche Reproduktion den Beweiszwang enthalten, das Resultat anzuerkennen.

56. Wann sagen wir: ein Kalkül ›entspräche‹ einem andern, sei nur eine abgekürzte Form des ersten? – »Nun, wenn man die Resultate dieses durch entsprechende Definitionen in die Resultate jenes überführen kann.« Aber ist schon gesagt, wie man mit diesen Definitionen zu rechnen hat? Was läßt uns diese Übertragung anerkennen? Ist sie am Ende ein abgekartetes Spiel? Das ist sie, wenn wir entschlossen sind, nur die Übertragung anzuerkennen, die zu dem uns gewohnten Resultat führt.

Warum nennen wir einen Teil des Russellschen Kalküls den der Differentialrechnung entsprechenden? – Weil in ihm die Sätze der Differentialrechnung bewiesen werden. – Aber doch nicht am Ende post hoc? – Aber ist das nicht gleichgültig? Genug, daß man Beweise dieser Sätze im Russellschen System finden kann! Aber sind es Beweise dieser Sätze nicht nur dann, wenn ihre Resultate sich nur in *diese* Sätze übersetzen lassen? Aber stimmt das sogar im Fall des Multiplizierens im Strichsystem mit numerierten Strichen?

57. Nun muß klar gesagt werden, daß die Rechnungen in der Strichnotation normalerweise immer mit denen der Dezimalnotation übereinstimmen werden. Vielleicht werden wir, um sichere Übereinstimmung zu erzielen, an einem Punkt dazu greifen müssen, die Rechnung mit Strichen von *mehreren* Leuten nachrechnen zu lassen. Und das Gleiche werden wir bei Rechnungen mit noch höheren Zahlen im Dezimalsystem vornehmen.
Aber das zeigt freilich schon: daß nicht die Beweise im Strichsystem die Beweise im Dezimalsystem zwingend machen.

»Hätte man aber nun diese nicht, so könnte man jene gebrauchen, um das gleiche zu beweisen.« – Das Gleiche? Was ist das

Gleiche? – Also, der Strichbeweis wird mich vom Gleichen, wenn auch nicht auf die gleiche Weise, überzeugen. – Wie, wenn ich sagte: »Der Platz, an den uns ein Beweis führt, kann nicht unabhängig von diesem Beweis bestimmt werden.« – Bin ich durch einen Beweis im Strichsystem davon überzeugt worden, daß der bewiesene Satz die Anwendbarkeit besitzt, die der Beweis im Dezimalsystem ihm gibt – ist z. B. im Strichsystem gezeigt worden, daß der Satz auch im Dezimalsystem beweisbar ist?

58. Es wäre natürlich Unsinn zu sagen, daß *ein* Satz nicht mehrere Beweise haben kann – denn so sagen wir eben. Aber kann man nicht sagen: *Dieser* Beweis zeigt, daß . . . herauskommt, wenn man *das* tut; der andere Beweis zeigt, daß dieser Ausdruck herauskommt, wenn man etwas andres tut?
Ist denn z. B. das mathematische Faktum, daß 129 durch 3 teilbar ist, unabhängig davon, daß *dies* Resultat bei *dieser* Rechnung herauskommt? Ich meine: besteht das Faktum dieser Teilbarkeit unabhängig von dem Kalkül, in dem es sich ergibt; oder ist es ein Faktum dieses Kalküls?

Denke, man sagte: »Durch das Rechnen lernen wir die Eigenschaften der Zahlen kennen.«
Aber *bestehen* die Eigenschaften der Zahlen außerhalb des Rechnens?

»Zwei Beweise beweisen dasselbe, wenn sie mich von dem Gleichen überzeugen.« – Und wann überzeugen sie mich von dem Gleichen? Wie weiß ich, daß sie mich vom Gleichen überzeugen? Natürlich nicht durch Introspektion.

Man kann mich auf verschiedenen Wegen dazu bringen, diese Regel anzunehmen.

59. »Jeder Beweis zeigt nicht nur die Wahrheit des bewiesenen Satzes, sondern auch, daß er sich *so* beweisen läßt.« – Aber dies letztere läßt sich ja auch anders beweisen. – »Ja, aber der Beweis beweist es auf eine bestimmte Weise und beweist dabei, daß es sich auf diese Weise demonstrieren läßt.« – Aber auch *das* ließ sich durch einen andern Beweis zeigen. – »Ja, aber eben nicht auf diese Weise.« –
Das heißt doch etwa: Dieser Beweis ist ein mathematisches Wesen, das sich durch kein anderes Wesen ersetzen läßt; man kann sagen, er könne uns von etwas überzeugen, wovon uns nichts Anderes überzeugen kann, und man kann dies zum Ausdruck bringen, indem man ihm einen Satz zuordnet, den man keinem andern Beweis zuordnet.

60. Aber mache ich nicht einen groben Fehler? Den Sätzen der Arithmetik und den Sätzen der Russellschen Logik ist es ja geradezu wesentlich, daß verschiedene Beweise zu ihnen führen. Ja, sogar, daß unendlich viele Beweise zu einem jeden von ihnen führen.

Ist es richtig zu sagen, daß jeder Beweis uns von etwas überzeugt, wovon nur er uns überzeugen kann? Wäre dann nicht – sozusagen – der bewiesene Satz überflüssig, und der Beweis selbst auch das Bewiesene?

Überzeugt mich der Beweis nur vom bewiesenen Satz?

Was heißt: »ein Beweis ist ein mathematisches Wesen, das sich durch kein anderes ersetzen läßt«? Es heißt doch, daß jeder besondere Beweis einen Nutzen hat, den kein anderer hat. Man könnte sagen: »– daß jeder Beweis, auch eines schon bewiesenen Satzes, eine Kontribution zur Mathematik ist«. Warum aber ist er eine Kontribution, wenn es bloß darauf ankam, den Satz zu beweisen? Nun, man kann sagen: »der neue Beweis zeigt (oder *macht*) einen neuen Zusammenhang«. (Aber gibt es dann nicht einen mathematischen Satz, welcher sagt, daß dieser Zusammenhang besteht?)

Was *lernen* wir, wenn wir den neuen Beweis sehen, – außer den Satz, den wir ohnehin schon kennen? Lernen wir etwas, was sich nicht in einem mathematischen Satz ausdrücken läßt?

61. Inwiefern hängt die Anwendung eines mathematischen Satzes davon ab, was man als seinen Beweis gelten läßt und was nicht?

Ich kann doch sagen: Wenn der Satz ›137 × 373 = 46792‹ im gewöhnlichen Sinne wahr ist, *dann muß es eine Multiplikationsfigur geben,* an deren Enden die Seiten dieser Gleichung stehen. Und eine Multiplikationsfigur ist ein Muster, das gewissen Regeln genügt.
Ich will sagen: Erkennte ich die Multiplikationsfigur nicht als *einen* Beweis des Satzes an, so fiele damit auch die Anwendung des Satzes auf Multiplikationsfiguren fort.

62. Bedenken wir, daß es nicht genug ist, daß sich zwei Beweise im selben Satzzeichen treffen! Denn wie wissen wir, daß dies

Zeichen beidemale dasselbe sagt? *Dies* muß aus anderen Zusammenhängen hervorgehen.

63. Die *genaue* Entsprechung eines richtigen (überzeugenden) Übergangs in der Musik und in der Mathematik.

64. Denke, ich gäbe jemandem die Aufgabe: »Finde einen Beweis des Satzes...« – die Lösung wäre doch, daß er mir gewisse Zeichen vorlegt. Nun gut: *welcher* Bedingung müssen diese Zeichen genügen? Sie müssen ein Beweis jenes Satzes sein – aber ist das etwa eine *geometrische* Bedingung? Oder eine psychologische? Manchmal könnte man es eine geometrische Bedingung nennen; dort, wo die Beweismittel schon vorgeschrieben sind und nur noch eine bestimmte Zusammenstellung gesucht wird.

65. Sind die Sätze der Mathematik anthropologische Sätze, die sagen, wie wir Menschen schließen und kalkulieren? – Ist ein Gesetzbuch ein Werk über Anthropologie, das uns sagt, wie die Leute dieses Volkes einen Dieb etc. behandeln? — Könnte man sagen: »Der Richter schlägt in einem Buch über Anthropologie nach und verurteilt hierauf den Dieb zu einer Gefängnisstrafe«? Nun, der Richter GEBRAUCHT das Gesetzbuch nicht als Handbuch der Anthropologie.

66. Die Prophezeiung lautet *nicht*, daß der Mensch, wenn er bei der Transformation dieser Regel folgt, *das* herausbringen wird – sondern, daß er, wenn wir *sagen,* er folge der Regel, das herausbringen werde.

Wie, wenn wir sagten, daß mathematische Sätze in *diesem* Sinne Prophezeiungen sind: indem sie vorhersagen, was Glieder einer Gesellschaft, die diese Technik gelernt haben, in Übereinstimmung mit den übrigen Gliedern der Gesellschaft herausbringen werden? ›25 × 25 = 625‹ hieße also, daß Menschen, wenn sie unsrer Meinung nach die Regeln des Multiplizierens befolgen, bei der Multiplikation 25 × 25 zum Resultat 625 kommen werden. – Daß dies eine richtige Vorhersage ist, ist zweifellos; und auch, daß das Wesen des Rechnens auf solche Vorhersagen gegründet ist. D. h., daß wir etwas nicht ›rechnen‹ nennen würden, wenn wir so eine Prophezeiung nicht mit Sicherheit machen könnten. Das heißt eigentlich: das Rechnen ist eine Technik. Und was wir gesagt haben, gehört zum Wesen einer Technik.

67. Zum Rechnen gehört *wesentlich* dieser Consensus, das ist sicher. D. h.: zum Phänomen unseres Rechnens gehört dieser Consensus.

In einer *Rechen*technik müssen Prophezeiungen möglich sein. Und das macht die Rechentechnik der Technik eines *Spieles*, wie des Schachs, ähnlich.

Aber wie ist das mit dem Consensus – heißt das nicht, daß *ein* Mensch allein nicht rechnen könnte? Nun, *ein* Mensch könnte jedenfalls nicht nur *einmal* in seinem Leben rechnen.

Man könnte sagen: alle *möglichen* Spielstellungen in Schach können als Sätze aufgefaßt werden, die sagen, sie (selbst) seien *mögliche* Spielstellungen; oder auch als Prophezeiungen: die

Menschen werden diese Stellungen durch Züge erreichen können, welche sie übereinstimmend den Regeln gemäß erklären. Eine so *erhaltene* Spielstellung ist dann ein bewiesener Satz dieser Art.

»Eine Rechnung ist ein Experiment.« – Eine Rechnung kann ein Experiment sein. Der Lehrer läßt den Schüler eine Rechnung machen, um zu sehen, ob er rechnen kann; das ist ein Experiment.

Wenn in der Früh im Ofen Feuer gemacht wird, ist das ein Experiment? Aber es könnte eins sein.
Und so sind auch Schachzüge *nicht* Beweise und Schachstellungen nicht Sätze. Und mathematische Sätze nicht Spielstellungen. Und *so* sind sie auch nicht Prophezeiungen.

68. Wenn eine Rechnung ein Experiment ist; was ist dann ein Fehler in der Rechnung? Ein Fehler im Experiment? nicht doch; ein Fehler im Experiment wäre es gewesen, wenn ich die *Bedingungen* des Experiments nicht eingehalten hätte, wenn ich also jemanden etwa bei furchtbarem Lärm hätte rechnen lassen.

Aber warum soll ich nicht sagen: Ein Rechenfehler ist zwar kein *Fehler* im Experiment, aber ein – manchmal erklärliches, manchmal nicht erklärliches – *Fehlgehen* des Experiments?

69. »Eine Rechnung, z. B. eine Multiplikation, ist ein Experiment: *wir wissen nicht, was herauskommen wird* und erfahren

es nun, wenn die Multiplikation fertig ist.« – Gewiß; wir wissen auch nicht, wenn wir spazieren gehen, an welchem Punkt wir uns in 5 Minuten befinden werden – aber ist Spazierengehen deshalb ein Experiment? – Gut; aber in der Rechnung wollte ich doch von vornherein wissen, was herauskommen werde; *das* war es doch, was mich interessierte. Ich bin doch neugierig auf das Resultat. Aber nicht, als auf das, was ich sagen *werde,* sondern, was ich sagen *soll.*

Aber interessiert dich nicht eben an dieser Multiplikation, wie die Allgemeinheit der Menschen rechnen wird? Nein – wenigstens für gewöhnlich nicht – wenn ich auch zu einem gemeinsamen Treffpunkt mit Allen eile.
Aber die Rechnung zeigt mir doch eben experimentell, wo dieser Treffpunkt liegt. Ich lasse mich gleichsam ablaufen und sehe, wo ich hingelange. Und die richtige Multiplikation ist das Bild davon, wie wir alle ablaufen, wenn wir *so* aufgezogen werden.

Die *Erfahrung* lehrt, daß wir Alle diese Rechnung richtig finden.

Wir lassen uns ablaufen und erhalten das Resultat der Rechnung. Aber nun – will ich sagen – interessiert uns nicht, daß wir – etwa unter diesen und diesen Bedingungen – dies Resultat erzeugt haben – uns interessiert das Bild des Ablaufs, allerdings als ein überzeugendes, sozusagen *wohlklingendes,* aber nicht als das Resultat eines Experiments, sondern als ein *Weg.*

Wir sagen nicht: »also *so* gehen wir!«, sondern: »also *so* geht es!«

70. Unsre Zustimmung läuft gleich ab, – aber wir bedienen uns dieser Gleichheit des Ablaufs nicht bloß, um Zustimmungsabläufe vorauszusagen. Wie wir uns des Satzes »dies Heft ist rot« nicht nur *dazu bedienen* um vorherzusagen, daß die meisten Menschen das Heft ›rot‹ nennen werden.

»Und das *nennen* wir doch ›dasselbe‹.« Bestünde keine Übereinstimmung in dem, was wir ›rot‹ nennen, etc., etc., so würde die Sprache aufhören. Wie ist es aber bezüglich der Übereinstimmung in dem, was wir ›Übereinstimmung‹ nennen? Wir können das Phänomen einer Sprachverwirrung beschreiben; aber welches sind für uns die Anzeichen einer Sprachverwirrung? Nicht notwendigerweise Tumult und Wirrwarr im Handeln. Dann also: daß ich mich, wenn die Leute sprechen, nicht auskenne; nicht übereinstimmend mit ihnen reagieren kann.

»Das ist für mich kein Sprachspiel.« Ich könnte dann aber auch sagen: Sie begleiten zwar ihre Handlungen mit Sprachlauten, und ihre Handlungen kann ich nicht ›verwirrt‹ nennen, aber doch haben sie keine *Sprache*. – Vielleicht aber würden ihre Handlungen verwirrt, wenn man sie daran hinderte, jene Laute von sich zu geben.

71. Man könnte sagen: Ein Beweis dient der *Verständigung*. Ein Experiment setzt sie voraus.
Oder auch: Ein mathematischer Beweis formt unsre Sprache.

Aber es bleibt doch bestehen, daß man mittels eines mathematischen Beweises wissenschaftliche Voraussagen über das Beweisen anderer Menschen machen kann. –

Wenn mich Einer fragt: »Was für eine Farbe hat dieses Buch?«
und ich antworte: »Es ist grün« – hätte ich ebensowohl die
Antwort geben können: »Die Allgemeinheit der Deutschsprechenden nennt das ›grün‹«?
Könnte er darauf nicht fragen: »Und wie nennst *du* es?« Denn
er wollte meine Reaktion hören.

›*Die Grenzen des Empirismus.*‹[1]

72. Es gibt doch eine Wissenschaft von den konditionierten
Rechenreflexen; – ist das die Mathematik? Jene Wissenschaft
wird sich auf Experimente stützen: und diese Experimente werden *Rechnungen* sein. Aber wie, wenn diese Wissenschaft recht
exakt und am Ende gar eine ›mathematische‹ Wissenschaft
würde?
Ist das Resultat dieser Experimente nun, daß Menschen in ihren
Rechnungen übereinstimmen, oder, daß sie darin übereinstimmen, was sie ›übereinstimmen‹ nennen? Und das geht so
weiter.

Man könnte sagen: jene Wissenschaft würde nicht funktionieren,
wenn wir in Bezug auf die Idee der Übereinstimmung nicht
übereinstimmten.

Es ist doch klar, daß wir ein mathematisches Werk zum Studium der Anthropologie verwenden können. Aber eines ist

---

1 Bezieht sich vermutlich auf einen Vortrag von Bertrand Russell »The Limits of Empiricism«. *Proceedings of the Aristotelian Society, 1935–1936.* (Hrsg.)

dann nicht klar: – ob wir sagen sollen: »diese Schrift zeigt uns, wie bei diesem Volk mit Zeichen operiert wurde«, oder ob wir sagen sollen: »diese Schrift zeigt uns, welche Teile der Mathematik dieses Volk beherrscht hat«.

73. Kann ich, am Ende einer Multiplikation angelangt, sagen: »Also *damit* stimm' ich überein! –«? – Aber kann ich es bei einem *Schritt* der Multiplikation sagen? Etwa bei dem Schritt ›2 × 3 = 6‹? Nicht ebensowenig, wie ich, auf dies Papier sehend, sagen kann: »Also das nenne ich ›weiß‹«?

Ähnlich scheint mir der Fall zu sein, wenn jemand sagte: »Wenn ich mir ins Gedächtnis rufe, was ich heute getan habe, mache ich ein Experiment (ich lasse mich ablaufen) und die Erinnerung, die dann kommt, dient dazu, mir zu zeigen, was Andere, die mich gesehen haben, auf die Frage, was ich getan habe, antworten werden.«

Was geschähe, wenn es uns öfter so ginge, daß wir eine Rechnung machen und sie als richtig finden; dann rechnen wir sie nach und finden, sie stimmt nicht: wir glauben, wir hätten früher etwas übersehen – wenn wir sie wieder nachrechnen, scheint uns unsre zweite Rechnung nicht zu stimmen, usf.?
Sollte ich das nun ein Rechnen nennen oder nicht? – Er kann jedenfalls nicht die Voraussage auf seine Rechnung bauen, daß er das nächste Mal wieder dort landen wird. – Könnte ich aber sagen, er habe diesmal *falsch* gerechnet, weil er das nächste Mal nicht wieder so gerechnet hat? Ich könnte sagen: wo *diese* Unsicherheit bestünde, gäbe es kein Rechnen.

Aber ich sage doch anderseits wieder: »Wie man rechnet – so ist es richtig.« Es *kann* kein Rechenfehler in ›12 × 12 = 144‹ bestehen. Warum? Dieser Satz ist unter die Regeln aufgenommen.
Ist aber ›12 × 12 = 144‹ die Aussage, es sei allen Menschen natürlich, 12 × 12 so zu rechnen, daß 144 herauskommt?

74. Wenn ich eine Rechnung mehrmals nachrechne, um sicher zu sein, daß ich richtig gerechnet habe, und wenn ich sie dann als richtig anerkenne, – habe ich da nicht ein Experiment wiederholt, um sicher zu sein, daß ich das nächste Mal wieder gleich ablaufen werde? – Aber warum sollte mich dreimaliges Nachrechnen davon überzeugen, daß ich das vierte Mal ebenso ablaufen werde? – Ich würde sagen: ich habe nachgerechnet, um sicher zu sein, ›daß ich nichts übersehen habe‹.
Die Gefahr ist hier, glaube ich, eine Rechtfertigung unsres Vorgehens zu geben, wo es eine Rechtfertigung nicht gibt und wir einfach sagen sollten: *so machen wir's.*

Wenn Einer wiederholt ein Experiment anstellt, ›immer wieder mit dem gleichen Resultat‹, hat er dann zugleich ein Experiment gemacht, das ihn lehrt, *was* er ›das gleiche Resultat‹ nennt, wie er also das Wort »gleich« gebraucht? Mißt der, der den Tisch mit dem Zollstock mißt, auch den Zollstock? Mißt er den Zollstock, so kann er dabei den Tisch nicht messen.

Wie, wenn ich sagte: »Wenn Einer den Tisch mit dem Zollstock mißt, so macht er dabei ein Experiment, welches ihn lehrt, was bei der Messung dieses Tisches mit *allen andern* Zollstäben herauskäme«? Es ist doch gar kein Zweifel, daß man aus der Messung mit *einem* Zollstab voraussagen kann, was die Messung mit andern Zollstäben ergeben wird. Und ferner, könnte

man es nicht tun – daß dann unser ganzes System des Messens zusammenfiele.
Kein Zollstab, könnte man sagen, wäre richtig, wenn sie nicht allgemein übereinstimmten. – Aber wenn ich das sage, so meine ich nicht, daß sie dann alle *falsch* wären.

75. Das Rechnen verlöre seinen Witz, wenn *Verwirrung* einträte. Wie der Gebrauch der Worte »grün« und »blau« seinen Witz verlöre. Und doch scheint es Unsinn zu sein zu sagen – daß ein Rechensatz *sage*: es werde keine Verwirrung eintreten. – Ist die Lösung einfach die, daß der Rechensatz nicht *falsch* werde sondern nutzlos, wenn Verwirrung einträte? So wie der Satz, dies Zimmer ist 16 Fuß lang, dadurch nicht *falsch* würde, daß Verwirrung in den Maßstäben und im Messen einträte. Sein Sinn, nicht seine Wahrheit, basiert auf dem ordnungsgemäßen Ablauf der Messungen. (Sei aber hier nicht dogmatisch. Es gibt Übergänge, die die Betrachtung erschweren.)

Wie, wenn ich sagte: der Rechensatz drückt die Zuversicht aus, es werde keine Verwirrung eintreten. –
Dann drückt der Gebrauch aller Worte die Zuversicht aus, es werde keine Verwirrung eintreten.

Man kann aber dennoch nicht sagen, der Gebrauch des Wortes »grün« besage, es werde keine Verwirrung eintreten – weil dann der Gebrauch des Wortes »Verwirrung« wieder eben dasselbe über *dieses* Wort aussagen müßte.

Wenn ›25 × 25 = 625‹ die Zuversicht ausspricht, wir werden uns immer wieder leicht dahin einigen können, daß der Weg, der mit diesem Satz endet, zu nehmen sei – wie drückt dann dieser Satz nicht die andere Zuversicht aus, wir würden uns immer wieder über *seinen* Gebrauch einigen können?

Wir spielen mit den beiden Sätzen nicht das gleiche Sprachspiel.

Oder kann man sowohl zuversichtlich sein, man werde dort die gleiche Farbe sehen, wie hier – und auch: man werde die Farbe, wenn sie die gleiche ist, gleich zu benennen geneigt sein?

Ich will doch sagen: Die Mathematik ist als solche immer Maß und nicht Gemessenes.

76. Der Begriff des Rechnens schließt Verwirrung aus. – Wie, wenn Einer beim Rechnen einer Multiplikation zu verschiedenen Zeiten Verschiedenes herausbrächte und dies *sähe*, aber in der Ordnung fände? – Aber dann könnte er doch das Multiplizieren nicht zu den Zwecken verwenden, wie wir es tun! – Warum nicht? Und es ist auch nicht gesagt, daß er dabei übel fahren müßte.

Die Auffassung der Rechnung als Experiment kommt uns leicht als die einzige *realistische* vor.

Alles andere, meinen wir, sei Gefasel. Im Experiment haben wir etwas Greifbares. Es ist beinahe, als sagte man: »Ein Dichter, wenn er dichtet, stellt ein psychologisches Experiment an. Nur so ist es zu erklären, daß ein Gedicht einen Wert haben kann.« Man verkennt das Wesen des ›Experiments‹, – indem man glaubt, jeder Vorgang, auf dessen Ende wir gespannt sind, sei, was wir »Experiment« nennen.

Es scheint wie Obskurantismus, wenn man sagt, eine Rechnung sei kein Experiment. In gleicher Weise auch die Feststellung, die Mathematik *handle* nicht von Zeichen, oder Schmerz sei nicht eine Form des Benehmens. Aber nur, weil die Leute glauben, man behaupte damit die Existenz eines ungreifbaren, d. i. schattenhaften, Gegenstands neben dem uns Allen greifbaren. Während wir nur auf verschiedene Verwendungsweisen der Worte hinweisen.
Es ist beinahe als sagte man: ›blau‹ müsse einen blauen Gegenstand bezeichnen – der Zweck des Wortes wäre sonst nicht einzusehen.

77. Ich habe ein Spiel erfunden – komme drauf, daß, wer anfängt, immer gewinnen muß: Es ist also kein Spiel. Ich ändere es ab; nun ist es in Ordnung.
Habe ich ein Experiment gemacht, und war das Ergebnis, daß, wer anfängt, immer gewinnt? Oder: daß wir so zu spielen geneigt sind, daß dies geschieht? Nein. – Aber das Resultat hättest du dir doch nicht erwartet! Freilich nicht; aber das macht das Spiel nicht zum Experiment.

Was heißt es aber: Nicht wissen, *woran es liegt,* daß es immer so ausgehen muß? Nun, es liegt an den Regeln. – Ich will wissen, wie ich die Regeln abändern muß, um zu einem richtigen Spiel zu gelangen. – Aber du kannst sie ja z. B. *ganz* abändern – also statt deinem ein gänzlich anderes Spiel angeben. – Aber das will ich nicht. Ich will die Regeln im großen ganzen beibehalten und nur einen Fehler ausmerzen. – Aber das ist vag. Es ist nun einfach *nicht klar,* was als dieser Fehler zu betrachten ist.

Es ist beinahe, wie wenn man sagt: Was ist der Fehler in diesem Musikstück? es klingt nicht gut in den Instrumenten. – Nun, den Fehler muß man nicht in der Instrumentation suchen; man *könnte* ihn in den Themen suchen.

Nehmen wir aber an, das Spiel sei so, daß, wer anfängt, immer durch einen bestimmten einfachen Trick gewinnen kann. Darauf aber sei man nicht gekommen; – es ist also ein Spiel. Nun macht uns jemand darauf aufmerksam; – und es hört auf, ein Spiel zu sein.

Wie kann ich das wenden, daß es mir klar wird? – Ich will nämlich sagen: »und es hört auf ein Spiel zu sein« – nicht: »und wir sehen nun, daß es kein Spiel war«.

Das heißt doch, ich will sagen, man kann es auch so auffassen: daß der Andre uns nicht auf etwas *aufmerksam gemacht* hat; sondern daß er uns statt unseres ein andres Spiel gelehrt hat. — Aber wie konnte durch das neue das alte obsolet werden? – Wir sehen nun etwas anderes und können nicht mehr naiv weiterspielen.
Das Spiel bestand einerseits in unsern Handlungen (Spielhandlungen) auf dem Brett; und diese Spielhandlungen könnte ich jetzt so gut ausführen wie früher. Aber anderseits war dem Spiel

doch wesentlich, daß ich blind versuchte zu gewinnen; und das kann ich jetzt nicht mehr.

78. Nehmen wir an: die Menschen haben ursprünglich die 4 Species in gewöhnlicher Weise gepflogen. Dann fingen sie an, mit Klammerausdrücken zu rechnen und auch mit solchen von der Form (a–a). Sie bemerkten nun, daß z.B. Multiplikationen vieldeutig wurden. Müßte sie das in Verwirrung stürzen? Müßten sie sagen: »Nun erscheint der Grund der Arithmetik zu wanken«?

Und wenn sie nun einen Beweis der Widerspruchsfreiheit fordern, weil sie sonst bei jedem Schritt in Gefahr wären, in den Sumpf zu fallen – was fordern sie da? Nun, sie fordern eine *Ordnung*. Aber war früher *keine* Ordnung? – Nun, sie fordern eine Ordnung, die sie jetzt beruhigt. – Aber sind sie wie Kinder und sollen nur eingelullt werden?

Nun, die Multiplikation würde doch durch ihre Vieldeutigkeit praktisch unbrauchbar – d. h.: für die früheren normalen Zwecke. Voraussagen, die wir auf Multiplikationen basiert hätten, träfen nicht mehr ein. – (Wenn ich voraussagen wollte, wie lang eine Reihe von Soldaten ist, die aus einem Carré von 50 × 50 gebildet werden kann, käme ich immer wieder zu falschen Resultaten.)
Also ist diese Rechnungsart falsch? – Nun, sie ist für *diese* Zwecke unbrauchbar. (Vielleicht für andre brauchbar.) Ist es nicht, wie wenn ich einmal statt zu multiplizieren, dividierte? (Wie dies wirklich vorkommen kann.)

Was heißt das: »Du mußt hier *multiplizieren*; nicht dividieren!« –

Ist nun die gewöhnliche Multiplikation ein *rechtes* Spiel, ist es *unmöglich* auszugleiten? Und ist die Rechnung mit (a–a) kein rechtes Spiel – ist es unmöglich *nicht* auszugleiten?

(*Beschreiben*, nicht erklären, ist, was wir wollen!)

Nun, wie ist das, wenn wir uns in unserem Kalkül nicht auskennen?

Wir gingen schlafwandelnd den Weg zwischen Abgründen dahin. – Aber wenn wir auch jetzt sagen: »Jetzt sind wir wach«, – können wir sicher sein, daß wir nicht eines Tages aufwachen werden? (Und dann sagen: wir haben also wieder geschlafen.)

Können wir sicher sein, daß es nicht jetzt Abgründe gibt, die wir nicht sehen?
Wie aber, wenn ich sagte: Die Abgründe in einem Kalkül sind nicht da, wenn ich sie nicht sehe!

Irrt uns jetzt kein Teufelchen? Nun wenn es uns irrt, – so macht's nichts. Was ich nicht weiß, macht mich nicht heiß.

Nehmen wir an: dividierte ich manchmal so durch 3:

manchmal so:

und merkte es nicht. – Dann macht mich jemand darauf aufmerksam. Auf einen Fehler? Ist es unbedingt ein Fehler? Und unter welchen Umständen nennen wir es so?

79. $\sim f(f) = \varphi(f) \text{Def.}$
$\therefore$
$\varphi(\varphi) = \sim\varphi(\varphi)$

Die Sätze ›$\varphi(\varphi)$‹ und ›$\sim\varphi(\varphi)$‹ scheinen uns einmal das Gleiche und einmal Entgegengesetztes zu sagen. *Je nachdem wir ihn ansehen,* scheint der Satz ›$\varphi(\varphi)$‹ einmal zu sagen $\sim\varphi(\varphi)$, einmal das Gegenteil davon. Und zwar sehen wir ihn einmal als das Substitutionsprodukt

$$\varphi(f) \left| \begin{matrix} f \\ \varphi \end{matrix} \right.$$

ein andermal als

$$f(f) \left| \begin{matrix} f \\ \varphi \end{matrix} \right.$$

Wir möchten sagen: »›heterologisch‹ ist nicht heterologisch; also kann man es nach der Definition ›heterologisch‹ nennen.« Und klingt ganz richtig, geht ganz glatt, und es braucht uns der Widerspruch gar nicht auffallen. Werden wir auf den Widerspruch aufmerksam, so möchten wir zuerst sagen, daß wir mit der Aussage, ξ ist heterologisch, in den beiden Fällen nicht dasselbe

meinen. Einmal sei es die unabgekürzte Aussage, das andre mal die nach der Definition abgekürzte.
Wir möchten uns dann aus der Sache ziehen, indem wir sagen: ›$\sim\varphi(\varphi) = \varphi_1(\varphi)$‹. Aber warum sollen wir uns so belügen? Es führen hier wirklich zwei *entgegengesetzte* Wege – zu dem *Gleichen*.
Oder auch: – *es ist ebenso natürlich*, in diesem Falle ›$\sim\varphi(\varphi)$‹ zu sagen, wie ›$\varphi(\varphi)$‹.
Es ist, der Regel gemäß, ein ebenso natürlicher Ausdruck zu sagen C liege vom Punkte A rechts, wie, es liege links. Dieser Regel gemäß – welche sagt, ein Ort liege in der Richtung des

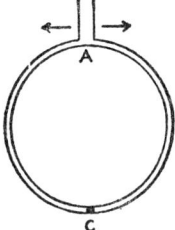

Pfeils, wenn die Straße, die in dieser Richtung beginnt, zu ihm führt.

Sehen wir's vom Standpunkt der Sprachspiele an. –
Wir haben ursprünglich das Spiel nur mit geraden Straßen gespielt. –

80. Könnte man sich etwa denken, daß, wo ich *blau* sehe, das bedeutet, daß der Gegenstand, den ich sehe, *nicht* blau ist – daß die Farbe, die mir erscheint, immer als die gilt, die *ausgeschlossen* ist? Ich könnte z. B. glauben, daß Gott mir immer eine Farbe zeigt, um zu sagen: Die *nicht*.
Oder geht es so: Die Farbe, die ich sehe, sagt mir bloß, daß diese Farbe in der Beschreibung des Gegenstands eine Rolle spielt. Sie entspricht nicht einem Satz, sondern nur dem Wort

»blau«. Und die Beschreibung des Gegenstands kann also ebenso gut heißen: »er ist blau«, als auch »er ist nicht blau«. Man sagt dann: das Auge zeigt mir nur Bläue, aber nicht die Rolle dieser Bläue. – Wir vergleichen das Sehen der Farbe mit dem Hören des Wortes »blau«, wenn wir das *Übrige* des Satzes nicht gehört haben.

Ich möchte zeigen, daß man dahin geführt werden könnte, daß etwas blau ist, mit den Worten beschreiben zu wollen, es sei blau und auch, es sei nicht blau.
Daß wir also, unter der Hand, die Projektionsmethode so verschieben könnten, daß ›p‹ und ›∼p‹ den gleichen Sinn erhalten. Wodurch sie ihn aber verlieren, wenn ich nicht etwas Neues als Negation einführe.

Ein Sprachspiel kann nun durch einen Widerspruch seinen *Sinn* verlieren, den Charakter des Sprachspiels.
Und hier ist es wichtig zu sagen, daß dieser Charakter nicht dadurch beschrieben ist, daß man sagt, die Laute müssen eine gewisse *Wirkung* haben. Denn das Sprachspiel (2)[1] würde den Charakter des Sprachspiels einbüßen, wenn statt der 4 Befehle immer wieder andere Laute vom Bauenden ausgestoßen würden; auch wenn etwa physiologisch gezeigt werden könnte, daß immer wieder diese Laute es seien, die den Helfer dazu bewegen, die Bausteine zu bringen, die er bringt.

Auch hier könnte man sagen, daß freilich die Betrachtung der Sprachspiele ihre Wichtigkeit darin hat, daß Sprachspiele immer wieder funktionieren. Daß also ihre Wichtigkeit darin liegt, daß die Menschen sich zu einer solchen Reaktion auf Laute abrichten lassen.

---
[1] *Philosophische Untersuchungen*, § 2; unten, S. 343. (Hrsg.)

Damit hängt, scheint mir, die Frage zusammen, ob eine Rechnung ein Experiment ist zum Zweck, Rechnungsabläufe vorauszusagen. Denn wie, wenn man eine Rechnung ausführte und – richtig – voraussagte, man werde das nächste Mal anders rechnen, da ja die Umstände sich beim nächsten Mal schon dadurch geändert haben, daß man die Rechnung nun bereits *so und so* oftmal gemacht hat?

Das Rechnen ist ein Phänomen, das wir vom Rechnen her kennen. Wie die Sprache ein Phänomen ist, das wir von unsrer Sprache her kennen.

Kann man sagen: »Der Widerspruch ist unschädlich, wenn er abgekapselt werden kann«? Was aber hindert uns, ihn abzukapseln? Daß wir uns im Kalkül nicht auskennen. *Das* also ist der Schaden. Und das ist es, was man meint, wenn man sagt: der Widerspruch zeige an, daß etwas in unserem Kalkül nicht in Ordnung sei. Er sei bloß das lokale *Symptom* einer Krankheit des ganzen Körpers. Aber der Körper ist nur krank, wenn wir uns nicht auskennen.
Der Kalkül hat eine heimliche Krankheit, heißt: was wir vor uns haben, ist, wie es ist, kein Kalkül, und *wir kennen uns nicht aus* – d. h., wir können keinen Kalkül angeben, der diesem Kalkül-Ähnlichen ›im Wesentlichen‹ entspricht und nur das Faule in ihm ausschließt.

Aber wie ist es möglich, sich in einem Kalkül nicht auszukennen; liegt er denn nicht offen vor uns?!
Denken wir uns den Fregeschen Kalkül mitsamt dem Widerspruch in ihm gelehrt. Nicht aber so, daß man diesen als etwas Krankhaftes hinstellt. Er ist vielmehr ein anerkannter Teil des Kalküls, es wird mit ihm gerechnet. (Die Rechnungen dienen

nicht dem gewöhnlichen Zweck logischer Rechnungen.) – Nun wird die Aufgabe gestellt, diesen Kalkül, von dem der Widerspruch ein durchaus wohlanständiger Teil ist, in einen andern umzuwandeln, in dem es diesen Widerspruch nicht geben soll, da man den Kalkül nun zu Zwecken verwenden will, die einen Widerspruch unerwünscht machen. – Was ist das für eine Aufgabe? Und was ist das für ein Unvermögen, wenn wir sagen: »Wir haben einen Kalkül, der dieser Bedingung entspricht, noch nicht gefunden«?

Mit: »ich kenne mich in dem Kalkül nicht aus« – meine ich nicht einen seelischen Zustand, sondern ein Unvermögen, etwas zu *tun*.

Es ist oft zur Klärung eines philosophischen Problems sehr nützlich, sich die historische Entwicklung, in der Mathematik, z. B., ganz anders vorzustellen, als sie tatsächlich war. Wäre sie anders gewesen, so käme niemand auf die Idee zu sagen, was man tatsächlich sagt.

Ich möchte etwas fragen, wie: »Gehst du bei deinem Kalkül auf Nützlichkeit aus? – dann erhältst du auch keinen Widerspruch. Und wenn du nicht auf Nützlichkeit ausgehst – dann macht es schließlich nichts, wenn du einen erhältst.«

81. Unsre Aufgabe ist es nicht, Kalküle zu finden, sondern den *gegenwärtigen* Zustand zu beschreiben.

Die Idee des Prädikats, das von sich selber gilt, etc., stützt sich freilich auf *Beispiele* – aber diese Beispiele waren ja *Dummheiten*, sie waren ja gar nicht ausgedacht. Aber das sagt nicht, daß solche Prädikate nicht verwendet werden könnten, und daß dann nicht der Widerspruch seine Verwendung hätte!
Ich meine: wenn man sein Augenmerk wirklich auf die Verwendung richtet, so kommt man gar nicht auf die Idee ›f(f)‹ zu schreiben. Anderseits kann man, wenn man die Zeichen im Kalkül, sozusagen, *voraussetzungslos* gebraucht, auch ›f(f)‹ schreiben, und muß dann die Konsequenzen ziehen und darf nicht vergessen, daß man von einer eventuellen praktischen Verwendung dieses Kalküls noch keine *Ahnung* hat.

Ist die Frage die: »Wo haben wir das Gebiet der Brauchbarkeit verlassen?« –

Wäre es denn nicht möglich, daß wir einen Widerspruch hervorbringen *wollten*? Daß wir – mit dem Stolz auf eine mathematische Entdeckung – sagten: »Sieh, so erzeugen wir einen Widerspruch«. Wäre es nicht möglich, daß z. B. viele Leute versucht hätten, einen Widerspruch im Gebiet der Logik zu erzeugen, und daß es dann endlich *einem* gelungen wäre?
Aber warum hätten Leute *das* versuchen sollen? Nun, ich kann vielleicht jetzt nicht den plausibelsten Zweck angeben. Aber warum nicht z. B. um zu zeigen, daß alles auf dieser Welt ungewiß sei?

Diese Leute würden dann Ausdrücke von der Form ›f(f)‹ zwar nie wirklich verwenden, wären aber doch froh, in der *Nachbarschaft* eines Widerspruchs zu leben.

»Sehe ich eine *Ordnung*, die mich verhindert, unversehens zu einem Widerspruch zu kommen?« Das ist so, wie wenn ich sage: Zeige mir eine Ordnung in meinem Kalkül, die mich überzeugt, daß ich auf diese Weise nicht einmal zu einer Zahl kommen kann, die ... Ich zeige ihm dann etwa einen Rekursionsbeweis.

Ist es aber falsch zu sagen: »Nun, ich gehe meinen Weg weiter. *Sehe* ich einen Widerspruch, so ist es Zeit, etwas zu machen.«? – Heißt das: nicht wirklich Mathematik betreiben? Warum soll das *nicht* Kalkulieren sein?! Ich gehe ruhig diesen Weg weiter; sollte ich an einen Abgrund kommen, so werde ich versuchen, umzukehren. Ist das nicht ›gehen‹?

Denken wir uns folgenden Fall: Die Leute eines gewissen Stammes können nur mündlich rechnen. Sie kennen die Schrift noch nicht. Sie lehren ihre Kinder im Dezimalsystem zählen. Es kommen bei ihnen sehr häufige Fehler im Zählen vor, Ziffern werden wiederholt oder ausgelassen, ohne daß sie es bemerken. Ein Reisender aber nimmt ihr Zählen phonographisch auf. Er lehrt sie die Schrift und schriftliches Rechnen und zeigt ihnen dann, wie oft sie sich beim bloß mündlichen Rechnen verrechnen. – Müssen diese Leute nun zugeben, sie hätten früher eigentlich nicht gerechnet? Sie wären nur herumgetappt, während sie jetzt gehen? Könnten sie nicht vielleicht sogar sagen: früher seien ihre Sachen besser gegangen, ihre Intuition sei nicht durch die toten Schreibmittel belastet gewesen. Man könne den Geist nicht mit Maschinen fassen. Sie sagen etwa: »Wenn wir damals, wie deine Maschine behauptet, eine Ziffer wiederholt haben, so wird es schon wohl so recht gewesen sein.«

Wir vertrauen etwa ›mechanischen‹ Mitteln des Rechnens oder Zählens mehr als unserm Gedächtnisse. Warum? – Muß

das so sein? Ich mag mich verzählt haben, die Maschine, von uns einmal so und so konstruiert, kann sich nicht verzählt haben. Muß ich diesen Standpunkt einnehmen? – »Nun, Erfahrung hat uns gelehrt, daß das Rechnen mit der Maschine verläßlicher ist, als das mit dem Gedächtnisse. Sie hat uns gelehrt, daß unser Leben glatter geht, wenn wir mit Maschinen rechnen.« Aber muß das Glatte unbedingt unser Ideal sein (muß es unser Ideal sein, daß alles in Zellophan gewickelt sei)?
Könnte ich nicht auch dem Gedächtnis trauen und der Maschine nicht trauen? Und könnte ich nicht der *Erfahrung* mißtrauen, die mir ›vorspiegelt‹, die Maschine sei verläßlicher?

82. Vorher war ich nicht sicher, daß unter den Arten des Multiplizierens, die *dieser* Beschreibung entsprechen, keine ist, die ein anderes Resultat als das anerkannte liefert. Nehmen wir aber an, meine Unsicherheit sei eine solche, die erst in einer gewissen Entfernung von der normalen Art des Rechnens anfing; und nehmen wir an, wir sagten: Da schadet sie nichts; denn rechne ich auf sehr abnormale Weise, so muß ich mir eben alles noch einmal überlegen. Wäre das nicht ganz in Ordnung?

Ich will doch fragen: *Muß* ein Beweis der Widerspruchsfreiheit (oder Eindeutigkeit) mir unbedingt eine größere Sicherheit geben, als ich ohne ihn habe? Und, wenn ich wirklich auf Abenteuer ausgehe, *kann* ich dann nicht auch auf solche ausgehen, in denen dieser Beweis mir keine Sicherheit mehr bietet?

Mein Ziel ist, die *Einstellung* zum Widerspruch und zum Beweis der Widerspruchsfreiheit zu ändern. (*Nicht* zu zeigen, daß dieser Beweis mir etwas Unwichtiges zeigt. Wie *könnte* das auch so sein!)

Wäre es mir z. B. daran gelegen, Widersprüche etwa zu ästhetischen Zwecken zu erzeugen, so würde ich nun den Induktionsbeweis der Widerspruchsfreiheit unbedenklich annehmen und sagen: es ist hoffnungslos, in diesem Kalkül einen Widerspruch erzeugen zu wollen; der Beweis zeigt dir, daß es nicht geht. (Beweis in der Harmonielehre.) –

83. Es ist ein guter Ausdruck zu sagen: »dieser Kalkül kennt diese Ordnung (diese Methode) nicht, dieser Kalkül kennt sie.«
Wie, wenn man sagte: »ein Kalkül, der diese Ordnung nicht kennt, ist eigentlich kein Kalkül«?
(Ein Kanzleibetrieb, der diese Ordnung nicht kennt, ist eigentlich kein Kanzleibetrieb.)

Die Unordnung – möchte ich sagen – wird zu praktischen, nicht zu theoretischen Zwecken vermieden.

Eine Ordnung wird eingeführt, weil man ohne sie üble Erfahrungen gemacht hat – oder auch, sie wird eingeführt wie die Stromlinienform bei Kinderwagen und Lampen, weil sie sich etwa irgendwo anders bewährt hat und so der Stil oder die Mode geworden ist.

Der Mißbrauch der Idee der *mechanischen* Sicherung gegen den Widerspruch. Wie aber, wenn die Teile des Mechanismus mit einander verschmelzen, brechen oder sich biegen?

84. »Der Beweis der Widerspruchsfreiheit erst zeigt mir, daß ich mich dem Kalkül anvertrauen kann.«

Was ist das für ein Satz: Du kannst dich dem Kalkül erst *dann* anvertrauen? Wenn du dich ihm aber nun *ohne* jenen Beweis anvertraust!? Welche Art von Fehler hast du begangen?

Ich mache Ordnung; ich sage: »Es sind nur *diese* Möglichkeiten:...«. Es ist, wie wenn ich die möglichen Permutationen der Elemente A, B, C bestimme: ehe die Ordnung da war, hatte ich etwa nur einen nebelhaften Begriff von dieser Menge. – Bin ich jetzt ganz sicher, daß ich nichts übersehen habe? Die Ordnung ist ein Mittel, nichts zu übersehen. Aber: keine Möglichkeit im Kalkül zu übersehen, oder: keine Möglichkeit in der Wirklichkeit zu übersehen? – Ist nun sicher, daß Leute nie werden anders rechnen wollen? Daß Leute unsern Kalkül nie so ansehen werden, wie wir das Zählen der Wilden, deren Zahlen nur bis fünf reichen? – daß wir die Wirklichkeit nie *anders* werden betrachten wollen? Aber *das* ist gar nicht die Sicherheit, die uns diese Ordnung geben soll. Nicht die ewige Richtigkeit des Kalküls soll gesichert werden, sondern nur die zeitliche, sozusagen.

»Diese Möglichkeiten *meinst* du doch! – Oder meinst du andre?«

Die Ordnung überzeugt mich, daß ich mit diesen 6 Möglichkeiten keine übersehen habe. Aber überzeugt sie mich auch davon, daß nichts meine gegenwärtige Auffassung solcher Möglichkeiten wird umstoßen können?

85. Könnte ich mir denken, daß man sich vor einer Möglichkeit der Siebenecks-Konstruktion ebenso fürchtete, wie vor der Konstruktion eines Widerspruchs, und daß der Beweis, daß die Siebenecks-Konstruktion unmöglich ist, eine beruhigende Wirkung hätte, wie der Beweis der Widerspruchsfreiheit?

Wie kommt es denn, daß wir überhaupt versucht sind (oder in der Nähe davon) in (3–3) × 2 = (3–3) × 5 durch (3–3) zu kürzen? Wie kommt es, daß dieser Schritt nach den Regeln plausibel erscheint, und wie kommt es, daß er dann dennoch unbrauchbar ist?
Wenn man diese Situation beschreiben will, ist es ungeheuer leicht, in der Beschreibung einen Fehler zu machen. (Sie ist also sehr schwer zu beschreiben.) Die Beschreibungen, die uns unmittelbar in den Mund kommen, sind irreleitend – so ist, auf diesem Gebiet, unsere Sprache eingerichtet.

Man wird dabei auch immer vom Beschreiben ins Erklären fallen.

Es war oder scheint *ungefähr* so: Wir haben einen Kalkül, sagen wir, mit Kugeln einer Rechenmaschine; ersetzen den durch einen Kalkül mit Schriftzeichen; dieser Kalkül legt uns eine Ausdehnung der Rechnungsweise nahe, die der erste Kalkül uns nicht nahegelegt hat – oder vielleicht besser: der zweite Kalkül *verwischt* einen Unterschied, der im ersten nicht zu übersehen war. Wenn es nun der Witz des ersten Kalküls war, daß dieser Unterschied gemacht werde, und er im zweiten nicht gemacht wird, so hat dieser damit seine Brauchbarkeit als Äquivalent des ersten verloren. Und nun könnte das Problem entstehen – so scheint es –: *wo* haben wir uns von dem ursprünglichen Kalkül entfernt, welche Grenzen in dem neuen entsprechen den natürlichen Grenzen des alten?

Ich habe ein System von Rechenregeln, die nach denen eines andern Kalküls gemodelt waren. Ich habe mir ihn zum Vorbild genommen. Bin aber über ihn hinausgegangen. Dies war sogar ein Vorzug; aber nun wurde der neue Kalkül an gewissen Stellen (zum mindesten für die alten Zwecke) unbrauchbar. Ich suche ihn dann abzuändern: d. h., durch einen *einigermaßen* anderen zu ersetzen. Und zwar durch einen, der die Vorteile des neuen ohne die Nachteile hat. Aber ist das eine klar *bestimmte* Aufgabe?
Gibt es – könnte man auch fragen – *den richtigen* logischen Kalkül, nur ohne die Widersprüche?
Könnte man z. B. sagen, daß Russells »Theory of Types« zwar den Widerspruch vermeidet, daß aber Russells Kalkül doch nicht DER allgemeine logische Kalkül ist, sondern etwa ein künstlich eingeschränkter, verstümmelter? Könnte man sagen, daß der *reine, allgemeine* logische Kalkül erst gefunden werden muß??
Ich spielte ein Spiel und richtete mich dabei nach gewissen Regeln: aber *wie* ich mich nach ihnen richtete, das hing von Umständen ab und diese Abhängigkeit war nicht schwarz auf weiß niedergelegt. (Dies ist eine einigermaßen irreführende Darstellung.) Nun wollte ich dies Spiel so spielen, daß ich mich ›mechanisch‹ nach Regeln richtete und ich ›formalisierte‹ das Spiel. Dabei aber kam ich an Stellen, wo das Spiel *jeden* Witz verlor; diese wollte ich daher ›mechanisch‹ vermeiden. – Die Formalisierung der Logik war nicht zur Zufriedenheit gelungen. Aber wozu hatte man sie überhaupt versucht? (Wozu war sie nütze?) Entsprang dies Bedürfnis und die Idee, es müsse sich befriedigen lassen, nicht einer Unklarheit an anderer Stelle?

Die Frage »wozu war sie nütze?« war eine durchaus *wesentliche* Frage. Denn der Kalkül war nicht für einen praktischen Zweck erfunden worden, sondern dazu, ›die Arithmetik zu begründen‹. Aber wer sagt, daß die Arithmetik Logik ist; oder was man mit der Logik tun muß, um sie in irgend einem Sinne zum Unterbau der Arithmetik zu machen? Wenn wir etwa von ästhe-

tischen Überlegungen dazu geführt worden wären, dies zu versuchen, wer sagt, daß es uns gelingen kann? (Wer sagt, daß sich dieses englische Gedicht zu unsrer Zufriedenheit ins Deutsche übersetzen läßt?!)
(*Wenn* es auch klar ist, daß es zu jedem englischen Satz, in *einem* Sinne, eine Übersetzung ins Deutsche gibt.)

Die philosophische Unbefriedigung verschwindet dadurch, daß wir *mehr* sehen.
Dadurch, daß ich das Kürzen durch (3–3) gestatte, verliert die Rechnungsart ihren Witz. Aber wie, wenn ich z. B. ein neues Gleichheitszeichen einführte, das ausdrücken sollte: ›gleich, nach *dieser* Operation‹? Hätte es aber einen Sinn zu sagen: »Gewonnen in *dem* Sinne«, wenn in diesem Sinne *jedes* Spiel von mir gewonnen wäre?

Der Kalkül verleitete mich an gewissen Stellen zur Aufhebung seiner selbst. Ich will nun einen Kalkül, der dies nicht tut und schließe diese Stellen aus. – Heißt das nun aber, daß jeder Kalkül, in dem eine solche Ausschließung nicht stattfindet, ein unsicherer ist? »Nun, die Entdeckung dieser Stellen war uns eine Warnung«. – Aber hast du diese ›Warnung‹ nicht *mißverstanden*?

86. Kann man beweisen, daß man nichts übersehen hat? – Gewiß. Und muß man nicht vielleicht später zugeben: »Ja, ich habe etwas übersehen; aber nicht in dem Feld, wofür mein Beweis gegolten hat«?

Der Beweis der Widerspruchsfreiheit muß uns Gründe für eine

Voraussage geben; und das ist sein *praktischer Zweck*. Das heißt nicht, daß dieser Beweis ein Beweis aus der Physik unsrer Rechentechnik ist – also ein Beweis aus der angewandten Mathematik – aber es heißt, daß die uns nächstliegende Anwendung, und die, um derentwillen uns an diesem Beweis liegt, eine Voraussagung ist. Die Voraussagung ist nicht: »*auf diese Weise* wird keine Unordnung entstehen« (denn das wäre keine Voraussagung, sondern das ist der mathematische Satz) sondern: »es wird keine Unordnung entstehen«.

Ich wollte sagen: Der Beweis der Widerspruchsfreiheit kann uns nur dann *beruhigen*, wenn er ein triftiger Grund für diese Voraussage ist.

87. Wo es mir genügt, daß bewiesen wird, daß ein Widerspruch oder eine Dreiteilung des Winkels auf *diese* Weise nicht konstruiert werden kann, dort leistet der induktive Beweis, was man von ihm verlangt. Wenn ich mich aber fürchten müßte, daß irgend etwas irgendwie einmal als Konstruktion eines Widerspruchs gedeutet werden könnte, so kann kein Beweis mir diese unbestimmte Furcht nehmen.

Der Zaun, den ich um den Widerspruch ziehe, ist kein Über-Zaun.
Wie konnte der Kalkül durch einen Beweis prinzipiell in Ordnung kommen?

Wie konnte es kein rechter Kalkül sein, solange man diesen Beweis nicht gefunden hatte?

»Dieser Kalkül ist rein mechanisch; eine Maschine könnte ihn ausführen.« Was für eine Maschine? Eine, die aus gewöhnlichen Materialien hergestellt ist – oder eine Über-Maschine? Verwechselst du nicht die Härte einer Regel mit der Härte eines Materials?

Wir werden den Widerspruch in einem ganz andern Lichte sehen, wenn wir sein Auftreten und seine Folgen gleichsam anthropologisch betrachten – als wenn wir ihn mit der Entrüstung des Mathematikers anblicken. D. h., wir werden ihn anders sehen, wenn wir nur zu *beschreiben* versuchen, wie der Widerspruch Sprachspiele beeinflußt; als wenn wir ihn vom Standpunkt des mathematischen Gesetzgebers ansehen.

88. Aber halt! Ist es nicht klar, daß niemand zu einem Widerspruch gelangen will? Daß also der, dem du die Möglichkeit eines Widerspruchs vor Augen stellst, alles tun wird, um einen solchen unmöglich zu machen? (Daß also, wer das nicht tut, eine Schlafmütze ist.)

Wie aber, wenn er antwortete: »Ich kann mir einen Widerspruch in meinem Kalkül nicht vorstellen. – Du hast mir zwar einen Widerspruch in einem andern gezeigt, aber nicht in *diesem*. In diesem *ist keiner,* und ich sehe auch nicht die Möglichkeit.«

»Sollte sich einmal meine Auffassung von dem Kalkül ändern; sollte, durch eine Umgebung, die ich jetzt nicht sehe, sich sein Aspekt ändern – dann wollen wir weiter reden.«
»Ich sehe die Möglichkeit eines Widerspruches *nicht.* So wenig,

wie du – scheint es – die Möglichkeit, daß in deinem Beweis
der Widerspruchsfreiheit einer ist.«

Weiß ich denn, ob, wenn ich je einen Widerspruch dort sehen
sollte, wo ich jetzt die Möglichkeit eines solchen nicht sehe, er
mir dann gefährlich erscheinen wird?

89. »Was lehrt mich ein Beweis, abgesehen von seinem Resultat?« – Was lehrt mich eine neue Melodie? Bin ich nicht in
Versuchung zu sagen, sie *lehre* mich etwas? –

90. Die Rolle des Verrechnens habe ich noch nicht klar gemacht.
Die Rolle des Satzes: »Ich muß mich verrechnet haben«. Sie ist
eigentlich der Schlüssel zum Verständnis der ›Grundlagen‹ der
Mathematik.

Teil IV
1942-1944

1. »Die Axiome eines mathematischen Axiomsystems sollen einleuchtend sein.« Wie leuchten sie denn ein?
Wie wenn ich sagte: *So* kann ich mir's am leichtesten vorstellen.
Und hier ist vorstellen nicht ein bestimmter seelischer Vorgang, bei dem man zumeist die Augen schließt, oder mit den Händen bedeckt.

2. Was sagen wir, wenn uns so ein Axiom dargeboten wird, z. B. das Parallelenaxiom? Hat Erfahrung uns gezeigt, daß es sich so verhält? Nun vielleicht; aber *welche* Erfahrung? Ich meine: Erfahrung spielt eine Rolle; aber nicht die, die man unmittelbar erwarten würde. Denn man hat ja doch nicht Versuche gemacht und gefunden, daß wirklich durch den Punkt nur *eine* Gerade die andre Gerade nicht schneidet. Und doch leuchtet der Satz ein. – Wenn ich nun sagte: es ist ganz gleichgültig, warum er einleuchtet. Genug: wir nehmen ihn an. Wichtig ist nur, wie wir ihn gebrauchen.

Der Satz beschreibt ein Bild. Nämlich dieses:

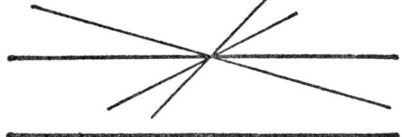

Dies Bild ist uns annehmbar. Wie es uns annehmbar ist, die beiläufige Kenntnis einer Zahl durch Abrunden auf ein Vielfaches von 10 anzudeuten.

›Wir nehmen diesen Satz an.‹ Aber als *was* nehmen wir ihn an?

3. Ich will sagen: Wenn der Wortlaut des Parallelen-Axioms, z. B., gegeben ist (und wir die Sprache verstehen) so ist die Art der Verwendung dieses Satzes und also sein Sinn, noch gar nicht bestimmt. Und wenn wir sagen, er leuchtet uns ein, so haben wir damit, ohne es zu wissen, schon eine bestimmte Art der Verwendung des Satzes gewählt. Der Satz ist kein mathematisches Axiom, wenn wir ihn nicht gerade *dazu* verwenden.

Daß wir nämlich hier nicht Versuche machen, sondern das Einleuchten anerkennen, legt schon die Verwendung fest. Denn wir sind ja nicht so naïv, das Einleuchten statt des Versuchs gelten zu lassen.

Nicht, daß er uns als wahr einleuchtet, sondern daß wir das Einleuchten gelten lassen, macht ihn zum mathematischen Satz.

4. Lehrt uns die Erfahrung, daß zwischen je 2 Punkten eine Gerade möglich ist? Oder, daß zwei verschiedene Farben nicht an einem Orte sein können?
Man könnte sagen: die *Vorstellung* lehrt es uns. Und darin liegt die Wahrheit; man muß es nur recht verstehen.

Vor dem Satz ist der Begriff noch geschmeidig.

Aber könnten nicht Erfahrungen uns bestimmen, das Axiom zu verwerfen?! Ja. Und dennoch spielt es nicht die Rolle des Erfahrungssatzes.

Warum sind die Newtonschen Gesetze keine Axiome der Mathematik? Weil man sich ganz wohl vorstellen könnte, daß es sich anders verhielte. Aber – will ich sagen – dies weist jenen Sätzen nur eine gewisse Rolle im Gegensatz zu einer anderen zu. D. h.: von einem Satz zu sagen: ›man könnte sich das auch anders vorstellen‹ oder ›man kann sich auch das Gegenteil davon vorstellen‹, schreibt ihm die Rolle des Erfahrungssatzes zu.

Der Satz, den man sich nicht anders als wahr soll vorstellen können, hat eine andere *Funktion* als der für den es sich nicht so verhält.

5. Die mathematischen Axiome funktionieren dergestalt, daß, wenn Erfahrung uns dazu bewegte, ein Axiom aufzugeben, sein Gegenteil damit nicht zum Axiom würde.
 ›$2 \times 2 \neq 5$‹ heißt nicht,
 ›$2 \times 2 = 5$‹ habe sich nicht bewährt.

Man könnte den Axiomen, sozusagen, ein spezielles Behauptungszeichen vorsetzen.

Axiom ist etwas nicht *dadurch*, daß wir es als äußerst wahrscheinlich, ja als gewiß, anerkennen, sondern dadurch, daß wir ihm eine bestimmte Funktion zuerkennen und eine, die der des Erfahrungssatzes widerstreitet.

Wir geben dem Axiom eine andere Art der Anerkennung als dem Erfahrungssatz. Und damit meine ich nicht, daß der ›seelische Akt des Anerkennens‹ ein andrer ist.

Das Axiom ist, möchte ich sagen, ein andrer Redeteil.

6. Man nimmt, wenn man das mathematische Axiom, das und das sei möglich, hört, ohne weiters an, man wisse, was hier ›möglich sein‹ bedeutet; weil diese Satzform uns natürlich geläufig ist.

Man wird nicht gewahr, wie verschiedenerlei die Verwendung der Aussage, »...ist möglich«, ist! und kommt darum nicht auf den Gedanken, nach der besonderen Verwendung in diesem Fall zu fragen.

Ohne die Verwendung im Geringsten zu übersehen, können wir hier gar nicht zweifeln, daß wir den Satz verstehen.

Ist der Satz, daß es keine Wirkung in die Ferne gibt, von dem Geschlecht der mathematischen Sätze? Man möchte da auch sagen: der Satz ist nicht dazu bestimmt eine Erfahrung auszudrücken, sondern daß man sich etwas nicht anders vorstellen könne.

Zu sagen, zwischen zwei Punkten sei – geometrisch – immer eine Gerade möglich, heißt: der Satz »die Punkte ... liegen auf einer Geraden« ist eine Aussage über die Lage von Punkten nur, wenn er von mehr als 2 Punkten handelt.

So wie man sich auch nicht fragt, was ein Satz der Form »Es gibt kein ...« (z. B. »Es gibt keinen Beweis dieses Satzes«) im besonderen Fall bedeutet. Auf die Frage was er bedeutet, antwortet man dem Anderen und sich selbst mit einem Beispiel des Nichtexistierens.

7. Der mathematische Satz steht auf vier Füßen, nicht auf dreien; er ist überbestimmt.

8. Wenn wir das Tun eines Menschen, z. B., durch eine Regel beschreiben, so wollen wir, daß der, dem wir die Beschreibung geben, durch Anwendung der Regel wisse, was im besonderen Fall geschieht. Gebe ich ihm nun durch die Regel eine *indirekte* Beschreibung?

Es gibt natürlich einen Satz, der sagt: wenn einer die Zahlen ... nach den und den Regeln zu multiplizieren trachtet, so erhält er ...

Eine Anwendung des mathematischen Satzes muß immer das Rechnen selber sein. Das bestimmt das Verhältnis der Rechentätigkeit zum Sinn der mathematischen Sätze.

Wir beurteilen Gleichheit und Übereinstimmung nach den Resultaten unseres Rechnens, darum können wir nicht das Rechnen mit Hilfe der Übereinstimmung erklären.

Wir beschreiben mit Hilfe der Regel. Wozu? Warum? das ist eine andere Frage.

›Die Regel, auf diese Zahlen angewandt, gibt jene‹ könnte heißen: der Regelausdruck auf den Menschen angewendet läßt ihn aus diesen Zahlen jene erzeugen.

Man fühlt ganz richtig, daß dies *kein* mathematischer Satz wäre.

Der mathematische Satz bestimmt einen Weg; legt für uns einen Weg fest.

Es ist kein Widerspruch, daß er eine Regel ist und nicht einfach festgesetzt, sondern nach Regeln erzeugt wird.

Wer mit einer Regel beschreibt, weiß selbst auch nicht mehr als er sagt. D. h., er sieht auch nicht die Anwendung voraus, die er im besonderen Fall von der Regel machen wird. Wer »usw.« sagt, weiß selbst auch nicht mehr als »usw.«.

9. Wie könnte man einem erklären, was der zu tun hat, der einer Regel folgen soll?

Man ist versucht, zu erklären: vor allem tu das *Einfachste* (wenn die Regel z. B. ist immer das gleiche zu wiederholen). Und daran ist natürlich etwas. Es ist von Bedeutung, daß wir sagen können, es sei einfacher eine Zahlenreihe anzuschreiben, in der jede Zahl gleich der vorhergehenden ist, als eine Reihe, in der jede Zahl um 1 größer ist als die vorhergehende, und wieder, daß dies ein einfacheres Gesetz ist als das, abwechselnd 1 und 2 zu addieren.

10. Ist es denn nicht übereilt, einen Satz, den man an Stäbchen und Bohnen erprobt hat, auf Wellenlängen des Lichts anzuwenden? Ich meine: daß $2 \times 5000 = 10000$ ist.
Rechnet man wirklich damit, daß, was sich in soviel Fällen bewahrheitet hat, auch für diese stimmen muß? Oder ist es nicht vielmehr, daß wir uns mit der arithmetischen Annahme noch *gar* nicht binden?

11. Die Arithmetik als die Naturgeschichte (Mineralogie) der Zahlen. *Wer* spricht aber so von ihr? Unser ganzes Denken ist von dieser Idee durchsetzt.

Die Zahlen sind Gestalten (ich meine nicht die Zahlzeichen) und die Arithmetik teilt uns die Eigenschaften dieser Gestalten mit. Aber die Schwierigkeit ist da, daß diese Eigenschaften der Gestalten *Möglichkeiten* sind; nicht die gestaltlichen Eigenschaften der Dinge solcher Gestalt. Und diese Möglichkeiten wieder entpuppen sich als physikalische, oder psychologische, Möglichkeiten (der Zerlegung, Zusammensetzung, etc.). Die Gestalten aber spielen nur die Rolle der Bilder, die man so und so verwendet. Nicht Eigenschaften von Gestalten ist es, was wir geben, sondern Transformationen von Gestalten, als irgendwelche Paradigmen aufgestellt.

12. Wir beurteilen nicht die Bilder, sondern mittels der Bilder. Wir erforschen sie nicht, sondern mittels ihrer etwas anderes.

Du bringst ihn zur Entscheidung dies Bild anzunehmen. Und zwar durch Beweis, d. i. durch Vorführung einer Bilderreihe, oder einfach dadurch, daß du ihm das Bild zeigst. Was zu dieser Entscheidung bewegt ist hierbei gleichgültig. Die Hauptsache ist, daß es sich um das Annehmen eines Bildes handelt.

Das Bild des Zusammensetzens ist kein Zusammensetzen; das Bild des Zerlegens kein Zerlegen; das Bild eines Passens kein Passen. Und doch sind diese Bilder von der größten Bedeutung. *So sieht es aus,* wenn zusammengesetzt wird; wenn zerlegt wird; usw.

13. Wie wäre es, wenn Tiere oder Krystalle so schöne Eigenschaften hätten wie die Zahlen? Es gäbe also z. B. eine Reihe von Gestalten, eine immer um eine Einheit größer als die andere.

Ich möchte darstellen können, wie es kommt, daß die Mathematik jetzt uns als Naturgeschichte des Zahlenreiches, jetzt wieder als eine Sammlung von Regeln erscheint.

Könnte man aber nicht Transformationen von Tiergestalten (z. B.) studieren? Aber *wie* ›studieren‹? Ich meine: könnte es nicht nützlich sein, sich Transformationen von Tiergestalten vorzuführen? Und doch wäre dies kein Zweig der Zoologie. –

Ein mathematischer Satz wäre es dann (z. B.), daß *diese* Transformation *diese* Gestalt in *diese* überleitet. (Die Gestalten und die Transformation wiedererkennbar.)

14. Wir müssen uns aber dessen erinnern, daß der mathematische Beweis durch seine Umformungen nicht nur zeichengeometrische Sätze, sondern Sätze des verschiedenartigsten *Inhalts* beweist.
So beweist die Umformung eines Russellschen Beweises, daß dieser logische Satz mit Hilfe dieser Regeln sich aus den Grundgesetzen bilden lasse. Aber der Beweis wird als Beweis der Wahrheit des Schlußsatzes angesehen, oder als Beweis dafür, daß der Schlußsatz *nichts* sagt.
Das ist nun nur durch eine Beziehung des Satzes nach außen möglich; d. h. durch seine Beziehung zu andern Sätzen, z. B., und deren Anwendung.

»Die Tautologie (›p ∨ ∼p‹, z. B.) sagt nichts« ist ein Satz, der sich auf das Sprachspiel bezieht, worin der Satz p angewendet wird. (Z. B.: »Es regnet, oder regnet nicht« ist keine Mitteilung über das Wetter.)

Die Russellsche Logik sagt nichts darüber, welcher Art und Verwendung *Sätze*, ich meine nicht *logische* Sätze, sind: Und doch enthält die Logik ihren ganzen Sinn nur von der supponierten Anwendung auf die Sätze.

15. Man kann sich denken, daß Leute eine angewandte Mathematik haben ohne eine reine Mathematik. Sie können z. B. – nehmen wir an – die Bahn berechnen, welche gewisse sich bewegende Körper beschreiben und deren Ort zu einer gegebenen Zeit vorhersagen. Dazu benützen sie ein Koordinatensystem, die Gleichungen von Kurven (*eine Form der Beschreibung wirklicher Bewegung*) und die Technik des Rechnens im Dezimalsystem. Die Idee eines Satzes der reinen Mathematik kann ihnen ganz fremd sein.

Diese Leute haben also Regeln, denen gemäß sie die betreffenden Zeichen (insbesondere z. B. Zahlzeichen) transformieren zum Zweck der Voraussage des Eintreffens gewisser Ereignisse.

Aber wenn sie nun z. B. multiplizieren, werden sie da nicht einen Satz gewinnen, des Inhalts, daß das Resultat der Multiplikation dasselbe ist, wenn man die Faktoren vertauscht? Das wird keine primäre Zeichenregel sein, aber auch kein Satz ihrer Physik.

Nun, sie *brauchen* so einen Satz nicht zu erhalten – selbst wenn sie das Vertauschen der Faktoren erlauben.

Ich denke mir die Sache so, daß diese Mathematik ganz in Form von *Geboten* betrieben wird. »Du mußt *das und das* tun« – um nämlich die Antwort darauf zu erhalten, ›wo wird sich dieser Körper zu der und der Zeit befinden?‹ (Wie diese Menschen zu dieser Methode der Vorhersagung gekommen sind, ist ganz gleichgültig.)

Der Schwerpunkt ihrer Mathematik liegt für diese Menschen *ganz* im *Tun*.

16. Ist das aber möglich? Ist es möglich, daß sie das kommutative Gesetz (z. B.) nicht als *Satz* ansprechen?

Ich will doch sagen: Diese Leute sollen nicht zu der Auffassung kommen, daß sie mathematische Entdeckungen machen, – sondern *nur* physikalische Entdeckungen.

Frage: Müssen sie mathematische Entdeckungen als Entdeckungen machen? Was geht ihnen ab, wenn sie keine machen? Könnten sie (z. B.) den Beweis des kommutativen Gesetzes gebrauchen, aber ohne die Auffassung, er gipfle in einem *Satz*, er habe also ein Resultat, das ihren physikalischen Sätzen irgendwie vergleichbar sei?

17. Das bloße Bild

```
o   o   o   o   o

o   o   o   o   o

o   o   o   o   o

o   o   o   o   o
```

einmal als 4 Reihen zu 5 Punkten, einmal als 5 Kolumnen zu 4 Punkten betrachtet, könnte jemand vom kommutativen Gesetz überzeugen. Und er könnte daraufhin Multiplikationen einmal in der einen, einmal in der anderen Richtung ausführen.

Ein Blick auf die Vorlage und die Steine überzeugt ihn, daß er mit ihnen die Figur wird legen können, d. h. er *unternimmt* daraufhin, sie zu legen.

»Ja, aber nur, wenn die Steine sich nicht ändern.« – Wenn sie sich nicht ändern und wenn wir keinen unbegreiflichen Fehler machen, oder Steine unbemerkt verschwinden oder dazukommen. »Aber es ist doch wesentlich, daß sich die Figur tatsächlich allemal aus den Steinen legen läßt! Was geschähe wenn sie sich nicht legen ließe?« – Vielleicht würden wir uns dann für irgendwie gestört halten. Aber – was weiter? – Vielleicht würden wir die Sache auch hinnehmen, wie sie ist. Und Frege könnte dann sagen: »Hier haben wir eine neue Art der Verrücktheit!«[1]

18. Es ist klar, daß die Mathematik als Technik des Umwandelns von Zeichen zum Zweck des Vorhersagens mit Grammatik nichts zu tun hat.

19. Jene Leute, deren Mathematik nur eine solche Technik ist, sollen nun auch Beweise anerkennen, die sie von der Ersetzbarkeit einer Zeichentechnik durch eine andere überzeugen. D. h., sie finden Transformationen, Bilderreihen, auf welche hin sie es wagen können, statt einer Technik eine andere zu verwenden.

20. Wenn uns das Rechnen als maschinelle Tätigkeit erscheint, so ist *der Mensch*, der die Rechnung ausführt, die Maschine.

Die Rechnung wäre dann gleichsam ein Diagramm, das ein Teil der Maschine aufzeichnet.

---

[1] Vgl. *Grundgesetze der Arithmetik*, Band I, Vorwort S. XVI. Vergleiche auch oben, S. 95. (Hrsg.)

21. Und das bringt mich darauf, daß ein Bild uns sehr wohl davon überzeugen kann, daß ein bestimmter Teil eines Mechanismus sich so und so bewegen werde, wenn man den Mechanismus in Gang setzt.

So ein Bild (oder eine Bilderreihe) wirkt wie ein Beweis. So könnte ich z. B. konstruieren, wie der Punkt X des Mechanismus

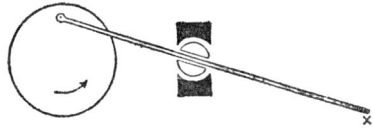

sich bewegen werde.

Ist es nicht *seltsam*, daß es nicht augenblicklich klar ist, *wie* uns das Bild der Periode beim Dividieren von der Wiederkehr der Ziffernreihe überzeugt?

(Es ist so schwer für mich, die innere Beziehung von der äußeren zu scheiden – und das Bild von der Vorhersage.)

Der Doppelcharakter des mathematischen Satzes – als *Gesetz* und als *Regel*.

22. Wie, wenn man statt »Intuition« sagen würde »richtiges Erraten«? Das würde den Wert einer Intuition in einem ganz

anderen Lichte zeigen. Denn das Phänomen des Ratens ist ein psychologisches, aber nicht das des richtig Ratens.

23. Daß wir die Technik gelernt haben, macht, daß wir sie nun, auf den Anblick dieses Bildes hin, so und so abändern.

›Wir entschließen uns zu einem neuen Sprachspiel.‹
›Wir entschließen uns *spontan*‹ (möchte ich sagen) ›zu einem neuen Sprachspiel.‹

24. Ja — es scheint: wenn unser Gedächtnis anders funktionierte, daß wir dann nicht so wie wir's tun, rechnen könnten. Könnten wir aber dann Definitionen geben, wie wir es tun; so reden und schreiben, wie wir es tun?
Wie aber können wir die Grundlage unserer Sprache durch Erfahrungssätze beschreiben?!

25. Angenommen, eine Division, wenn wir sie ganz ausführen, würde nicht zu demselben Resultat führen wie das Kopieren der Periode. Das könnte z. B. daherkommen, daß wir die Rechengesetze, ohne uns dessen bewußt zu sein, veränderten. (Es könnte aber auch daher kommen, daß wir anders kopieren.)

26. Was ist der Unterschied zwischen *nicht* rechnen und *falsch* rechnen? — Oder: ist eine scharfe Grenze zwischen dem, die Zeit *nicht* zu messen und sie *falsch* messen? Keine Zeitmessung zu kennen und eine falsche?

27. Gib auf das Geschwätz acht, wodurch wir jemand von der Wahrheit eines mathematischen Satzes überzeugen. Es gibt einen Aufschluß über die Funktion dieser Überzeugung. Ich meine das Geschwätz, womit die Intuition geweckt wird.
Womit also die Maschine einer Rechentechnik in Gang gesetzt wird.

28. Kann man sagen, daß, wer eine Technik lernt, sich dadurch von der Gleichheit der Resultate überzeugt??

29. Die Grenze der Empirie[1] – ist die *Begriffsbildung*.

Welchen Übergang mache ich von »es wird so sein« zu »es *muß* so sein«? Ich bilde einen andern Begriff. Einen, in dem inbegriffen ist was es früher nicht war. Wenn ich sage: »Wenn diese Ableitungen gleich sind, dann *muß*...«, dann mache ich etwas zu einem Kriterium der Gleichheit. Bilde also meinen Begriff der Gleichheit um.

Wie aber, wenn Einer nun sagt: »Ich bin mir nicht dieser *zwei* Vorgänge bewußt, ich bin nur der Empirie bewußt, nicht einer von ihr unabhängigen Begriffsbildung und Begriffsumbildung; alles scheint mir im Dienste der Empirie zu stehen«?
Mit andern Worten: Wir scheinen nicht bald mehr, bald weniger rational zu werden, oder die Form unseres Denkens zu verändern, so daß damit sich *das* ändert, *was wir* »*Denken*« *nennen*. Wir scheinen nur immer unser Denken der Erfahrung anzupassen.

---

[1] Vgl. S. 97 Anm.

Das ist klar: daß wenn Einer sagt: »Wenn du der *Regel* folgst, so *muß* es so sein,« er keinen *klaren* Begriff von Erfahrungen hat, die dem Gegenteil entsprächen.

Oder auch so: Er hat keinen klaren Begriff davon, wie es aussähe, wenn es anders wäre. Und das ist sehr wichtig.

30. Was zwingt uns den Begriff der Gleichheit *so* zu formen, daß wir etwa sagen: »Wenn du beidemale wirklich das Gleiche tust, muß auch dasselbe herauskommen«? — Was zwingt uns, nach einer Regel vorzugehen, etwas als Regel aufzufassen? Was zwingt uns, mit uns selbst in den Formen der von uns gelernten Sprache zu reden?

Denn das Wort »muß« drückt doch aus, daß wir von *diesem* Begriff nicht abgehen können. (Oder soll ich sagen »wollen«?)

Ja, auch wenn ich von einer Begriffsbildung zu einer andern übergegangen bin, so bleibt der alte Begriff noch im Hintergrund.

Kann ich sagen: »Ein Beweis bringt uns zu einer gewissen Entscheidung, und zwar zu der, eine bestimmte Begriffsbildung anzunehmen«??

Sieh den Beweis nicht als einen Vorgang an, der dich *zwingt,* sondern der dich *führt*. – Und zwar führt er deine *Auffassung* eines (gewissen) Sachverhalts.

Aber wie kommt es, daß er *jeden* von uns so führt, daß wir übereinstimmend von ihm beeinflußt werden? Nun, wie kommt es, daß wir übereinstimmend *zählen*? »Wir sind eben so abgerichtet«, kann man sagen »und die Übereinstimmung, die so erzeugt wird, setzt sich durch die Beweise fort«.

Während dieses Beweises haben wir eine Anschauungsweise von der 3-Teilung des Winkels gebildet, die eine Konstruktion mit Lineal und Zirkel ausschließt.

Dadurch daß wir einen Satz als selbstverständlich anerkennen, sprechen wir ihn auch von jeder Verantwortung gegenüber der Erfahrung frei.

Während des Beweises wird unsere Anschauung geändert – und daß das mit Erfahrungen zusammenhängt, tut dem keinen Eintrag.

Unsere Anschauung wird umgemodelt.

31. Es muß so sein, heißt nicht, es wird so sein. Im Gegenteil: ›Es wird so sein‹ wählt eine aus anderen Möglichkeiten. ›Es muß so sein‹ sieht nur *eine* Möglichkeit.

Der Beweis leitet unsere Erfahrungen sozusagen in bestimmte Kanäle. Wer das und das immer wieder versucht hat, gibt den Versuch nach dem Beweis auf.

Es versucht Einer ein gewisses Bild aus Steinen zusammenzulegen. Er sieht nun eine Vorlage, in welcher ein *Teil* jenes Bildes aus allen seinen Steinen zusammengelegt erscheint, und gibt nun seinen Versuch auf. Die Vorlage war der *Beweis* dafür, daß sein Vorhaben unmöglich ist.

Auch die Vorlage, sowie die, die ihm zeigt, daß er wird ein Bild aus diesen Steinen zusammensetzen können, ändert seinen *Begriff*. Denn er hat, könnte man sagen, die Aufgabe des Zusammensetzens des Bildes aus den Steinen noch nie so angesehen.

Ist es gesagt, daß Einer, der sieht, daß man mit diesen Steinen einen Teil des Bildes legen kann, einsieht, daß man also auf keine Weise das ganze Bild aus ihnen wird legen können? Ist es nicht möglich, daß er versucht und versucht, ob nicht doch eine Stellung der Steine dies Ziel erreicht? und ist es nicht möglich, daß er sein Ziel erreicht? (Doppelte Verwendung eines Steins z. B.)

Muß man hier nicht zwischen Denken und dem praktischen Erfolg des Denkens unterscheiden?

32. »... die nicht, wie wir, gewisse Wahrheiten unmittelbar einsehen, sondern vielleicht auf den langwierigen Weg der

Induktion angewiesen sind«, so sagt Frege.[1] Aber was mich interessiert ist das unmittelbare Einsehen, ob es nun das einer Wahrheit ist, oder einer Falschheit. Ich frage: was ist das charakteristische Gebahren von Menschen, die etwas ›unmittelbar einsehen‹ – was immer der praktische Erfolg dieses Einsehens ist?

Mich interessiert nicht das unmittelbare Einsehen einer Wahrheit, sondern das Phänomen des unmittelbaren Einsehens. Nicht (zwar) als einer besonderen seelischen Erscheinung, sondern als einer Erscheinung im Handeln der Menschen.

33. Ja; es ist, als ob die Begriffsbildung unsere Erfahrung in bestimmte Kanäle leitete, so daß man nun die eine Erfahrung mit der anderen auf neue Weise zusammensieht. (Wie ein optisches Instrument Licht von verschiedenen Quellen auf bestimmte Art in einem Bild zusammenkommen läßt.)

Denke dir, der Beweis wäre eine Dichtung, ja ein Theaterstück. Kann mich das Ansehen eines solchen nicht zu etwas bringen?

Ich wußte nicht wie es gehen werde, – aber ich sah ein Bild, und nun wurde ich überzeugt, daß es so gehen werde, wie im Bilde.
Das Bild verhalf mir zur Vorhersage. Nicht als ein Experiment – es war nur der Geburtshelfer der Vorhersage.

---

[1] *Grundgesetze der Arithmetik,* Bd. I, Vorwort, S. XVI [Die Stelle lautet aber: »... welche gewisse Wahrheiten nicht wie wir unmittelbar erkennen, sondern vielleicht ...« Hrsg.]

Denn, was immer meine Erfahrungen sind, oder waren, ich muß doch noch die Vorhersage *machen*. (Die Erfahrungen machen sie nicht für mich.)

Dann ist es ja kein großes Wunder, daß der Beweis uns zur *Vorhersage* hilft. Ohne dieses Bild hätte ich nicht sagen können, wie es werden wird, aber wenn ich es sehe, so ergreife ich es zur Vorhersage.

Welche Farbe eine chemische Verbindung haben wird kann ich nicht mit Hilfe eines Bildes vorhersagen, das mir die Substanzen in der Proberöhre und die Reaktion veranschaulicht. Zeigt das Bild ein Aufschäumen und am Ende rote Krystalle, so könnte ich nicht sagen: »Ja, *so* muß es sein«, oder »Nein, so kann es nicht sein«. Anders aber ist es wenn ich das Bild eines Mechanismus in Bewegung sehe; dieses kann mich lehren, wie ein Teil sich wirklich bewegen wird. Stellte aber das Bild einen Mechanismus dar, dessen Teile aus einem sehr weichen Material (etwa Teig) bestünden, und sich daher im Bild auf verschiedene Art verbögen, so würde mir das Bild vielleicht wieder nicht zu einer Vorhersage verhelfen.

Kann man sagen: ein Begriff werde so geformt, daß er einer gewissen Vorhersage angepaßt ist, d. h., sie in den einfachsten Terminis ermöglicht –?

34. Das philosophische Problem ist: Wie können wir die Wahrheit sagen, und dabei diese starken Vorurteile *beruhigen*?

Es ist ein Unterschied: ob ich etwas als eine Täuschung meiner Sinne oder als ein äußeres Ereignis denke, ob ich diesen Gegenstand zum Maß jenes nehme oder umgekehrt, ob ich mich entschließe, zwei Kriterien entscheiden zu lassen, oder nur eins.

35. Wenn richtig gerechnet wurde, so muß das herauskommen: Muß es dann *immer so* herauskommen? Natürlich.

Indem wir zu einer Technik erzogen sind, sind wir es auch zu einer Betrachtungsweise, die *ebenso fest* sitzt als jene Technik.

Der mathematische Satz scheint weder von den Zeichen, noch von den Menschen zu handeln, und er *tut* es daher auch nicht.

Er zeigt *die* Verbindungen die wir als starr betrachten. Wir schauen aber gewissermaßen von diesen Verbindungen weg und auf etwas anderes. Wir drehen ihnen sozusagen den Rücken. Oder: wir lehnen uns an sie oder fußen auf ihnen.

Nochmals: Wir sehen den mathematischen Satz nicht als einen Satz, der von Zeichen handelt an, er *ist* es daher auch nicht.

Wir erkennen ihn an, *indem* wir ihm den Rücken drehen.

Wie ist es, z. B., mit den Grundgesetzen der Mechanik? Wer sie versteht, muß wissen, auf welche Erfahrungen sie sich stützen. Anders verhält es sich mit den Sätzen der reinen Mathematik.

36. Ein Satz kann ein Bild beschreiben und dieses Bild mannigfach in unserer Betrachtungsweise der Dinge, also in unserer Lebens- und Handlungsweise verankert sein.

Ist nicht der Beweis ein *zu dünner* Grund, die Suche nach einer Konstruktion der 3-Teilung ganz aufzugeben? Du bist nur ein- oder zweimal die Zeichenreihe durchgegangen und daraufhin willst du dich entschließen? Nur weil du diese eine Transformation gesehen hast, willst du die Suche aufgeben?

Der Effekt des Beweises sei, so meine ich, daß der Mensch sich in die neue Regel hineinstürzt.

Er hatte bisher nach der und der Regel gerechnet; nun zeigt ihm Einer den Beweis, man könne auch anders rechnen, und er schaltet nun (auf die andere Technik) um – nicht weil er sich sagt, es werde so auch gehen, sondern weil er die neue Technik mit der alten als identisch empfindet, weil er ihr denselben Sinn geben muß, weil er sie als gleich anerkennt wie er diese Farbe als Grün anerkennt.
D. h.: Das Einsehen der mathematischen Relationen spielt eine ähnliche Rolle wie das Einsehen *der Identität*. Man könnte beinahe sagen, es ist eine komplizierte Art von Identität.

Man könnte sagen: Die Gründe, warum er nun auf eine andere Technik umschaltet, sind von gleicher Art wie die, die ihn eine neue Multiplikation so ausführen lassen, wie er sie ausführt; indem er die Technik als die *gleiche* anerkennt, wie die, die er bei andern Multiplikationen angewandt hatte.

37. Ein Mensch ist in einem Zimmer *gefangen,* wenn die Tür unversperrt ist, sich nach innen öffnet; er aber nicht auf die Idee kommt zu *ziehen,* statt gegen sie zu drücken.

38. Wenn Weiß zu Schwarz wird, sagen manche Menschen »Es ist im Wesentlichen noch immer dasselbe«. Und andere, wenn die Farbe um einen Grad dunkler wurde, sagen »Es hat sich *ganz* verändert«.

39. Die Sätze ›a = a‹, ›p ⊃ p‹, »Das Wort ›Bismarck‹ hat 8 Buchstaben«, »Es gibt kein Rötlichgrün«, sind alle einleuchtend und Sätze über das Wesen: was haben sie gemeinsam? Sie sind offenbar jeder von andrer Art und anderem Gebrauch. Der vorletzte ist einem Erfahrungssatz am ähnlichsten. Und es ist verständlich, daß man ihn einen synthetischen Satz *a priori* nennen kann.
Man kann sagen: wenn einer die Zahlenreihe mit der Buchstabenreihe nicht *zusammenhält,* kann er nicht wissen, wieviel Buchstaben das Wort hat.

40. Eine Figur aus der andern nach einer Regel abgeleitet. (Etwa die Umkehrung vom Thema.)

Dann das Resultat als Äquivalent der Operation gesetzt.

41. Wenn ich schrieb »der Beweis muß übersichtlich sein«, so hieß das: *Kausalität* spielt im Beweis keine Rolle.

Oder auch: der Beweis muß sich durch bloßes Kopieren reproduzieren lassen.

42. Daß bei der Fortsetzung der Division von $1:3$ immer wieder 3 herauskommen muß, wird eben so wenig durch Intuition erkannt, wie, daß die Multiplikation 25×25 wenn man sie wiederholt immer wieder dasselbe Produkt liefert.

43. Man könnte vielleicht sagen, daß der synthetische Charakter der mathematischen Sätze sich am augenfälligsten im unvorhersehbaren Auftreten der Primzahlen zeigt.

Aber weil sie synthetisch sind (in diesem Sinne), sind sie drum nicht weniger *a priori*. Man könnte sagen, will ich sagen, daß sie nicht aus ihren Begriffen durch eine Art von Analyse erhalten werden können, wohl aber einen Begriff durch Synthese bestimmen, etwa wie man durch die Durchdringung von Prismen einen Körper bestimmen kann.

Die Verteilung der Primzahlen wäre ein ideales Beispiel für das was man synthetisch *a priori* nennen könnte, denn man kann sagen, daß sie jedenfalls durch eine Analyse des Begriffs der Primzahl nicht zu finden ist.

44. Könnte man nicht wirklich von Intuition in der Mathematik reden? Nicht so aber, daß eine *mathematische* Wahrheit intuitiv erfaßt würde, wohl aber eine physikalische oder psychologische. So weiß ich mit *großer* Sicherheit, daß ich jedesmal 625 errechnen werde, wenn ich zehnmal 25 mit 25 multipliziere. D. h. ich weiß die psychologische Tatsache, daß mir immer wieder diese Rechnung als richtig erscheinen wird; so wie ich weiß, wenn ich die Zahlenreihe von 1 bis 20 zehnmal nacheinander aus dem Gedächtnis aufschreibe, die Aufschreibungen sich beim Kollationieren als gleich erweisen werden. – Ist das nun eine Erfahrungstatsache? Freilich – und doch wäre es schwer Experimente anzugeben, die mich von ihr überzeugen würden. Man könnte so etwas eine intuitiv erkannte *Erfahrung*statsache nennen.

45. Du willst sagen, daß jeder neue Beweis in einer oder der anderen Weise den Begriff des Beweises ändert.

Aber nach welchem Prinzip wird denn etwas als neuer Beweis anerkannt? Oder vielmehr gibt es da gewiß kein ›Prinzip‹.

46. Soll ich nun sagen: »wir sind überzeugt, daß immer wieder dasselbe Resultat herauskommen wird«? Nein, das ist nicht genug. Wir sind überzeugt, daß immer dieselbe Rechnung herauskommen, gerechnet werden, wird. Ist *das* nun eine mathematische Überzeugung? Nein – denn würde nicht immer dasselbe gerechnet, so könnten wir nicht folgern, daß die Rechnung einmal ein Resultat, das andre mal ein anderes ergibt.

Wir sind *freilich* auch überzeugt, daß wir beim wiederholten Rechnen das Bild der Rechnung wiederholen werden. –

47. Könnte ich nicht sagen: wer die Multiplikation macht, findet jedenfalls nicht das mathematische Faktum, aber den mathematischen Satz? Denn, was er *findet,* ist das nicht-mathematische Faktum, und so den mathematischen Satz. Denn der mathematische Satz ist eine Begriffsbestimmung, die auf eine Entdeckung folgt.

Du *findest* eine neue Physiognomie. Du kannst dir sie z. B. jetzt *merken* oder sie kopieren.

Es ist eine *neue* Form gefunden, konstruiert worden. Aber sie wird dazu benützt, mit der alten einen neuen Begriff zu geben.

Man ändert den Begriff so, daß das hat herauskommen *müssen*.

Ich finde nicht das Resultat; sondern ich finde, daß ich dahin gelange.

Und nicht das ist eine Erfahrungstatsache, daß dieser Weg da anfängt und da endet, sondern, daß ich diesen Weg, oder einen Weg zu diesem Ende, gegangen bin.

48. Aber könnte man nicht sagen, daß die *Regeln* diesen Weg führen, auch wenn niemand ihn ginge?

Denn das ist es ja, was man sagen möchte – und hier sehen wir die mathematische Maschine, die, von den Regeln selbst getrieben, nur mathematischen Gesetzen gehorcht und nicht physikalischen.

Ich will sagen: das Arbeiten der mathematischen Maschine ist nur das *Bild* des Arbeitens einer Maschine.

Die Regel arbeitet nicht, denn, was immer der Regel nach geschieht, ist eine Deutung der Regel.

49. Nehmen wir an, ich habe die Stadien der Bewegung von

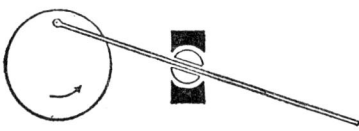

im Bilde vor mir, so verhilft mir das zu einem Satz, den ich von diesem Bild gleichsam ablese. Der Satz enthält das Wort »ungefähr« und ist ein Satz der Geometrie.

Es ist seltsam, daß ich einen Satz von einem *Bild* soll ablesen können.

Der Satz aber handelt nicht von dem Bild das ich sehe. Er sagt nicht, daß auf diesem Bild das und das zu sehen ist. Er sagt aber auch nicht, was der wirkliche Mechanismus tun wird, obwohl er dies andeutet.

Aber könnte ich von der Bewegung des Mechanismus, wenn ihre Teile sich nicht ändern, auch andere Zeichnungen anfertigen? D. h., bin ich nicht *gezwungen* eben dies als Bild der Bewegung, *unter diesen Bedingungen*, anzunehmen?

Denken wir uns die Konstruktion der Stadien des Mechanismus mit Strichen von wechselnder Farbe ausgeführt. Die Striche seien zum Teil schwarz auf weißem Grund, zum Teil weiß auf schwarzem Grund. Denke dir die Konstruktionen im Euklid so ausgeführt; sie werden allen Augenschein verlieren.

50. Das umgekehrte Wort hat ein *neues* Gesicht.

Wie, wenn man sagte: Wer die Folge 123 umgekehrt hat, *lernt* über sie, daß sie umgekehrt 321 ergibt? Und zwar ist, was er lernt, nicht eine Eigenschaft dieser Tintenstriche, sondern der Folge von *Formen*. Er lernt eine *formale* Eigenschaft von Formen. Der Satz, welcher diese formale Eigenschaft aussagt, wird durch die Erfahrung bewiesen, die ihm die Entstehung der einen Form auf diese Weise aus der andern zeigt.

Hat nun, wer das lernt, *zwei* Eindrücke? Einen davon, daß die Reihenfolge *umgekehrt* wird, den andern davon, daß 321 entsteht? Und könnte er die Erfahrung, den Eindruck, daß 123 umgekehrt wird, nicht haben und doch nicht den, daß 321 entsteht? Vielleicht wird man sagen: »nur durch eine seltsame Täuschung«. –

Warum man eigentlich nicht sagen kann, daß man jenen formalen Satz aus der Erfahrung lernt – weil man es erst dann diese Erfahrung nennt, wenn dieser Prozeß zu diesem Resultat führt. Die Erfahrung, die man meint, besteht schon aus diesem Prozeß mit diesem Resultat.

Darum ist sie mehr wie die Erfahrung: Ein Bild zu sehen.

Kann eine Buchstabenreihe zwei Umkehrungen haben?
Etwa eine akustische und eine andere optische Umkehrung. Angenommen, ich erkläre jemandem was die Umkehrung eines Wortes auf dem Papier ist, was man so nennt. Und nun stellt sich heraus, daß er eine akustische Umkehrung des Wortes hat, d. h., etwas was er so nennen möchte, was aber nicht ganz mit dem geschriebenen übereinstimmt. So daß man sagen kann: er hört *das* als Umkehrung des Wortes. Gleichsam als verzerrte sich ihm das Wort beim Umkehren. Und dies könnte etwa eintreten, wenn er das Wort und die Umkehrung fließend ausspricht im Gegensatz zu dem Fall, wenn er es buchstabiert. Oder die Umkehrung könnte anders scheinen, wenn er das Wort in *einem* Zuge vor- und rückwärts spricht.

Es wäre möglich, daß man das genaue Spiegelbild eines Profils sogleich nach diesem gesehen nie für das gleiche und nur in die andere Richtung gedrehte erklärte, sondern daß, um den Eindruck der genauen Umkehrung zu machen, das Profil in den Maßen ein wenig geändert werden mußte.

Ich will doch sagen, man habe kein Recht zu sagen: wir mögen zwar über die korrekte Umkehrung, eines langen Wortes z. B., im Zweifel sein, aber wir *wissen,* daß das Wort nur *eine* Umkehrung hat.

»Ja, aber wenn es eine Umkehrung in *diesem* Sinne sein soll, dann kann es nur *eine* geben.« Heißt hier ›in diesem Sinne‹: nach diesen Regeln, oder: mit dieser Physiognomie? Im ersten Falle wäre der Satz tautologisch, im zweiten muß er nicht wahr sein.

51. Denk dir eine Maschine, die ›so konstruiert ist‹, daß sie eine Buchstabenreihe umkehrt. Und nun den Satz, daß das Resultat im Falle
    ABER
    REBA ist. –

Die Regel, wie sie wirklich gemeint ist, scheint eine treibende Kraft zu sein, die eine ideale Reihe *so* umkehrt, – was immer ein Mensch mit einer wirklichen Reihe tun mag.
Dieser ist also der Mechanismus, der für den wirklichen der Maßstab, das Ideal ist.

Und das ist verständlich. Denn wird das Resultat der Umkehrung zum Kriterium dafür daß die Reihe wirklich umgekehrt wurde, und drücken wir dies so aus, daß wir es einer idealen Maschine nachtun, so muß diese Maschine *unfehlbar* dies Resultat erzeugen.

52. Kann man nun sagen: daß die Begriffe, die die Mathematik schafft, eine Bequemlichkeit sind, daß es wesentlich auch ohne sie ginge?

Zuvörderst drückt die Annahme dieser Begriffe die *sichere* Erwartung gewisser Erfahrungen aus.

Wir nehmen es z. B. nicht hin, daß eine Multiplikation nicht jedesmal immer das gleiche Resultat ergibt.

Und was wir mit Sicherheit erwarten, ist für unser ganzes Leben wesentlich.

53. Warum soll ich aber dann nicht sagen, daß die mathematischen Sätze eben jene bestimmten Erwartungen, d. h. also Erfahrungen, ausdrücken? Nur weil sie es eben nicht tun. Die Annahme eines Begriffes ist eine Maßregel, die ich vielleicht nicht ergreifen würde, wenn ich nicht das Eintreten gewisser Tatsachen mit Bestimmtheit erwartete; aber darum ist die Festsetzung dieses Maßes nicht äquivalent mit dem Aussprechen der Erwartungen.

54. Es ist schwer, den Tatsachenkörper auf die richtige Fläche zu stellen: das Gegebene als gegeben zu betrachten. Es ist schwer den Körper anders aufzustellen als man gewöhnt ist, ihn zu sehen. Ein Tisch in einer Rumpelkammer mag immer auf der Tischplatte liegen, aus Gründen der Raumersparnis, z. B. So habe ich den Tatsachenkörper immer *so* aufgestellt gesehen, aus mancherlei Gründen; und nun soll ich etwas anderes als seinen Anfang und etwas anderes als sein Ende ansehen. Das ist schwer. Er will gleichsam nicht so stehen, es sei denn daß man ihn in dieser Lage durch andere Vorrichtungen unterstützt.

55. Es ist *eines* eine mathematische Technik zu gebrauchen, die darin besteht, den Widerspruch zu vermeiden, und ein anderes gegen den Widerspruch in der Mathematik überhaupt zu philosophieren.

56. Der Widerspruch. Warum grad dieses *eine* Gespenst? Das ist doch sehr verdächtig.

Warum sollte eine Rechnung, zu einem praktischen Zweck angestellt, die einen Widerspruch ergibt, nur nicht sagen: »Tu wie dir's beliebt, ich, die Rechnung, entscheide darüber nicht«?

Der Widerspruch könnte als Wink der Götter aufgefaßt werden, daß ich handeln soll und *nicht* überlegen.

57. »Warum soll es in der Mathematik keinen Widerspruch geben dürfen?« – Nun, warum darf es in unsern einfachen

Sprachspielen keinen geben? (Da besteht doch gewiß ein Zusammenhang.) Ist das also ein Grundgesetz, das alle denkbaren Sprachspiele beherrscht?

Angenommen ein Widerspruch in einem Befehl z. B. bewirkt Staunen und Unentschlossenheit – und nun sagen wir: das eben ist der Zweck des Widerspruchs in diesem Sprachspiel.

58. Einer kommt zu Leuten und sagt: »Ich lüge immer«. Sie antworten: »Nun, dann können wir dir trauen!« – Aber könnte *er* meinen, was er sagte? Gibt es nicht ein Gefühl: man sei unfähig, etwas wirklich Wahres zu sagen; sei es was immer?

»Ich lüge immer!« – Nun, und wie war's mit *diesem* Satz? – »Der war auch gelogen!« – Aber dann lügst du also nicht immer! – »Doch, alles ist gelogen!«
Wir würden vielleicht von diesem Menschen sagen, er meint mit »wahr« und mit »lügen« nicht dasselbe, was wir meinen. Er meine, vielleicht, so etwas wie: was er sage, flimmere; oder nichts komme wirklich vom Herzen.

Man könnte auch sagen: sein »ich lüge immer« war eigentlich keine *Behauptung*. Eher war es ein Ausruf.

Man kann also sagen: »Wenn er jenen Satz nicht ohne Gedanken aussprach, – so mußte er die Worte so und so meinen, er *konnte* sie nicht auf die gewöhnliche Weise meinen«?

59. Warum sollte man den Russellschen Widerspruch nicht als etwas Über-propositionales auffassen, etwas das über den Sätzen thront und noch nach beiden Seiten, wie ein Januskopf, zugleich schaut? N. B. Der Satz F(F) – in welchem $F(\xi) = \sim\xi(\xi)$ – enthält keine Variablen und könnte also als etwas Über-logisches, als etwas Unangreifbares, dessen Verneinung es nur wieder selber *aussagt,* gelten. Ja, könnte man nicht sogar die Logik mit diesem Widerspruch anfangen? Und von ihm gleichsam zu den Sätzen niedersteigen.

Der sich selbst widersprechende Satz stünde wie ein Denkmal (mit einem Januskopf) über den Sätzen der Logik.

60. Nicht dies ist perniziös: einen Widerspruch zu erzeugen in der Region, in der weder der widerspruchsfreie noch der widerspruchsvolle Satz irgend welche Arbeit zu leisten hat; wohl aber das: nicht zu wissen, wie man dorthin gekommen ist, wo der Widerspruch nicht mehr schadet.

Teil V
1942-1944

1. Es ist natürlich klar, daß der Mathematiker, insofern er wirklich ›ein Spiel spielt‹, *keine Schlüsse zieht.* Denn ›Spielen‹ muß hier heißen: in Übereinstimmung mit gewissen Regeln *handeln.* Und schon das wäre ein Heraustreten aus dem bloßen Spiel: wenn er den Schluß zöge, daß er hier der allgemeinen Regel gemäß so handeln dürfe.

2. *Rechnet* die Rechenmaschine?

Denk dir, eine Rechenmaschine wäre durch Zufall entstanden; nun drückt Einer durch Zufall auf ihre Knöpfe (oder ein Tier läuft über sie) und sie rechnet das Produkt 25 × 20. –

Ich will sagen: Es ist der Mathematik wesentlich, daß ihre Zeichen auch im *Zivil* gebraucht werden.
Es ist der Gebrauch außerhalb der Mathematik, also die *Bedeutung* der Zeichen, was das Zeichenspiel zur Mathematik macht.

So, wie es ja auch kein logischer Schluß ist, wenn ich ein Gebilde in ein anderes transformiere (eine Anordnung von Stühlen etwa in eine andere), wenn diese Anordnungen nicht außerhalb dieser Transformation einen sprachlichen Gebrauch haben.

3. Aber ist nicht das wahr, daß Einer, der keine Ahnung von

der Bedeutung der Russellschen Zeichen hätte, Russells Beweise *nachrechnen* könnte? Und also in einem wichtigen Sinne prüfen könnte, ob sie richtig seien oder falsch?

Man könnte eine menschliche Rechenmaschine so abrichten, daß sie, wenn ihr die Schlußregeln gezeigt und etwa an Beispielen vorgeführt wurden, die Beweise eines mathematischen Systems (etwa des Russellschen) durchliest und nach jedem richtig gezogenen Schluß mit dem Kopf nickt, bei einem Fehler aber den Kopf schüttelt und zu rechnen aufhört. Dieses Wesen könnte man sich im übrigen vollkommen idiotisch vorstellen.

Einen Beweis nennen wir etwas, was sich nachrechnen, aber auch kopieren läßt.

4. Wenn die Mathematik ein Spiel ist, dann ist ein Spiel spielen Mathematik treiben, und warum dann nicht auch: Tanzen?

Denke dir, daß Rechenmaschinen in der Natur vorkämen, ihre Gehäuse aber für die Menschen undurchdringlich wären. Und diese Menschen benützten nun diese Vorrichtungen etwa wie wir das Rechnen, wovon sie aber gar nichts wissen. Sie machen also etwa Vorhersagungen mit Hilfe der Rechenmaschinen, aber für sie ist das Handhaben dieser seltsamen Gegenstände ein Experimentieren.

Diesen Leuten fehlen Begriffe, die wir haben; aber wodurch sind diese bei ihnen ersetzt? –

Denke an den Mechanismus, dessen Bewegung wir als geometrischen (kinematischen) Beweis ansahen: Das ist klar, daß normalerweise von einem, der das Rad umtreibt, nicht gesagt würde, er beweist etwas. Ist es nicht ebenso mit dem, der zum Spiel Zeichen aneinander reiht und diese Reihen verändert; auch wenn, was er hervorbringt, als Beweis angesehen werden könnte?

Zu sagen, die Mathematik sei ein Spiel, soll heißen: wir brauchen beim Beweisen nirgends an die Bedeutung der Zeichen appellieren, also an ihre außermathematische Anwendung. Aber was heißt es denn überhaupt: an diese appellieren? Wie kann so ein Appell etwas fruchten?

Heißt das, aus der Mathematik heraustreten und wieder in sie zurückkehren, oder heißt es aus *einer* mathematischen Schlußweise in eine andre treten?

Was heißt es, einen neuen Begriff von der Oberfläche einer Kugel gewinnen? In wiefern ist das dann ein Begriff von der Oberfläche einer *Kugel*? Doch nur insofern er sich auf wirkliche Kugeln anwenden läßt.

Wieweit muß man einen Begriff vom ›Satz‹ haben, um die Russellsche mathematische Logik zu verstehen?

5. Wenn die intendierte Anwendung der Mathematik wesentlich ist, wie steht es da mit Teilen der Mathematik, deren An-

wendung – oder doch *das*, was Mathematiker für die Anwendung halten, – gänzlich phantastisch ist? So daß man, wie in der Mengenlehre, einen Zweig der Mathematik treibt, von dessen Anwendung man sich einen ganz falschen Begriff macht. Treibt man nun nicht *doch* Mathematik?

Wenn die arithmetischen Operationen lediglich zur Konstruktion einer Chiffre dienten, wäre ihre Anwendung natürlich grundlegend von der unsern verschieden. Wären diese Operationen dann aber überhaupt mathematische Operationen?

Kann man von dem, der eine Regel des Entzifferns anwendet, sagen, er vollziehe mathematische Operationen? Und doch lassen sich seine Umformungen so auffassen. Denn er könnte doch sagen, er berechne, was bei der Entzifferung des Zeichens ... gemäß dem und dem Schlüssel herauskommen müsse. Und der Satz: daß die Zeichen ... dieser Regel gemäß entziffert ... ergeben, ist ein mathematischer. Sowie auch der Satz: daß man beim Schachspiel von *dieser* Stellung zu jener kommen kann.

Denke dir die Geometrie des vierdimensionalen Raums zu dem Zweck betrieben, die Lebensbedingungen der Geister kennen zu lernen. Ist sie darum nicht Mathematik? Und kann ich nun sagen, sie bestimme Begriffe?

Würde es nicht seltsam klingen, von einem Kinde zu sagen, es könne bereits tausende und tausende von Multiplikationen machen – womit nämlich gemeint sein soll, es könne bereits im unbegrenzten Zahlenraum rechnen. Und zwar könnte das noch als eine äußerst bescheidene Ausdrucksweise gelten, da er nur ›tausende und tausende‹ statt ›unendlich viele‹ sagt.

Könnte man sich Menschen denken, die im gewöhnlichen Leben etwa nur bis 1000 rechnen und die Rechnungen mit höheren Zahlen zu mathematischen Untersuchungen über die Geisterwelt vorbehalten haben?

»Ob das nun von einer *wirklichen* Kugelfläche gilt – von der mathematischen gilt es« – das erweckt den Anschein, als unterschiede sich der mathematische Satz von einem Erfahrungssatz insbesondere darin, daß wo die Wahrheit des Erfahrungssatzes schwankend und ungefähr ist, der mathematische Satz *sein* Objekt exakt und unbedingt wahr beschreibt. Als wäre eben die ›mathematische Kugel‹ eine Kugel. Und man könnte sich etwa fragen ob es nur *eine* solche Kugel, oder ob es mehrere gebe (eine Fregesche Fragestellung).

Tut ein Mißverständnis, die mögliche Anwendung betreffend, der Rechnung als einem Teil der Mathematik Eintrag?

Und abgesehen von einem Mißverständnis, – wie ist es mit der bloßen Unklarheit?

Wer glaubt, die Mathematiker haben ein seltsames Wesen, die $\sqrt{-1}$, entdeckt, die quadriert nun doch -1 ergebe, kann der nicht doch ganz gut mit komplexen Zahlen rechnen und solche Rechnungen in der Physik anwenden? Und sind's darum weniger *Rechnungen*?
In *einer* Beziehung steht freilich sein Verständnis auf schwachen Füßen; aber er wird mit Sicherheit seine Schlüsse ziehen, und sein Kalkül wird auf *festen* Füßen stehen.

Wäre es nun nicht lächerlich, zu sagen, dieser triebe nicht Mathematik?

Es erweitert Einer die Mathematik, gibt neue Definitionen und findet neue Lehrsätze — und in *gewisser* Beziehung kann man sagen, er wisse nicht was er tut. — Er hat eine vage Vorstellung, etwas *entdeckt* zu haben wie einen Raum (wobei er an ein Zimmer denkt), ein Reich erschlossen zu haben, und würde, darüber gefragt, viel Unsinn reden.

Denken wir uns den primitiven Fall, daß Einer ungeheure Multiplikationen ausführte um, wie er sagt: dadurch neue riesige Provinzen des Zahlenreichs zu gewinnen.

Denk dir das Rechnen mit der $\sqrt{-1}$ wäre von einem Narren erfunden worden, der, bloß vom Paradoxen der Idee angezogen, die Rechnung als eine Art Gottes- oder Tempeldienst des Absurden treibt. Er bildet sich ein, das Unmögliche aufzuschreiben und mit ihm zu operieren.

Mit andern Worten: Wer an die mathematischen *Gegenstände* glaubt, und ihre seltsamen Eigenschaften, – kann der nicht doch Mathematik betreiben? Oder: – treibt der nicht auch Mathematik?

›Idealer Gegenstand.‹ »Das Zeichen ›a‹ bezeichnet einen idealen Gegenstand« soll offenbar etwas über die Bedeutung, also den Gebrauch von ›a‹ aussagen. Und es heißt natürlich, daß dieser Gebrauch in gewisser Beziehung ähnlich ist dem eines Zeichens, das einen Gegenstand hat, und daß es keinen Gegenstand bezeichnet. Es ist aber interessant, was der Ausdruck ›idealer Gegenstand‹ aus diesem Faktum macht.

6. Man könnte unter Umständen von einer endlosen Kugelreihe reden. – Denken wir uns eine solche gerade, endlose Reihe von Kugeln in gleichen Abständen und wir berechnen die Kraft, die alle diese Kugeln nach einem bestimmten Attraktionsgesetz auf einen bestimmten Körper ausüben. Die Zahl, die diese Rechnung liefert, betrachten wir als das Ideal der Genauigkeit für gewisse Messungen.

Das Gefühl des *Seltsamen* kommt hier von einem Mißverständnis. Der Art von Mißverständnis, die ein Daumenfangen des Verstandes erzeugt – und dem ich Einhalt gebieten will.

Der Einwand, daß ›das Endliche nicht das Unendliche erfassen kann‹ richtet sich *eigentlich* gegen die Idee eines psychologischen Aktes des Erfassens oder Verstehens.

Oder denke dir, wir sagen einfach: »Diese Kraft entspricht der Anziehung einer endlosen Kugelreihe, die so und so angeordnet sind und den Körper nach diesem Attraktionsgesetz anziehen«. Oder wieder: »Berechne die Kraft, die eine endlose Kugelreihe, von der und der Beschaffenheit, auf einen Körper ausübt!« – Dieser Befehl hat doch gewiß Sinn. Eine bestimmte Rechnung ist beschrieben.

Wie wäre es mit dieser Aufgabe: »Berechne das Gewicht einer Säule von so vielen aufeinanderliegenden Platten, als es Kardinalzahlen gibt; die unterste Platte wiegt 1 kg, jede höhere immer die Hälfte der vorhergehenden.«

Die Schwierigkeit ist *nicht* die, daß wir uns keine Vorstellung machen können. Es ist leicht genug sich irgend eine Vorstellung einer unendlichen Reihe, z. B., zu machen. Es fragt sich: was nützt uns die Vorstellung.

Denke dir unendliche Zahlen in einem Märchen gebraucht. Die Zwerge haben soviele Goldstücke aufeinander getürmt als es Kardinalzahlen gibt – etc. Was in diesem Märchen vorkommen kann, muß doch Sinn haben. –

7. Denke dir die Mengenlehre wäre als eine Art Parodie auf die Mathematik von einem Satiriker erfunden worden. – Später hätte man dann einen vernünftigen Sinn gesehen und sie in die Mathematik einbezogen. (Denn wenn der eine[1] sie als das Paradies der Mathematiker ansehen kann, warum nicht ein andrer als einen Scherz?)

Die Frage ist: ist sie nun als Scherz nicht auch offenbar Mathematik? –

---

[1] D. Hilbert, *Über das Unendliche.* Mathematische Annalen 95 (1926). (Hrsg.)

Und warum ist sie offenbar Mathematik? – Weil sie ein Zeichenspiel nach Regeln ist?

Werden hier nicht doch offenbar Begriffe gebildet – auch wenn man sich über deren Anwendung nicht im Klaren ist?
Aber wie kann man einen Begriff haben und sich über seine Anwendung nicht klar sein?

8. Nimm die Konstruktion des Kräftepolygons: ist das nicht ein Stück angewandte Mathematik? und wo ist der Satz der *reinen* Mathematik der bei dieser graphischen Berechnung zu Hülfe genommen wird? Ist dies nicht ein Fall wie der des Stammes, welcher eine rechnerische Technik zum Zweck gewisser Vorhersagungen hat, aber keine Sätze der reinen Mathematik?

Die Rechnung, die zur Ausführung einer Zeremonie dient. Es werde z. B. nach einer bestimmten Technik aus dem Alter des Vaters und der Mutter und der Anzahl ihrer Kinder die Anzahl der Worte einer Segensformel abgeleitet, die auf das Haus der Familie anzuwenden ist. In einem Gesetz wie dem Mosaischen könnte man sich Rechenvorgänge beschrieben denken. Und könnte man sich nicht denken, daß das Volk, das diese zeremoniellen Rechenvorschriften besitzt, im praktischen Leben nie rechnet?

Dies wäre zwar ein *angewandtes* Rechnen, aber es würde nicht dem Zwecke einer Vorhersage dienen.

Wäre es ein Wunder, wenn die Technik des Rechnens eine Familie von Anwendungen hätte?!

9. Wie seltsam die Frage ist, ob in der unendlichen Entwicklung von π die Figur φ (eine gewisse Anordnung von Ziffern, z. B. ›770‹) vorkommen wird, sieht man erst, wenn man die Frage in einer ganz hausbackenen Weise zu stellen versucht: Menschen sind darauf abgerichtet worden, nach gewissen Regeln Zeichen zu setzen. Sie verfahren nun dieser Abrichtung gemäß und wir sagen es sei ein Problem, ob sie der gegebenen Regel folgend *jemals* die Figur φ anschreiben werden.

Was aber sagt der, der sagt, eines sei klar: man werde oder werde nicht, in der endlosen Entwicklung auf φ kommen?

Mir scheint, wer dies sagt, stellt schon selbst eine Regel, oder ein Postulat auf.

Wie, wenn man auf eine Frage hin erwiderte: ›Auf diese Frage gibt es bis jetzt noch keine Antwort‹?

So könnte etwa der Dichter antworten, der gefragt wird, ob der Held einer Dichtung eine Schwester hat oder nicht – wenn er nämlich noch nicht darüber entschieden hat.

Die Frage – will ich sagen – verändert ihren Status, wenn sie entscheidbar wird. Denn ein Zusammenhang wird dann gemacht, der früher nicht *da war*.

Man kann von dem Abgerichteten fragen: ›Wie *wird* er die Regel für diesen Fall deuten?‹, oder auch ›wie *soll* er die Regel für diesen Fall deuten?‹ Wie aber, wenn über diese Frage keine Entscheidung getroffen wurde? – Nun, dann ist die Antwort nicht: ›er soll sie so deuten, daß φ in der Entwicklung vorkommt‹ oder: ›er soll sie so deuten, daß es nicht vorkommt‹, sondern: ›darüber ist noch nichts entschieden‹.

So seltsam es klingt, die Weiterentwicklung einer irrationalen Zahl ist eine Weiterentwicklung der Mathematik.

Wir mathematisieren mit den Begriffen. – Und mit gewissen Begriffen mehr als mit andern.

Ich will sagen: Es *scheint*, als ob ein Entscheidungsgrund bereits vorläge; und er muß erst erfunden werden.

Käme das darauf hinaus, zu sagen: Man benutzt beim Denken über die gelernte Technik des Entwickelns das falsche Bild einer vollendeten Entwicklung (dessen, was man für gewöhnlich »Reihe« nennt) und wird dadurch gezwungen unbeantwortbare Fragen zu stellen?

Denn schließlich müßte sich doch jede Frage über die Entwicklung von $\sqrt{2}$ auf eine praktische Frage, die Technik des Entwickelns betreffend, bringen lassen.

Und es handelt sich hier natürlich nicht nur um den Fall der Entwicklung einer reellen Zahl oder überhaupt die Erzeugung mathematischer Zeichen, sondern um jeden analogen Vorgang, er sei ein Spiel, ein Tanz, etc., etc.

10. Wenn Einer uns den Satz vom ausgeschlossenen Dritten einhämmert, dem nicht zu entgehen sei, – so ist klar, daß mit seiner Frage etwas nicht in Ordnung ist.

Wenn einer den Satz vom ausgeschlossenen Dritten aufstellt, so legt er uns gleichsam zwei Bilder zur Auswahl vor und sagt, eins müsse der Tatsache entsprechen. Wie aber wenn es fraglich ist, ob sich die Bilder hier anwenden lassen?

Und wer da von der endlosen Entwicklung sagt, sie müsse die Figur φ enthalten oder sie nicht enthalten, zeigt uns sozusagen das Bild einer in die Ferne verlaufenden unübersehbaren Reihe.

Wie aber, wenn das Bild in weiter Ferne zu flimmern anfinge?

11. Von einer unendlichen Reihe zu sagen, sie enthielte eine

bestimmte Figur *nicht,* hat nur unter ganz speziellen Bedingungen Sinn.

Das heißt: Man hat diesem Satz für gewisse Fälle Sinn gegeben.

Ungefähr den: Es ist im *Gesetz* dieser Reihe, keine Figur … zu enthalten.
Ferner: So wie ich die Entwicklung weiterrechne, leite ich neue Gesetze ab, denen die Reihe folgt.

»Nun gut, – so können wir sagen: ›Es muß entweder im Gesetz der Reihe liegen, daß die Figur vorkommt, oder das Gegenteil‹.« Aber ist das so? – »Nun, *determiniert* das Entwicklungsgesetz die Reihe denn nicht vollkommen? Und wenn es das tut, keine Zweideutigkeiten läßt, dann muß es, implizite *alle* Fragen die Struktur der Reihe betreffend entscheiden.« – Du denkst da an die endlichen Reihen.

»Aber es sind doch alle Glieder der Reihe vom 1sten bis zum 1000sten, bis zum 10^{10}-ten und so fort, bestimmt; also sind doch *alle* Glieder bestimmt.« Das ist richtig, wenn es heißen soll, es sei nicht etwa das so-und-so-vielte *nicht* bestimmt. Aber du siehst ja, daß *das* dir keinen Aufschluß darüber gibt, ob eine Figur in der Reihe erscheinen wird (wenn sie soweit nicht erschienen ist). *Wir sehen also,* daß wir ein irreführendes *Bild* gebrauchen.

Willst du mehr über die Reihe wissen, so mußt du, sozusagen in eine andere Dimension (gleichsam wie aus der Linie in eine sie umgebende Ebene) gehen. – Aber ist die Ebene nicht eben *da*, so wie die Linie, und nur zu *erforschen*, wenn man wissen will, wie es sich verhält?
Nein, die Mathematik dieser weitern Dimension muß so gut erfunden werden, wie jede Mathematik.

In einer Arithmetik, in der man nicht weiter als 5 zählt, hat die Frage, wieviel 4 + 3 ist, noch keinen Sinn. Wohl aber kann das Problem existieren, dieser Frage einen Sinn zu geben. Das heißt: die Frage hat *so wenig* Sinn, wie der Satz vom ausgeschlossenen Dritten, auf sie angewendet.

12. Man meint in dem Satz vom ausgeschlossenen Dritten schon etwas Festes zu haben, was jedenfalls nicht in Zweifel zu ziehen ist. Während in Wahrheit diese Tautologie einen ebenso schwankenden Sinn (wenn ich so sagen darf) hat, wie die Frage, ob p oder $\sim$ p der Fall ist.

Denke, ich fragte: Was meint man damit »die Figur ... kommt in dieser Entwicklung vor«? So wird man antworten: »Du *weißt* doch was das heißt. Sie kommt vor, wie die Figur ... in der Entwicklung tatsächlich vorkommt« – Also *so* kommt sie vor? – Aber *wie* ist das?
Denke dir, man sagte: »Entweder sie kommt so vor, oder sie kommt nicht so vor«!

»Aber verstehst du denn wirklich nicht, was gemeint ist?!« – Aber kann ich nicht glauben, ich verstehe es, und mich irren? –

Wie weiß ich denn, was es heißt: die Figur ... komme in der Entwicklung vor? Doch durch Beispiele – die mir zeigen, wie das ist, wenn ... Diese Beispiele zeigen mir aber nicht, wie es ist, wenn die Figur in der Entwicklung vorkommt!

Könnte man nicht sagen: Wenn ich wirklich ein Recht hätte zu sagen, diese Beispiele lehren mich, wie es ist, wenn die Figur in der Entwicklung vorkommt, so müßten sie mir auch zeigen, was das Gegenteil des Satzes bedeutet.

13. Der allgemeine Satz, die Figur kommt in der Entwicklung nicht vor, kann nur ein *Gebot* sein.

Wie wenn man die mathematischen Sätze als Gebote ansieht und sie auch als solche ausspricht? »25^2 gebe 625«.
Nun – ein Gebot hat eine innere und eine äußere Verneinung.

Die Symbole »(x).φx« und »∃x).φx« sind wohl nützlich in der Mathematik, wenn man im übrigen die Technik der Beweise der Existenz oder Nicht-Existenz kennt, auf den sich die Russellschen Zeichen *hier* beziehen. Wird dies aber offen gelassen, so sind diese Begriffe der alten Logik äußerst irreführend.

Wenn Einer sagt: »Aber du weißt doch was ›die Figur kommt in der Entwicklung vor‹ bedeutet, nämlich *das*« – und zeigt auf einen Fall des Vorkommens, – so kann ich nur erwidern, daß was er mir zeigt, *verschiedene* Fakten illustrieren kann. Man kann daher nicht sagen, ich wisse was der Satz heißt, weil ich weiß, daß er ihn in diesem Fall gewiß anwenden wird.

Das Gegenteil von »es besteht ein Gesetz, daß p« ist nicht: »es besteht ein Gesetz, daß $\sim$ p«. Drückt man aber das erste durch P, das andere durch $\sim$ P aus, so wird man in Schwierigkeiten geraten.

14. Wie, wenn den Kindern beigebracht wird, die Erde sei eine unendliche Ebene; oder Gott habe eine unendliche Reihe von Sternen geschaffen; oder ein Stern fliege in einer geraden Linie gleichförmig immer weiter und weiter ohne je aufzuhören.
Seltsam: wenn man so etwas als selbstverständlich, gleichsam ganz ruhig, aufnimmt, so verliert es alles Paradoxe. Es ist als sagte mir jemand: Beruhige dich, diese Reihe oder Bewegung läuft fort ohne je aufzuhören. Wir sind sozusagen der Mühe überhoben an ein Ende zu denken.

›Wir werden ein Ende nicht in Betracht ziehen‹ (we won't bother about an end).

Man könnte auch sagen: ›für uns ist die Reihe endlos‹.

›Wir werden uns um ein Ende der Reihe nicht bekümmern; für uns ist es immer unabsehbar.‹

15. Man kann die rationalen Zahlen nicht *abzählen*, weil man sie nicht zählen kann, aber man kann mittels der rationalen Zahlen zählen – so nämlich wie mit den Kardinalzahlen. Die schielende Ausdrucksweise gehört mit zu dem ganzen System der Vorspiegelung, daß wir mit dem neuen Apparat die unendlichen

Mengen mit der gleichen Sicherheit behandeln, wie bis dahin nur die endlichen.

›Abzählbar‹ dürfte es nicht heißen, dagegen hätte es Sinn zu sagen ›numerierbar‹. Und dieser Ausdruck läßt auch eine Anwendung des Begriffs erkennen. Denn man kann zwar die rationalen Zahlen nicht abzählen wollen, wohl aber kann man ihnen Nummern zulegen wollen.

Aber wo ist hier das Problem? Warum soll ich nicht sagen, was wir Mathematik nennen sei eine Familie von Tätigkeiten zu einer Familie von Zwecken?

Die Menschen könnten z. B. Rechnungen zum Zweck einer Art von Wettrennen gebrauchen. Wie Kinder ja manchmal um die Wette rechnen; nur, daß diese Verwendung bei uns eine ganz untergeordnete Rolle spielt.

Oder das Multiplizieren könnte uns viel schwerer fallen, als es tut – wenn wir z. B. nur mündlich rechneten, und um uns eine Multiplikation zu merken, sie also zu erfassen, wäre es nötig, sie in die Form eines gereimten Gedichts zu bringen. Wäre dies dann einem Menschen gelungen, so hätte er das Gefühl, eine große, wunderbare Wahrheit gefunden zu haben.

Es wäre sozusagen für jede neue Multiplikation eine neue individuelle Arbeit nötig.
Wenn diese Leute nun glaubten, die Zahlen wären Geister und

durch ihre Rechnungen erforschten sie das Geisterreich, oder zwängen die Geister, sich zu offenbaren – wäre dies nun Arithmetik? Oder – wäre es auch dann Arithmetik, wenn diese Menschen die Rechnungen zu nichts anderem gebrauchten?

16. Der Vergleich mit der Alchemie liegt nahe. Man könnte von einer Alchemie in der Mathematik reden.

Ist schon das die mathematische Alchemie, daß die mathematischen Sätze als Aussagen über mathematische Gegenstände betrachtet werden, – also die Mathematik als die Erforschung dieser Gegenstände?

In einem gewissen Sinn kann man in der Mathematik darum nicht an die Bedeutung der Zeichen appellieren, weil die Mathematik ihnen erst die Bedeutung gibt.

Es ist das Typische der Erscheinung von welcher ich rede, daß das *Mysteriöse* an irgendeinem mathematischen Begriff nicht *sofort* als irrige Auffassung, als Fehlbegriff gedeutet wird; sondern als etwas, was jedenfalls nicht zu verachten, vielleicht sogar eher zu respektieren ist.

Alles was ich machen kann, ist einen leichten Weg aus dieser Unklarheit und dem Glitzern der Begriffe zeigen.

Man kann seltsamerweise sagen, daß an allen diesen glänzenden Begriffsbildungen ein sozusagen solider Kern ist. Und ich möchte sagen, daß der es ist, der sie zu mathematischen Produkten macht.

Man könnte sagen: Was du siehst schaut freilich mehr wie eine glänzende Lufterscheinung aus; aber sieh sie von einer anderen Seite an und du siehst den soliden Körper, der nur von jener Richtung wie ein Glanz ohne körperliches Substrat aussieht.

17. ›Die Figur ist in der Reihe oder sie ist nicht in der Reihe‹ heißt: entweder schaut die Sache so aus oder sie schaut nicht so aus.

Wie weiß man, was das Gegenteil des Satzes »φ kommt in der Reihe vor«, oder auch des Satzes »φ kommt nicht in der Reihe vor« bedeutet? Diese Frage klingt unsinnig, hat aber doch einen Sinn.
Nämlich: wie weiß ich, daß ich den Satz, »φ kommt in der Reihe vor«, verstehe?
Es ist wahr, ich kann Beispiele geben für den Gebrauch solcher Aussagen, und auch der gegenteiligen. Und sie sind Beispiele dafür, daß es eine Regel gibt, die das Vorkommen in einer bestimmten Zone, oder einer Reihe von Zonen, vorschreibt; oder bestimmt, daß dies Vorkommen ausgeschlossen ist.

Wenn »du tust es« heißt: du mußt es tun, und »du tust es nicht« heißt: du darfst es nicht tun – dann ist »du tust es, oder du tust es nicht« nicht der Satz vom ausgeschlossenen Dritten.

Jeder fühlt sich ungemütlich bei dem Gedanken, ein Satz könne aussagen, in der endlosen Reihe komme das und das nicht vor – dagegen hat es gar nichts befremdliches, ein Befehl sage: in dieser Reihe dürfe, so weit sie auch fortgesetzt werde, das nicht vorkommen.

Woher aber dieser Unterschied zwischen: »soweit du auch gehst, wirst du das nie finden« – und »soweit du auch gehst, darfst du das nie tun«?

Auf jenen Satz kann man fragen: »wie kann man so etwas wissen?«, aber nichts Analoges gilt vom Befehl.

Die Aussage scheint sich zu übernehmen, der Befehl aber gar nicht.

Kann man sich denken, daß alle mathematischen Sätze im Imperativ ausgesprochen würden? Zum Beispiel: »10 $\times$ 10 sei 100!«.

Und wer nun sagt: »Es sei so, oder es sei nicht so«, der spricht nicht den Satz vom ausgeschlossenen Dritten aus – wohl aber eine *Regel*. (Wie ich es schon weiter oben einmal gesagt habe.)

18. Aber ist das wirklich ein Ausweg aus der Schwierigkeit? Denn wie verhält es sich dann mit allen andern mathematischen

Sätzen, sagen wir ›$25^2 = 625$‹; gilt für diese nicht der Satz vom ausgeschlossenen Dritten *innerhalb* der Mathematik?

Wie wendet man den Satz vom ausgeschlossenen Dritten an?

»Es gibt entweder eine Regel, die es verbietet, oder eine, die es gebietet.«

Angenommen, es gibt keine Regel, die das Vorkommen verbietet, – warum soll es dann eine geben, die es gebietet?

Hat es Sinn zu sagen: »Es gibt zwar keine Regel die das Vorkommen verbietet, die Figur kommt aber tatsächlich doch nicht vor«? – Und wenn das nun keinen Sinn hat, wie kann das Gegenteil davon Sinn haben, nämlich, die Figur komme vor?

Nun, wenn ich sage, sie kommt vor, schwebt mir das Bild der Reihe vor, von ihrem Anfang bis zu jener Figur – wenn ich aber sage, die Figur komme *nicht* vor, so nützt mir kein solches Bild, und die Bilder gehen mir aus.

Wie, wenn die Regel sich beim Gebrauch unmerklich biegen würde? Ich meine so, daß ich von verschiedenen Räumen sprechen könnte, in denen ich sie gebrauche.

Das Gegenteil von »φ darf nicht vorkommen« heißt »φ darf vorkommen«. Für ein *endliches* Stück der Reihe aber scheint das Gegenteil von »φ darf in ihm nicht vorkommen« zu sein: »φ *muß* darin vorkommen«.

Das Seltsame in der Alternative »φ kommt in der unendlichen Reihe vor, oder es kommt nicht vor« ist, daß wir uns die beiden Möglichkeiten einzeln vorstellen müssen, daß wir nach einer Vorstellung für jedes besonders suchen, und daß nicht wie sonst *eine* für den negativen und für den positiven Fall zureicht.

19. Wie weiß ich, daß der allgemeine Satz »Es gibt...« hier Sinn hat? Nun, wenn er zu einer Mitteilung über die Technik des Entwickelns in einem Sprachspiel verwendet werden kann.

Eine Mitteilung heißt: »es darf nicht vorkommen« – d. h.: wenn es vorkommt, hast du falsch gerechnet.
Eine heißt: »es darf vorkommen«, d. h., es existiert so ein Verbot nicht. Eine: »es muß in der und der Region (an dieser Stelle immer in diesen Regionen) vorkommen«. Das Gegenteil davon aber scheint zu sein: »es darf dort und dort nicht vorkommen« – statt »es *muß* dort nicht vorkommen«.
Wie aber, wenn man die Regel gäbe, daß, z. B., überall, wo die Bildungsregel von π 4 ergibt, statt der 4 auch eine beliebige andere Ziffer gesetzt werden kann?
Zieh auch die Regel in Betracht, die an gewissen Stellen eine Ziffer verbietet, aber im übrigen die Wahl offen läßt.

Ist es nicht so: Die Begriffe in den mathematischen Sätzen von den unendlichen Dezimalbrüchen sind nicht Begriffe von Reihen, sondern von der unbegrenzten Technik des Entwickelns von Reihen?

Wir lernen eine endlose Technik: D. h., es wird uns etwas vorgemacht, wir machen es nach; es werden uns Regeln gesagt und wir machen Übungen in ihrer Befolgung; es wird dabei vielleicht auch ein Ausdruck wie »usf. ad inf.« gebraucht, aber es ist damit von keiner riesenhaften Ausdehnung die Rede.

Das sind die Fakten. Und was heißt es nun: »φ kommt entweder in der Entwicklung vor, oder es kommt nicht vor«?

20. Aber heißt das nun, daß es kein Problem gibt: »Kommt die Figur φ in dieser Entwicklung vor?«? – Wer das fragt, fragt nach einer Regel, das Vorkommen von φ betreffend. Und die Alternative des Existierens oder Nichtexistierens so einer Regel ist jedenfalls keine mathematische.

Erst innerhalb einem erst zu errichtenden mathematischen Gebäude läßt die Frage eine *mathematische* Entscheidung zu, und wird somit zur Forderung einer solchen Entscheidung.

21. Ist denn das Unendliche nicht wirklich – kann ich nicht sagen: »diese zwei Kanten der Platte schneiden sich im Unendlichen«?

Nicht »der Kreis hat diese Eigenschaft, weil er durch die beiden unendlich fernen Punkte ... geht«; sondern: »die Eigenschaften des Kreises lassen sich aus dieser (merkwürdigen) Perspektive betrachten«.

Es ist wesentlich eine Perspektive, und eine weit hergeholte. (Womit kein Tadel ausgesprochen ist.) Aber es muß immer ganz klar sein, *wie weit* hergeholt diese Anschauungsart ist. Denn sonst ist ihre eigentliche *Bedeutung* im Dunkeln.

22. Was heißt das: »der Mathematiker weiß nicht was er tut«, oder »er weiß was er tut«?

23. Kann man unendliche Vorhersagungen machen? – Nun, warum soll man nicht z. B. das Trägheitsgesetz eine solche nennen? Oder den Satz, daß ein Komet eine Parabel beschreibt? In gewissem Sinne wird freilich ihre Unendlichkeit nicht sehr ernst genommen.

Wie ist es nun mit einer *Vorhersagung*: daß, wer π entwickelt, so weit er auch gehen mag, nie auf die Figur φ stoßen wird? – Nun, man könnte sagen, daß dies entweder eine *unmathematische* Vorhersagung ist, oder aber eine mathematische Regel.

Jemand, der $\sqrt{2}$ entwickeln gelernt hat, geht zu einer Wahrsagerin, und sie weissagt ihm, daß, soweit er auch die $\sqrt{2}$ entwickeln mag, er nie zu einer Figur ... gelangen wird. – Ist ihre Weissagung ein mathematischer Satz? Nein. – Außer sie sagt:

»Wenn du immer richtig entwickeln wirst, kommst du nie...«.
Aber ist das noch eine Vorhersage?

Es scheint nun, daß so eine *Vorhersage* des richtig Entwickelten denkbar wäre und sich von einem mathematischen Gesetz, daß es sich so und so verhalten *muß*, unterschiede. So daß es in der mathematischen Entwicklung einen Unterschied gäbe zwischen dem, was tatsächlich so herauskommt – gleichsam zufällig – und dem, was herauskommen muß.

Wie soll man es entscheiden, ob eine unendliche Voraussage Sinn hat?
So jedenfalls nicht, indem man sagt: »ich bin sicher, ich *meine* etwas, wenn ich sage...«.

Auch ist wohl nicht so sehr die Frage, ob die Voraussage irgendeinen Sinn hat, als: was für eine Art von Sinn sie hat. (Also, in welchen Sprachspielen sie vorkommt.)

24. »Der unheilvolle Einbruch« der Logik in die Mathematik.

In dem so vorbereiteten Feld ist *das* ein Existenzbeweis.

Das Verderbliche der logischen Technik ist, daß sie uns die spezielle mathematische Technik vergessen läßt. Während die logische Technik nur eine Hilfstechnik in der Mathematik ist.

Z. B. gewisse Verbindungen zwischen anderen Techniken herstellt.

Es ist beinahe als wollte man sagen, daß das Tischlern im Leimen besteht.

25. Der Beweis überzeugt dich davon, daß es eine Wurzel der Gleichung gibt (ohne dir eine Ahnung zu geben *wo*) – wie weißt du, daß du den Satz verstehst, es gebe eine Wurzel? Wie weißt du daß du wirklich von etwas überzeugt bist? Du magst davon überzeugt sein, daß sich die Anwendung des bewiesenen Satzes finden lassen wird. Aber du verstehst ihn nicht, solange du sie nicht gefunden hast.

Wenn ein Beweis allgemein beweist, *es gebe* eine Wurzel, so kommt alles darauf an, in welcher Form er das beweist. Was es ist, das hier zu diesem Wortausdruck führt, der ein bloßer Schemen ist und die *Hauptsache* verschweigt. Während er den Logikern nur die Nebensache zu verschweigen scheint.

Das mathematisch Allgemeine steht zum mathematisch Besonderen nicht in dem Verhältnis wie sonst das Allgemeine zum Besondern.

Alles was ich sage, kommt eigentlich darauf hinaus, daß man einen Beweis genau kennen und ihm Schritt für Schritt folgen kann, und dabei doch, was bewiesen wurde, nicht *versteht*.

Und das hängt wieder damit zusammen, daß man einen mathematischen Satz grammatisch richtig bilden kann ohne seinen Sinn zu verstehen.

Wann versteht man ihn nun? – Ich glaube: wenn man ihn anwenden kann.
Man könnte vielleicht sagen: wenn man ein klares Bild von seiner Anwendung hat. Dazu aber genügt es nicht, daß man ein klares Bild mit ihm verbindet. Vielmehr wäre besser gewesen, zu sagen: wenn man eine klare Übersicht von seiner Anwendung hat. Und auch das ist schlecht, denn es handelt sich nur darum, daß man die Anwendung nicht dort vermutet, wo sie nicht ist; daß man sich von der Wortform des Satzes nicht täuschen läßt.

Wie kommt es aber nun, daß man einen Satz, oder Beweis, auf diese Weise nicht verstehen, oder mißverstehen kann? Und was ist dann nötig um das Verständnis herbeizuführen?

Es gibt da, glaube ich, Fälle in denen Einer den Satz (oder Beweis) zwar anwenden kann, über die Art der Anwendung aber nicht klar Rechenschaft zu geben im Stande ist. Und der Fall, daß er den Satz auch nicht anzuwenden weiß. (Multiplikativ-Axiom.)[1]

Wie ist es in der Beziehung mit $0 \times 0 = 0$?

---

[1] Das heißt: Auswahl-Axiom. (Hrsg.)

Man möchte sagen, das Verständnis eines mathematischen Satzes sei nicht durch seine Wortform garantiert, wie im Fall der meisten nicht-mathematischen Sätze. Das heißt – so scheint es – daß der Wortlaut das *Sprachspiel* nicht bestimmt, in welchem der Satz funktioniert.

Die logische Notation verschluckt die Struktur.

26. Um zu sehen, wie man etwas ›Existenzbeweis‹ nennen kann was keine Konstruktion des Existierenden zuläßt, denke an die verschiedenartigen Bedeutungen des Wortes »wo«. (Z. B. des topologischen und des metrischen.)

Es kann ja der Existenzbeweis nicht nur den Ort des ›Existierenden‹ unbestimmt lassen, sondern es braucht auf einen solchen Ort gar nicht anzukommen.
D. h.: Wenn der bewiesene Satz lautet »es gibt eine Zahl, für die ...« so muß es keinen Sinn haben zu fragen, »und welches ist diese Zahl?«, oder zu sagen, »und diese Zahl ist ...«.

27. Ein Beweis, daß 777 in der Entwicklung von π vorkommt, der nicht zeigt, wo, müßte diese Entwicklung von einem ganz neuen Standpunkt ansehen, sodaß er etwa Eigenschaften von Regionen der Entwicklung zeigte, von denen wir nur wüßten, daß sie sehr weit draußen liegen. Es schwebt nur dabei vor, daß man sehr weit draußen in π sozusagen eine dunkle Zone von unbestimmter Länge annehmen müßte, wo unsere Rechenhilfsmittel nicht mehr verläßlich sind, und noch weiter draußen dann eine Zone, wo man auf *andere* Weise wieder etwas sehen kann.

28. Vom Beweis durch reductio ad absurdum kann man sich immer vorstellen, er werde im Argument mit jemandem gebraucht, der eine nicht-mathematische Behauptung aufstellt (etwa: er habe gesehen, daß A den B mit den und den Figuren matt gesetzt habe), die sich mathematisch widerlegen läßt.

Die Schwierigkeit, die man bei der reductio ad absurdum in der Mathematik empfindet ist die: Was geht bei diesem Beweis vor? Etwas mathematisch Absurdes, also Unmathematisches? Wie kann man – möchte man fragen – das mathematisch Absurde überhaupt nur annehmen? Daß ich das physikalisch Falsche annehmen und ad absurdum führen kann macht mir keine Schwierigkeiten. Aber wie das sozusagen Undenkbare denken?!

Der indirekte Beweis sagt aber: »Wenn du es *so* willst, darfst du *das* nicht annehmen: denn *da*mit wäre nur das Gegenteil dessen vereinbar, wovon du nicht abgehen willst«.

29. Die geometrische Illustration der Analysis ist allerdings unwesentlich, nicht aber die geometrische Anwendung. Ursprünglich waren die geometrischen Illustrationen *Anwendungen der Analysis*. Wo sie aufhören, dies zu sein, können sie leicht gänzlich irreführen.
Hier haben wir dann die phantastische Anwendung. Die eingebildete Anwendung.

Die Idee des ›Schnittes‹ ist so eine gefährliche Illustration.

Nur soweit, als die Illustrationen auch Anwendungen sind, erzeugen sie nicht jenes gewisse Schwindelgefühl, das die Illustration erzeugt, im Moment, wo sie aufhört eine mögliche Anwendung zu sein; wo sie also dumm wird.

30. So könnte man Dedekinds Theorem ableiten, wenn, was wir irrationale Zahlen nennen, *ganz unbekannt* wäre, wenn es aber eine Technik gäbe, die Stellen von Dezimalzahlen zu würfeln. Und dieses Theorem hätte dann seine Anwendung, auch wenn es die Mathematik der irrationalen Zahlen nicht gäbe. Es ist nicht, als sähen die Dedekindschen Entwicklungen alle besonderen reellen Zahlen schon voraus. Es *scheint* nur so, sobald man den Dedekindschen Kalkül mit den Kalkülen der besonderen reellen Zahlen vereinigt.

31. Man könnte fragen: Was könnte ein Kind von 10 Jahren am Beweis des Dedekindschen Satzes *nicht* verstehen? – Ist denn dieser Beweis nicht viel einfacher, als alle die Rechnungen, die das Kind beherrschen muß? – Und wenn nun jemand sagte: den tieferen Inhalt des Satzes kann es nicht verstehen – dann frage ich: wie kommt dieser Satz zu einem tiefen Inhalt?

32. Das Bild der Zahlengeraden ist ein absolut natürliches bis zu einem gewissen Punkt: nämlich soweit man es nicht zu einer allgemeinen Theorie der reellen Zahlen gebraucht.

33. Wenn du die *reellen* Zahlen in eine höhere und eine niedere Klasse teilen willst, so tu's erst einmal roh durch

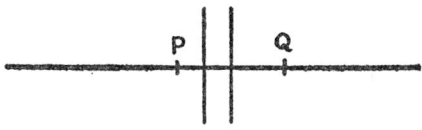

zwei rationale Punkte P und Q. Dann halbiere P Q und entscheide, in welcher Hälfte (wenn nicht im Teilungspunkt) der Schnitt liegen soll; wenn z. B. in der unteren, halbiere diese und mache eine genauere Entscheidung; usf.

Hast du ein Prinzip der unbegrenzten Fortsetzung, so kannst du von diesem Prinzip sagen, es führe einen Schnitt aus, da es von jeder Zahl entscheidet, ob sie rechts oder links liegt. – Nun ist die Frage, ob ich durch ein solches Prinzip der Teilung überall hin gelangen kann, oder ob noch eine andere Art der Entscheidung nötig ist; und man könnte fragen, ob *nach* der vollendeten Entscheidung durch das Prinzip, oder *vor* der Vollendung. Nun, jedenfalls nicht vor der Vollendung; denn solange noch die Frage ist, in welchem endlichen Stück der Geraden der Punkt liegen soll, kann die weitere Teilung entscheiden. – Aber *nach* der Entscheidung durch ein Prinzip, ist noch Raum für eine weitere Entscheidung?

Es ist mit dem Dedekindschen Satz wie mit dem Satz vom ausgeschlossenen Dritten: Er scheint ein Drittes auszuschließen, während von einem Dritten in ihm nicht die Rede ist.

Der Beweis des Dedekindschen Satzes arbeitet mit einem Bild, das *ihn* nicht rechtfertigen kann, das eher vom Satz gerechtfertigt werden soll.

Ein Prinzip der Teilung siehst du leicht für eine unendlich fortgesetzte Teilung an, denn es entspricht jedenfalls keiner endlichen Teilung und scheint dich weiter und weiter zu führen.

34. Könnte man nicht die Lehre vom Limes, den Funktionen, den reellen Zahlen, mehr, als man es tut, *extensional vorbereiten*? auch wenn dieser vorbereitende Kalkül *sehr* trivial und an sich nutzlos erscheinen sollte?

Die Schwierigkeit der bald intensionalen, bald wieder extensionalen Betrachtungsweise beginnt schon beim Begriff des ›Schnittes‹. Daß man jede rationale Zahl ein Prinzip der Teilung der rationalen Zahlen nennen kann, ist wohl klar. Nun entdecken wir etwas anderes, was wir Prinzip der Teilung nennen können, etwa das, welches der $\sqrt{2}$ entspricht. Dann andere ähnliche – und nun sind wir mit der Möglichkeit solcher Teilungen schon ganz wohl vertraut, und sehen sie unter dem Bild eines irgendwo entlang der Geraden geführten Schnittes, *also extensional*. Denn wenn ich *schneide*, so kann ich ja wählen, wo ich schneiden will.
Ist aber ein *Prinzip* der Teilung ein Schnitt, so ist es dies doch nur weil man von beliebigen rationalen Zahlen sagen kann, sie seien oberhalb oder unterhalb des Schnittes. – Kann man nun sagen, die Idee des Schnitts habe uns von der rationalen Zahl zu irrationalen Zahlen geführt? Sind wir denn z. B. zur $\sqrt{2}$ durch den Begriff des Schnitts gelangt?
Was ist nun ein Schnitt der reellen Zahlen? Nun, ein Prinzip der Teilung in eine untere und eine obere Klasse. So ein Prinzip gibt also jede rationale und irrationale Zahl ab. Denn wenn wir auch kein System der irrationalen Zahlen haben, so zerfallen doch die, *die wir haben,* in obere und untere in Bezug auf den Schnitt (soweit sie mit ihm nämlich vergleichbar sind).
Nun ist aber die Dedekindsche Idee, daß die Einteilung in eine obere und untere Klasse (mit den bekannten Bedingungen) die reelle Zahl ist.

Der Schnitt ist eine extensive *Vorstellung*.

Es ist freilich wahr, daß, wenn ich ein mathematisches Kriterium habe um für eine beliebige rationale Zahl festzustellen, ob sie zur oberen oder unteren Klasse gehört, es ein Leichtes ist mich dem Ort systematisch beliebig zu nähern, wo die beiden Klassen sich treffen.

Wir machen bei Dedekind einen Schnitt nicht dadurch, daß wir schneiden, also auf den Ort zeigen, sondern daß wir, – wie beim Finden der $\sqrt{2}$ – uns den einander zugekehrten Enden der oberen und unteren Klasse nähern.

Nun soll bewiesen werden, daß keine andere Zahlen, als nur die reellen so einen Schnitt ausführen können.

Vergessen wir nicht, daß *ursprünglich* die Teilung der rationalen Zahlen in zwei Klassen keinen Sinn hatte, bis wir auf Gewisses aufmerksam machten, was man so beschreiben konnte. Der Begriff *ist vom täglichen Sprachgebrauch hergenommen* und scheint darum auch für die Zahlen unmittelbar einen Sinn haben zu müssen.

Wenn man nun die Idee eines Schnitts der *reellen* Zahlen einführt, indem man sagt, es sei jetzt einfach der Begriff des Schnitts von den rationalen auf die reellen Zahlen auszudehnen, alles was wir brauchen ist eine Eigenschaft, die die reellen Zahlen in zwei Klassen einteilt (etc.) – so ist *zunächst* nicht klar, was mit so einer Eigenschaft gemeint ist, die *alle* reellen Zahlen so einteilt. Nun kann man uns darauf aufmerksam machen, daß jede reelle Zahl dazu dienen kann. Aber das führt uns nur soweit und nicht weiter.

35. Die extensionalen Erklärungen der Funktionen, der reellen Zahlen, etc. übergehen alles Intensionale – obwohl sie es voraussetzen – und beziehen sich auf die immer wiederkehrende äußere Form.

36. Unsre Schwierigkeit fängt eigentlich schon mit der unendlichen Geraden an; obwohl wir schon als Knaben lernen, eine Gerade habe kein Ende, und ich weiß nicht, daß diese Idee irgend jemandem Schwierigkeiten bereitet habe. Wie, wenn ein Finitist versuchte, diesen Begriff durch den einer geraden Strecke von bestimmter Länge zu ersetzen?
Aber die Gerade ist ein *Gesetz* des Fortschreitens.

Der Begriff des Limes und der Stetigkeit, wie sie heute eingeführt werden, hängen, ohne daß dies ausgesprochen wird, von dem Begriff des *Beweises* ab. Denn wir sagen
$\lim_{x \to \infty} F(x) = 1$, wenn bewiesen werden kann, daß ...
Das heißt wir gebrauchen Begriffe, die unendlich viel schwerer zu fassen sind als die, die wir offen herzeigen.

37. Das Irreführende an der Dedekindschen extensionalen Auffassung ist die Idee, daß die reellen Zahlen in der Zahlenlinie ausgebreitet daliegen. Man mag sie kennen oder nicht; das macht nichts. Und so braucht man nur zu schneiden, oder in Klassen zu teilen, und hat ihnen allen ihren Platz angewiesen.

Es ist durch die *Kombination* der *Rechnung und der Konstruktion*, daß man die Idee erhält, es müßte auf der Geraden ein Punkt ausgelassen werden, nämlich P,

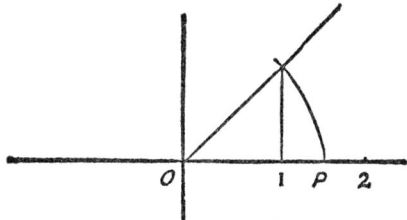

wenn man nicht die $\sqrt{2}$ als ein Maß der Entfernung von O zuließe. ›Denn, wenn ich wirklich genau konstruierte, so müßte dann der Kreis die Gerade *zwischen* ihren Punkten hindurch schneiden.‹

Das ist ein schrecklich verwirrendes Bild.

Die irrationalen Zahlen sind – sozusagen – Einzelfälle.

Was ist die *Anwendung* des Begriffes der Geraden, der ein Punkt fehlt?! Die Anwendung muß ›hausbacken‹ sein. Der Ausdruck »Gerade, der ein Punkt fehlt« ist ein fürchterlich irreleitendes Bild. Der klaffende Spalt zwischen Illustration und Anwendung.

38. Die Allgemeinheit der Funktionen ist sozusagen eine *ungeordnete* Allgemeinheit. Und unsere Mathematik ist auf so einer ungeordneten Allgemeinheit aufgebaut.

39. Wenn man sich den allgemeinen Funktionen-Kalkül ohne die Existenz von Beispielen denkt, dann sind eben die vagen

Erklärungen durch Wertetafeln und Zeichnungen, wie man sie in den Lehrbüchern findet, am Platz, als *Andeutungen,* wie etwa diesem Kalkül einmal ein Sinn zu geben sein möchte.

Denk dir Einer sagte: »Ich will eine Komposition hören, die so geht«:

Müßte das unsinnig sein? Könnte es nicht eine Komposition geben, von der sich zeigen ließe, daß sie, in irgend einem wichtigen Sinne, dieser Linie entspräche?

Oder wie, wenn man die Stetigkeit als Eigenschaft des Zeichens ›$x^2 + y^2 = z^2$‹ ansähe – natürlich nur, wenn diese Gleichung und andere *gewohnheitsmäßig* einer bekannten Art der Prüfung unterzogen würden. ›*So* stellt sich diese Regel (Gleichung) zu dieser bestimmten Prüfung.‹ Eine Prüfung, die mit einem Streifblick auf eine Art Extension geschieht.

Es wird bei jener Prüfung der Gleichung etwas vorgenommen, was mit gewissen Extensionen zusammenhängt. Aber nicht als handelte es sich da um eine Extension, die der Gleichung selbst irgendwie äquivalent wäre. Es wird nur auf gewisse Extensionen sozusagen angespielt. – Nicht die Extension ist hier das Eigentliche, das nur faute de mieux intensional beschrieben wird; sondern die *Intension* wird beschrieben – oder dargestellt –

vermittels gewisser Extensionen, die sich da und dort aus ihr ergeben.

Der Verlauf gewisser Extensionen wirft ein *Streiflicht* auf die algebraische Eigenschaft der Funktion. In diesem Sinne könnte man also sagen, es werfe die Zeichnung einer Hyperbel ein Streiflicht auf die Hyperbelgleichung.

Dem widerspricht nicht, daß jene Extensionen die wichtigste Anwendung der Regel wären; denn es ist *eines,* eine Ellipse zeichnen, und ein anderes, sie *mittels ihrer Gleichung* konstruieren. –

Wie, wenn ich sagte: Die extensionalen Überlegungen (z. B. der Heine-Borelsche Satz) zeigen: *so* soll man die Intensionen behandeln.

Das Theorem gibt uns in großen Zügen eine Methode, wie mit Intensionen zu verfahren ist. Es sagt etwa: ›*So* wird es ausschauen müssen‹.

Und man wird dann etwa zu einem Verfahren mit bestimmten Intensionen eine bestimmte Illustration zeichnen können. Die Illustration ist ein Zeichen, eine Beschreibung, die besonders übersichtlich, einprägsam, ist.

Die Illustration wird hier eben ein *Verfahren* angeben.

Lehre, wie Figuren in einem Bilde (Gemälde) zu plazieren sind, – aus allgemeinen ästhetischen Gründen etwa – *abgesehen davon*, ob diese Figuren nun kämpfen oder einander liebkosen, etc.

Die Lehre von den Funktionen als ein Schema, in das, einerseits eine Unmenge von Beispielen paßt, und das anderseits, als ein Standard zur Klassifikation von Fällen dasteht.

Das Irreführende der üblichen Darstellung besteht darin, daß es scheint, als ließe sich die *allgemeine* auch ohne alle Beispiele, ohne einen Gedanken an Intensio*nen* (im Plural) ganz verstehen, da sich eigentlich alles extensional abmachen ließe, wenn es aus äußeren Gründen nicht unmöglich wäre.

Vergleiche die beiden Formen der Erklärung:

»Wir sagen $\lim_{x \to \infty} \varphi(x) = L$, *wenn es sich zeigen läßt*, daß...«,

und

» $\lim_{n \to \infty} \varphi(n) = L$ heißt: *es gibt für jedes ε ein δ*...«

40. Dedekind gibt ein allgemeines Schema der Ausdrucksweise; sozusagen eine logische Form des Raisonnements.
Eine allgemeine Formulierung eines Vorgangs. Der Effekt ist ein ähnlicher, wie der der Einführung des Wortes »Zuordnung« zur allgemeinen Erklärung der Funktionen. Es wird eine allgemeine Redeweise eingeführt, die zur Charakterisierung eines mathematischen Vorgangs sehr nützlich ist. (Ähnlich wie in der Aristotelischen Logik.) Die Gefahr aber ist, daß man mit dieser

allgemeinen Redeweise die vollständige Erklärung der einzelnen Fälle zu besitzen glaubt (die gleiche Gefahr wie in der Logik).

Wir bestimmen den Begriff *der Regel* zur Bildung eines unendlichen Dezimalbruchs weiter und weiter. Aber der Inhalt des Begriffes?! – Nun, können wir denn nicht das Begriffsgebäude ausbauen als Behältnis für welche Anwendung immer daherkommt? Darf ich denn nicht die *Form* ausbauen (die Form zu der mir irgend ein Inhalt die *Anregung* geboten hat) und gleichsam eine Sprachform vorbereiten für mögliche Verwendung? Denn diese Form wird auch, soweit sie leer bleibt, die Form der Mathematik bestimmen helfen.

Ist denn nicht die Subjekt-Prädikat Form in dieser Weise offen und wartet auf die verschiedensten neuen Anwendungen?

D. h.: ist es wahr, daß die ganze Schwierigkeit, die Allgemeinheit des mathematischen Funktionsbegriffs betreffend, schon in der Aristotelischen Logik da ist, da die Allgemeinheit der Sätze und Prädikate von uns ebensowenig überblickt werden kann, wie die der mathematischen Funktionen?

41. Begriffe, die in ›notwendigen‹ Sätzen vorkommen, müssen auch in nicht notwendigen auftreten und eine Bedeutung haben.

42. Würde man von Einem sagen, er verstehe den Satz ›563 + 437 = 1000‹, der nicht wüßte, wie man ihn beweisen kann?

Kann man leugnen, daß es ein Zeichen des Verstehens des Satzes ist, wenn Einer weiß, wie er zu beweisen wäre?

Das Problem, eine mathematische Entscheidung eines Theorems zu finden, könnte man mit gewissem Recht das Problem nennen, einer Formel mathematischen Sinn zu geben.

Die Gleichung koppelt zwei Begriffe; sodaß ich nun von einem zum andern übergehen kann.

Die Gleichung bildet eine Begriffsbahn. Aber ist eine Begriffsbahn ein Begriff?? Und wenn nicht, ist eine scharfe Grenze zwischen ihnen?

Denke, du hast jemanden eine Technik des Multiplizierens gelehrt. Er verwendet sie in einem Sprachspiel. Damit er nun nicht immer von neuem multiplizieren muß, schreibt er sich die Multiplikation in verkürzter Form, als Gleichung nämlich, auf und benutzt diese, wo er früher multipliziert hat.
Von der Technik des Multiplizierens nun sagt er, daß sie Verbindungen zwischen den Begriffen schlägt. Er wird dasselbe auch von der Multiplikation als Bild dieses Übergangs sagen. Und endlich auch von der Gleichung: Denn es ist ja wesentlich, daß sich der Übergang auch einfach durch das Schema der Gleichung muß darstellen lassen. Daß also der Übergang *nicht* immer von Neuem gemacht werden muß.
Wird er nun aber geneigt sein, vom Prozeß des Multiplizierens zu sagen, dieser sei ein Begriff?

Er ist doch eine *Bewegung*. Eine Bewegung scheint es, zwischen zwei Ruhepunkten; diese sind die Begriffe.

Fasse ich den Beweis als meine *Bewegung* von einem Begriff zum andern auf, dann werde ich von ihm nicht auch sagen wollen, er selbst sei ein neuer Begriff. Aber kann ich nicht die Multiplikation als *ein* Bild auffassen, vergleichbar einem Zahlzeichen, und kann sie nicht auch als Begriffszeichen funktionieren?

43. Ich möchte sagen: Wenn wir einmal die eine, einmal die andre Seite der Gleichung verwenden, verwenden wir zwei Seiten desselben Begriffs.

44. Ist der begriffliche Apparat ein Begriff?

45. Wie zeigt denn einer, daß er einen mathematischen Satz versteht? Darin, etwa, daß er ihn anwendet. Also nicht auch darin, daß er ihn beweist?

Ich möchte sagen: der Beweis zeigt mir einen neuen Zusammenhang, daher gibt er mir auch einen neuen Begriff.

Ist der neue Begriff nicht der Beweis selbst?

Du kannst doch gewiß, wenn der Beweis erbracht ist, ein neues Urteil bilden. Denn du kannst doch nun von einem bestimmten Muster sagen, es sei oder sei nicht dieser Beweis.

Ja, aber ist der Beweis als *Beweis* betrachtet, gedeutet, eine Figur? Als *Beweis*, könnte ich sagen, soll er mich von etwas überzeugen. Ich will, auf ihn hin, etwas tun oder lassen. Und auf einen neuen Begriff hin tue oder lasse ich nichts. Ich will also sagen: der Beweis ist das Beweisbild in bestimmter Art verwendet.
Und das, wovon er mich überzeugt, kann nun sehr verschiedener Art sein. (Denke an Beweise Russellscher Tautologien, Beweise in der Geometrie und in der Algebra.)

Der Mechanismus kann mich von etwas überzeugen (kann etwas beweisen). Aber unter welchen Umständen – in welcher Umgebung von Tätigkeiten und Problemen – werde ich sagen, er überzeuge mich von etwas?

»Aber ein Begriff überzeugt mich doch von nichts, denn er zeigt mir nicht eine Tatsache.« – Aber warum soll mich ein Begriff nicht vor allem davon überzeugen, daß ich *ihn* gebrauchen will?

Warum soll der neue Begriff, einmal gebildet, mir nicht unmittelbar den Übergang zu einem Urteil gestatten?

46. ›Einen mathematischen Satz verstehen‹ – das ist ein sehr vager Begriff.

Sagst du aber »Aufs Verstehen kommt's überhaupt nicht an. Die mathematischen Sätze sind nur Stellungen in einem Spiel«, so ist das auch Unsinn! ›Mathematik‹ ist eben kein scharf umzogener Begriff.

Daher der Streit, ob ein Existenzbeweis, der keine Konstruktion ist, ein wirklicher Existenzbeweis ist. Es fragt sich nämlich: *verstehe* ich den Satz »Es gibt...« wenn ich keine Möglichkeit habe zu finden, wo es existiert? Und da gibt es zwei Gesichtspunkte: Als deutschen Satz z. B. verstehe ich ihn, soweit ich ihn nämlich erklären kann (und merke, wie weit meine Erklärung geht!). Was aber kann ich mit ihm anfangen? Nun, nicht das was mit einem Konstruktionsbeweis. Und soweit, was ich mit dem Satz machen kann, das Kriterium seines Verstehens ist, soweit ist es nicht *von vornherein* klar, ob und wie weit ich ihn verstehe.
Das ist der Fluch des Einbruchs der mathematischen Logik in die Mathematik, daß nun jeder Satz sich in mathematischer Schreibung darstellen läßt, und wir uns daher verpflichtet fühlen, ihn zu verstehen. Obwohl ja diese Schreibweise nur die Übersetzung der vagen gewöhnlichen Prosa ist.

47. Ein Begriff ist nicht wesentlich ein Prädikat.[1] Wir sagen zwar manchmal: »dieses Ding ist keine Flasche«, aber es ist dem Sprachspiel mit dem Begriff ›Flasche‹ gar nicht wesentlich, daß solche Urteile darin gefällt werden. Achte eben darauf, wie ein Begriffswort (zum Beispiel »Platte«) in einem Sprachspiel gebraucht wird.

---

1 Vgl. Frege, *Die Grundlagen der Arithmetik*, § 65 n: »Begriff ist für mich ein mögliches Prädikat...« (Hrsg.)

Es brauchte zum Beispiel gar keinen Satz »dies ist eine Platte« geben; sondern etwa nur den: »hier ist eine Platte«.

48. Die ›mathematische Logik‹ hat das Denken von Mathematikern und Philosophen gänzlich verbildet, indem sie eine oberflächliche Deutung der Formen unserer Umgangsprache zur Analyse der Strukturen der Tatsachen erklärte. Sie hat hierin freilich nur auf der Aristotelischen Logik weiter gebaut.

49. Es ist schon wahr: das Zahlzeichen gehört zu einem Begriffszeichen und nur mit diesem ist es sozusagen ein Maß.

50. Wenn du dieser Maus ins Maul schaust, wirst du zwei lange Schneidezähne sehen. – Wie weißt du das? – Ich weiß, daß alle Mäuse sie haben, also auch diese. (Und man sagt nicht: »und dieses Ding ist eine Maus, also hat auch sie ...«) Warum ist das eine so wichtige Bewegung? Nun, wir untersuchen z. B. Tiere, Pflanzen etc. etc., bilden allgemeine Urteile und wenden sie im einzelnen Fall an. – Es ist aber doch eine Wahrheit, daß diese Maus die Eigenschaft hat, *wenn alle* Mäuse sie haben! Das ist eine Bestimmung über die Anwendung des Wortes »alle«. Die tatsächliche Allgemeinheit liegt wo anders. Nämlich z. B. in dem allgemeinen Vorkommen jener Untersuchungsmethode und ihrer Anwendung.

Oder: »Dieser Mann ist ein Student der Mathematik.« Wie weißt du das? – »Alle Leute in diesem Zimmer sind Mathematiker; es sind nur solche zugelassen worden.« –

Das interessante Allgemeine ist, daß wir oft ein Mittel haben, uns vom allgemeinen Satz zu überzeugen, ehe wir besondere Fälle in Betracht ziehen: und daß wir dann mittels der allgemeinen Methode den besondern Fall beurteilen.

Wir haben dem Pförtner den Befehl gegeben, nur Leute mit Einladungen hereinzulassen und rechnen nun darauf, daß dieser Mensch, der hereingelassen wurde, eine Einladung hat.

Das interessante Allgemeine am logischen Satz ist nicht die Tatsache, die er auszusprechen scheint, sondern die immer wiederkehrende Situation, in der dieser Übergang gemacht wird.

51. Wenn man vom Beweis sagt, er zeige *wie* (z. B.) 25×25 625 ergeben; so ist das natürlich eine seltsame Redeweise, da das arithmetische Ergebnis ja kein zeitlicher Vorgang ist. Aber nun zeigt ja der Beweis auch keinen Vorgang.

Denke dir eine Reihe von Bildern. Sie zeigen, wie zwei Leute nach den und den Regeln mit Rapieren fechten. Eine Bilderreihe kann das doch zeigen. Hier bezieht sich das Bild auf eine Wirklichkeit. Man kann nicht sagen, es zeige, *daß* so gefochten wird, aber *wie* gefochten wird. In einem andern Sinne kann man sagen, die Bilder zeigen, wie man in drei Bewegungen von dieser Lage in jene kommen kann. Und nun zeigen sie auch, *daß* man auf diese Weise in jene Lage kommen kann.

52. Der Philosoph muß sich so drehen und wenden, daß er an den mathematischen Problemen vorbeikommt, nicht gegen eines rennt, – das gelöst werden müßte, ehe er weiter gehen kann.

Sein Arbeiten in der Philosophie ist gleichsam eine Faulheit in der Mathematik.

Nicht ein neues Gebäude ist aufzuführen, oder eine neue Brücke zu schlagen, sondern die Geographie, *wie sie jetzt ist*, zu beschreiben.

Wir sehen wohl Stücke der Begriffe, aber nicht klar die Abhänge, die den einen in andere übergehen lassen.

Darum hilft es in der Philosophie der Mathematik nichts, Beweise in neue Formen umzugießen. Obwohl hier eine starke Versuchung liegt.

Auch vor 500 Jahren konnte es eine Philosophie der Mathematik geben, dessen, was damals die Mathematik war.

53. Der Philosoph ist der, der in sich viele Krankheiten des Verstandes heilen muß, ehe er zu den Notionen des gesunden Menschenverstandes kommen kann.[1]

---

[1] In der Erstausgabe von 1956 folgten hier die Worte »Wenn wir im Leben vom Tod umgeben sind, so auch in der Gesundheit des Verstands vom Wahnsinn«. Es ist jedoch zweifelhaft, ob diese Worte mit den vorhergehenden zusammenhängen. Es scheint uns deshalb angemessener sie von dem hier gedruckten Text zu sondern. (Hrsg.)

Teil VI
ca. 1943/1944

1. Die Beweise ordnen die Sätze.
Sie geben ihnen Zusammenhang.

2. Der Begriff einer formalen Prüfung setzt den Begriff einer Regel des Transformierens, und also einer Technik, voraus.

Denn nur durch eine Technik können wir eine Regelmäßigkeit *begreifen*.

Die Technik ist außerhalb des Beweisbildes. Man könnte den Beweis genau sehen und ihn doch nicht als Transformation nach diesen Regeln verstehen.

Man wird gewiß die Addition der Zahlen..., um zu sehen, ob sie 1000 geben, eine formale Prüfung der Zahlzeichen nennen. Aber doch *nur*, wenn das Addieren eine praktizierte Technik ist. Denn wie könnte der Vorgang denn sonst irgendeine Prüfung genannt werden?

Der Beweis ist eine formale Prüfung nur innerhalb einer *Technik* des Transformierens.

Wenn du fragst, mit welchem Recht sprichst du diese Regel aus, so ist die Antwort der Beweis.

Mit welchem Recht sagst du das? Mit *welchem* Recht sagst du das?

Wie prüfst du das Thema auf eine kontrapunktische Eigenschaft? Du transformierst es nach *dieser* Regel, setzt es *so* mit einem andern zusammen; und dergleichen. So erhältst du ein bestimmtes Resultat. Du erhältst es, wie du es durch ein Experiment auch erhieltest. Soweit konnte, was du tust, auch ein Experiment sein. Das Wort »erhältst« ist hier zeitlich gebraucht; du erhieltst das Resultat um 3 Uhr. – In dem mathematischen Satz, den ich dann forme, ist das Verbum (»erhält«, »ergibt« etc.) unzeitlich gebraucht.
Die Tätigkeit der Prüfung brachte das und das Resultat hervor. Die Prüfung war bis jetzt also sozusagen experimentell. Nun wird sie als Beweis aufgefaßt. Und der Beweis ist das *Bild* einer Prüfung.

Der Beweis steht im Hintergrund des Satzes, wie die Anwendung. Er hängt auch mit der Anwendung zusammen.

Der Beweis ist der Weg der Prüfung.

Die Prüfung ist eine formale nur insofern, als wir das Ergebnis als das eines formalen Satzes auffassen.

3. Und wenn dieses Bild die Voraussage rechtfertigt – das heißt, wenn du es nur sehen brauchst und überzeugt bist, ein Vorgang werde so und so verlaufen – dann rechtfertigt dieses Bild natürlich auch die Regel. In diesem Falle steht der Beweis hinter der Regel als Bild, das sie rechtfertigt.

Warum rechtfertigt denn das Bild der Bewegung des Mechanismus den Glauben, *diese* Bewegung werde diese Art von Mechanismus immer machen? – Es gibt unserm Glauben eine bestimmte Richtung.

Wenn der Satz in der Anwendung nicht zu stimmen scheint, so muß mir der Beweis doch zeigen, warum und wie er stimmen *muß*, das heißt, *wie* ich ihn mit der Erfahrung versöhnen muß.

Der Beweis ist also auch eine Anweisung zur Benützung der Regel.

4. Wie rechtfertigt der Beweis die Regel? – Er zeigt wie und daher warum sie benützt werden kann.

Der Läufer des Königs zeigt uns, *wie* 8×9 72 ergibt – aber da ist die Regel des Zählens nicht als Regel anerkannt.
Der Läufer des Königs zeigt uns, *daß* 8×9 72 ergibt: Nun erkennen wir die Regel an.

Oder sollte ich sagen: der Läufer des Königs zeigt mir, wie 8 × 9 72 ergeben *kann*; das heißt, er zeigt mir *eine* Weise.

Der Vorgang zeigt mir ein Wie des Ergebens.

Insofern 8 × 9 = 72 eine Regel ist, heißt es natürlich nichts zu sagen, jemand zeige mir *wie* 8 × 9 = 72 ist; es sei denn, dies hieße: jemand zeigt mir einen Vorgang, durch dessen Anschauen man zu dieser Regel geleitet wird.

Ist nun nicht das Durchgehen jedes Beweises ein solcher Vorgang?

Hieße es etwas zu sagen: »Ich will dir zeigen, wie 8 × 9 zuerst 72 ergab«?

5. Das Seltsame ist ja, daß das Bild, nicht die Wirklichkeit, einen Satz soll erweisen können! Als übernähme hier das Bild selbst die Rolle der Wirklichkeit. – Aber so ist es doch nicht: denn aus dem Bild leite ich nur eine Regel ab. Und die verhält sich zum Bild nicht so, wie der Erfahrungssatz zur Wirklichkeit. – Das Bild zeigt natürlich nicht, daß das und das geschieht. Es zeigt nur, daß, was geschieht, *so* aufgefaßt werden kann.

Der Beweis zeigt, wie man nach der Regel vorgeht, ohne anzustoßen.

Man kann also auch sagen: der Vorgang, der Beweis, zeige mir, inwiefern $8 \times 9 = 72$ ist.

Das Bild zeigt mir natürlich nicht, daß etwas geschieht, aber, daß was immer geschieht sich so wird anschauen lassen.

Wir werden dazu gebracht: diese Technik in diesem Falle zu verwenden. Ich werde dazu gebracht – und in *sofern* von etwas überzeugt.

Sieh, so geben 3 und 2 5. Merk dir diesen Vorgang. »Du merkst dir dabei die Regel auch gleich.«

6. Der Euklidische Beweis der Endlosigkeit der Primzahlenreihe könnte so geführt werden, daß die Untersuchung der Zahlen zwischen p und p! + 1 an einem Beispiel oder mehreren vorgeführt und uns so eine Technik der Untersuchung gelehrt würde. Die Kraft des Beweises läge dann natürlich nicht darin, daß in *diesem* Beispiel eine Primzahl > p gefunden würde. Und das ist, auf dem ersten Blick, seltsam.
Man wird nun sagen, daß der algebraische Beweis strenger ist als der durch Beispiele, weil er sozusagen der Extrakt des wirksamen Prinzips dieser Beispiele ist. Aber *eine* Einkleidung enthält ja der algebraische Beweis auch. Verstehen – könnte ich sagen – muß man beide!

Der Beweis lehrt uns eine Technik, eine Primzahl zwischen p und p! + 1 zu finden. Und wir werden überzeugt, daß diese

Technik immer zu einer Primzahl $> p$ führen muß. Oder, daß wir uns verrechnet haben, wenn sie es nicht tut.

Wäre man nun hier geneigt zu sagen, der Beweis zeige uns *wie* es eine unendliche Reihe von Primzahlen gibt? Nun, man könnte es sagen. Und jedenfalls: »inwiefern es unendlich viele Primzahlen gibt«. Man könnte sich ja auch denken, wir hätten einen Beweis, der uns zwar bestimmte, zu sagen, es gebe unendlich viele Primzahlen, aber uns nicht lehrte, eine Primzahl $> p$ zu finden. Nun würde man vielleicht sagen: »diese beiden Beweise bewiesen dann trotz alledem den gleichen Satz, die gleiche mathematische Tatsache«. Dies zu sagen, könnte Grund vorhanden sein, oder auch nicht.

7. Der Zuschauer sieht den ganzen, eindrucksvollen Vorgang. Und er wird von etwas überzeugt; denn das ist ja der besondere Eindruck, den er erhält. Er geht von dem Schauspiel, überzeugt von etwas. Überzeugt, daß er mit andern Zahlen (zum Beispiel) zum selben Ende kommen wird. Er wird bereit sein, das, wovon er überzeugt wurde, so und so auszusprechen. Überzeugt wovon? Von einer psychologischen Tatsache? –

Er wird sagen, er habe aus dem, was er gesehen hat, einen Schluß gezogen. – *Nicht* aber, wie aus einem Experiment. (Denke an die periodische Division.)

Könnte er sagen: »Was ich gesehen habe, war sehr eindrucksvoll. Ich habe daraus einen Schluß gezogen. Ich werde in Zukunft...«?

(Etwa: ich werde in Zukunft immer *so* rechnen.)
Er erzählt: »Ich habe gesehen, daß es so sein muß.«

»Ich habe eingesehen, daß es so sein muß« – so wird er berichten.

Er wird nun vielleicht im Geiste den Beweisvorgang durchlaufen.

Aber er sagt nicht: Ich habe eingesehen, daß *das* geschieht. Sondern: daß es so sein muß. Dieses »muß« zeigt, welche Art von Lehre er aus der Szene gezogen hat.
Das »muß« zeigt, daß er einen Zirkel gemacht hat.

Ich entscheide mich dafür, die Dinge *so* anzusehen. Also auch, so und so zu handeln.

Ich denke mir, daß, wer den Vorgang sieht, selbst eine Moral aus ihm zieht.

›Es muß so sein‹ bedeutet, daß der Ausgang als dem Prozeß wesentlich erklärt wurde.

8. Dieses Muß zeigt, daß er einen Begriff angenommen hat.

Dieses Muß bedeutet, daß er im Kreis gegangen ist.

Statt einem naturwissenschaftlichen Satz hat er eine Begriffsbestimmung von dem Vorgang abgelesen.
Begriff heiße hier Methode. Im Gegensatz zu der Anwendung der Methode.

9. Sieh' *so* gibt 50 und 50 100. Man hat etwa successive fünfmal 10 zu 50 addiert. Und man verfolgt das Anwachsen der Zahl bis sie zu 100 wird. Hier wäre natürlich der beobachtete Vorgang ein Vorgang der Rechnung in irgend einer Weise (auf dem Abakus, etwa), ein Beweis.

Die Bedeutung des »so« ist natürlich nicht, der Satz »50 + 50 = 100« sage: das gehe irgendwo vor. Es ist also nicht, wie wenn ich sage: »Siehst du, *so* galoppiert ein Pferd« – und ihm Bilder zeige.

Man könnte aber sagen: »Siehst du, *darum* sage ich ›50 + 50 = 100‹.«

Oder: »Siehst du, *so* erhält man, daß 50 + 50 = 100 ist.«

Wenn ich nun aber sage: »Sieh' so ergibt 3 + 2   5« und lege dabei 3 Äpfel auf den Tisch und dann 2 dazu; so will ich etwa sagen: 3 Äpfel und 2 Äpfel geben 5 Äpfel, wenn keiner wegkommt, oder dazukommt. – Oder man könnte Einem auch sagen: Wenn du (wie ich jetzt) 3 Äpfel und dann noch 2 auf den Tisch legst, so geschieht fast immer das, was du jetzt siehst und es liegen nun 5 Äpfel da.

Ich will ihm etwa zeigen, daß 3 Äpfel und 2 Äpfel nicht *so* 5 Äpfel ergeben, wie sie 6 Äpfel ergeben können (indem etwa plötzlich einer erscheint). Das ist eigentlich eine Erklärung, Definition der Operation des Addierens. So könnte man ja wirklich das Addieren mit dem Abakus erklären.

»Wenn wir 3 Dinge zu 2 Dingen legen, so kann das verschiedene Anzahlen von Dingen ergeben. Aber als *Norm* sehen wir den Vorgang an, daß 3 Dinge und 2 Dinge 5 Dinge ergeben. Siehst du, *so* schaut es aus, wenn sie 5 ergeben.«

Könnte man dem Kind nicht sagen: »Zeig mir, wie 3 und 2 5 ergeben«. Und das Kind hätte daraufhin auf dem Abakus 3 + 2 zu rechnen.

Wenn man das Kind im Rechenunterricht fragte: »Wie ergeben 3 + 2 5?« – was soll es da zeigen? Nun, es soll offenbar 3 Kugeln zu 2 Kugeln schieben und die Kugeln zählen (oder dergleichen).

Könnte man nicht sagen: »Zeig mir wie dieses Thema einen Kanon gibt«. Und wer so gefragt würde müßte nun beweisen, daß es einen Kanon gibt. – Man würde den »*wie*« fragen, den man zeigen lassen will, daß er überhaupt versteht wovon hier die Rede ist.

Und wenn das Kind nun zeigt, wie 3 und 2   5 geben, so zeigt es einen Vorgang, der als Grund der Regel »2 + 3 = 5« betrachtet werden kann.

10. Wie aber, wenn man den Schüler fragt: »Zeig mir, wie es unendlich viele Primzahlen gibt.« – Hier ist die Grammatik zweifelhaft! Es ginge aber an, zu sagen: »Zeig mir, inwiefern man sagen kann, es gäbe unendlich viele Primzahlen.«

Wenn man sagt: »Zeig mir, daß es...«, so ist die Frage *ob* es... schon gestellt und nur noch »ja« oder »nein« zu sagen. Sagt man »zeig mir, *wie* es...«, so ist hier das Sprachspiel überhaupt erst zu erklären. Man hat jedenfalls noch keinen *klaren* Begriff davon, was es mit dieser Behauptung überhaupt soll. (Man fragt sozusagen: »Wie kann so eine Behauptung überhaupt gerechtfertigt werden?«)

Soll ich nun eine andre Antwort geben auf die Frage: »Zeig mir *wie*...« als auf die Frage: »Zeig mir, daß...«?

Du ziehst aus dem Beweis eine Lehre. Wenn du aus dem Beweis eine Lehre ziehst, so muß ihr Sinn unabhängig sein vom Beweis; denn sonst hätte sie nie vom Beweis getrennt werden können.
Ähnlich kann ich die Konstruktionslinien in einer Zeichnung wegziehen und das Übrige stehen lassen.

Es ist also als bestimmte der Beweis den Sinn des bewiesenen Satzes nicht; und doch wieder als bestimmte er ihn.

Aber ist das nicht so mit jeder Verifikation eines jeden Satzes?

11. Ich glaube: Nur in einem großen Zusammenhang kann man überhaupt sagen, es gäbe unendlich viele Primzahlen. Das heißt: Es muß dazu schon eine ausgedehnte Technik des Rechnens mit den Kardinalzahlen geben. Nur innerhalb dieser Technik hat dieser Satz Sinn. Ein Beweis des Satzes gibt ihm seinen Platz im ganzen System der Rechnungen. Und dieser Platz kann nun auf mehr als eine Weise beschrieben werden, da ja das ganze komplizierte System im Hintergrund *doch* vorausgesetzt wird.

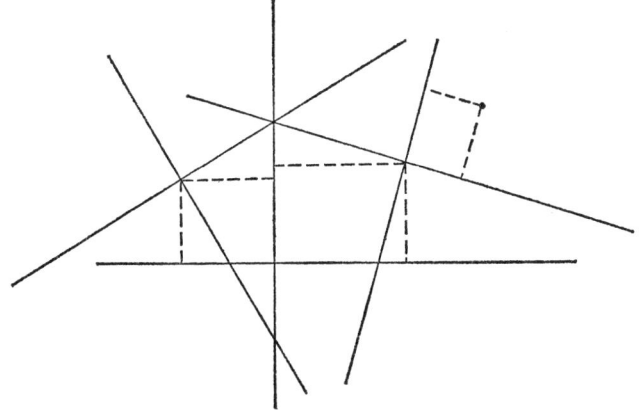

Wenn zum Beispiel 3 Koordinatensysteme einander in bestimmter Weise zugeordnet sind, so kann ich nun die Lage eines Punktes zu allen dadurch bestimmen, daß ich sie zu irgend einem angebe.

Der Beweis eines Satzes erwähnt ja nicht, beschreibt ja nicht, das ganze Rechnungssystem, das hinter dem Satz steht und ihm seinen Sinn gibt.

Nimm an, ein Erwachsener mit Intelligenz und Erfahrung hat nur die ersten Elemente des Rechnens gelernt, etwa die vier Grundoperationen mit Zahlen bis zu 20. Er hat dabei auch das Wort »Primzahlen« gelernt. Und diesem sagte jemand: Ich werde dir beweisen, daß es unendlich viele Primzahlen gibt. Nun, wie kann er es ihm beweisen? Er muß ihm *rechnen lehren*. Das ist hier ein Teil des Beweisens. Er muß der Frage »Gibt es unendlich viele Primzahlen?« sozusagen erst Sinn geben.

12. Die Philosophie hat sich mit den Versuchungen des Mißverstehens auseinander zu setzen, die auf *dieser* Stufe des Wissens bestehen. (Auf einer andern Stufe bestehen wieder neue.) Aber das macht das Philosophieren nicht leichter!

13. Ist es nun nicht absurd zu sagen, man verstehe den Sinn des Fermatschen Satzes nicht? – Nun, man könnte antworten: die Mathematiker stehen ja diesem Satz nicht *ganz* ratlos gegenüber. Sie versuchen doch jedenfalls gewisse Methoden des Beweisens; und, sofern sie Methoden versuchen, *soweit* verstehen sie den Satz. – Aber ist das richtig? *verstehen* sie ihn nicht so vollständig als man ihn nur verstehen kann?

Nun, nehmen wir an, es würde sein Gegenteil bewiesen, ganz gegen die Erwartung der Mathematiker. Man zeigt also nun, es *könne* gar nicht so sein.

Aber muß ich denn nicht, um zu wissen, was ein Satz wie der Fermatsche Satz sagt, wissen was das Kriterium dafür ist, daß der Satz wahr ist? Und ich kenne freilich Kriterien für die

Wahrheit *ähnlicher* Sätze, aber kein Kriterium für die Wahrheit dieses Satzes.

›Verstehen‹ ein vager Begriff!

Erstens, es gibt so etwas wie: einen Satz zu verstehen *glauben*. Und ist Verstehen ein psychischer Vorgang – warum soll er uns so sehr interessieren? Es sei denn, daß er erfahrungsmäßig mit der Fähigkeit, vom Satz Gebrauch zu machen, verbunden ist.

»Zeig mir, wie . . .« heißt: zeig mir, in welchem Zusammenhang du diesen Satz (diesen Maschinenteil) gebrauchst.

14. »Ich werde dir zeigen, wie es unendlich viele Primzahlen gibt«, setzt einen Zustand voraus, in welchem der Satz, daß es unendlich viele Primzahlen gebe, für den Andern keine, oder nur die vagste Bedeutung hatte. Es mochte für ihn nur ein Scherz oder ein Paradox gewesen sein.

Wenn dieser Vorgang dich davon überzeugt, dann muß er sehr eindrucksvoll sein. – Aber ist er es? – Nicht besonders. Warum ist er es nicht *mehr*? Ich glaube, er wäre nur dann eindrucksvoll, wenn man ihn von Grund auf erklärte. Wenn man zum Beispiel nicht bloß p! + 1 hinschriebe, sondern es vorher erklärte und mit Beispielen illustrierte. Wenn man also die Techniken nicht als etwas Selbstverständliches voraussetzte, sondern sie darstellte.

15.

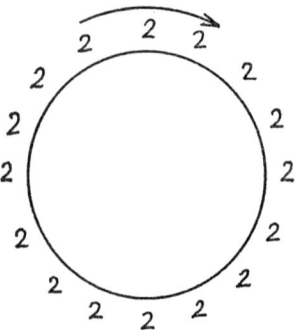

Wir kopieren das Zeichen »2« rechts herum immer von dem zuletzt geschriebenen. Wenn wir richtig kopieren, so ist das letzte Zeichen wieder eine Kopie des ersten.

Ein Sprachspiel:

Einer (A) sagt dem Andern (B) das Resultat voraus. Der Andre folgt den Pfeilen mit Spannung, gleichsam neugierig, wie sie ihn führen werden, und er freut sich daran, wie sie ihn endlich zum vorausgesagten Resultat hinführen. Er reagiert etwa ähnlich darauf, wie man auf einen Witz reagiert.
A mag das Resultat zuvor konstruiert, oder nur erraten haben. B weiß davon nichts und es interessiert ihn nicht.

Wenn er die Regel auch kannte, so war er ihr doch nie *so* gefolgt. Er *tut* jetzt etwas *Neues*. Es gibt aber auch eine Neugierde und Überraschung wenn man den Weg schon gegangen ist. So kann man eine Geschichte wieder und wieder lesen, ja sie auswendig wissen und doch immer wieder von einer bestimmten Wendung überrascht sein.

Ehe ich den beiden Pfeilen

gefolgt bin 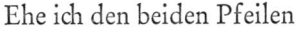 ,

weiß ich nicht, wie der Weg, oder die Resultante, ausschauen wird. Ich kenne das Gesicht nicht, das ich erhalten werde. Ist es sonderbar, daß ich es nicht kannte? Wie sollte ich's denn kennen? Ich hatte es nie gesehen! Ich kannte die Regel und beherrschte sie und sah das Pfeilbüschel.

Warum war das aber dann keine echte Voraussage, »Wenn du der Regel folgen wirst, wirst du dies erzeugen«? Während dies gewiß eine echte Vorhersage ist: »Wenn du nach bestem Wissen und Gewissen der Regel folgen wirst, so wirst du ...«. Die Antwort ist: das erste ist keine Voraussage, weil ich auch sagen konnte: »Wenn du der Regel folgen wirst, so *mußt* du dies erzeugen«. Es ist dann keine Voraussage, wenn der Begriff des *Folgens* nach der Regel so bestimmt ist, daß das Resultat das Kriterium dafür ist, ob der Regel gefolgt wurde.

A sagt: »Wenn du der Regel folgst, wirst du *das* erhalten«, oder er sagt einfach: »Du wirst das erhalten«. Dabei zeichnet er den resultierenden Pfeil hin.

War nun, was A sagte, in diesem Spiele eine Voraussage? Nun zum Teufel, in gewissem Sinne: Ja! Wird das nicht besonders klar, wenn wir annehmen, daß die Voraussage *falsch* war? Eine Voraussage war es nur dann nicht, wenn die *Bedingung* den Satz zum Pläonasmus machte.

A hätte sagen können: »Wenn du mit jedem deiner Schritte einverstanden sein wirst, dann wirst du *dahin* kommen«.

Nimm an, während B das Polygon zieht, veränderten die Pfeile des Büschels ein wenig ihre Richtung. B zieht immer einen Pfeil parallel, so wie er in diesem Augenblick gerade ist. Er ist nun ebenso überrascht und gespannt, wie in dem vorigen Spiel, obwohl hier das Ergebnis nicht das einer Rechnung ist. Er hat also das erste Spiel so aufgefaßt wie das zweite.

»Wenn du der Regel folgen wirst, wirst du dahin gelangen« ist darum keine Voraussage, weil dieser Satz einfach sagt: »Das Resultat dieser Rechnung ist....« – und das ist ein wahrer, oder falscher mathematischer Satz. Die Anspielung auf die Zukunft und auf dich ist nur Einkleidung.

Muß A denn überhaupt einen klaren Begriff davon haben, ob seine Voraussage mathematisch oder anders gemeint ist?! Er sagt einfach »Wenn du der Regel folgst, wird ... herauskommen« und freut sich etwa an dem Spiel. Wenn zum Beispiel das Vorausgesagte nicht herauskommt, untersucht er nicht weiter.

16. – – – Und diese Reihe ist durch eine Regel definiert. Oder auch durch die Abrichtung zum Vorgehen nach der Regel. Und der unerbittliche Satz ist, daß nach dieser Regel diese Zahl auf diese folgt.[1]

---

[1] Eine Verbesserung und Zusatz zum vierten Satz des § 4, Teil I, der lautet: »›Und ist denn *diese* Reihe nicht eben durch diese Folge definiert?‹...« (oben, S. 37). In einer Umarbeitung, von ungefähr der gleichen

Und dieser Satz ist kein Erfahrungssatz. Aber warum kein Erfahrungssatz? Eine Regel ist doch etwas, wonach wir vorgehen und ein Zahlzeichen aus einem andern erzeugen. Ist es also nicht Erfahrung, daß diese Regel jemand von hier dorthin führt?

Und führt die Regel +1 ihn einmal von 4 zu 5, so vielleicht ein andermal von 4 zu 7. Warum ist das unmöglich?

Es fragt sich, was wir zum Kriterium des Vorgehens nach der Regel nehmen. Ist es zum Beispiel ein Gefühl der Befriedigung, das den Akt des Vorgehens nach der Regel begleitet? Oder eine Intuition (Eingebung), die mir sagt, daß ich richtig gegangen bin? Oder sind es gewisse praktische Folgen des Vorgehens, die bestimmen, ob ich wirklich der Regel gefolgt bin? – Dann wäre es möglich, daß 4+1 manchmal 5, manchmal etwas anderes ergäbe. Es wäre *denkbar*, das heißt: eine experimentelle Untersuchung würde zeigen, ob 4+1 immer 5 ergibt.

Soll es kein Erfahrungssatz sein, daß die Regel von 4 zu 5 führt, so muß *dies*, das Ergebnis, zum Kriterium dafür genommen werden, daß man nach der Regel vorgegangen ist.

Die Wahrheit des Satzes, daß 4 + 1 5 ergibt, ist also, sozusagen, *überbestimmt*. Überbestimmt dadurch, daß das Resultat der Operation zum Kriterium dafür erklärt wurde, daß diese Operation ausgeführt ist.

Periode wie die oben stehende, kommt dann: »Nicht durch die Folge; aber durch eine Regel; oder durch die Abrichtung zum Gebrauch einer Regel.« (Hrsg.)

Der Satz ruht nun auf einem Fuß zuviel, um Erfahrungssatz zu sein. Er wird zu einer Bestimmung des Begriffs: ›die Operation $+\,1$ auf 4 anwenden‹. Wir können nämlich jetzt in neuem Sinne beurteilen, ob jemand der Regel gefolgt ist.

$4 + 1 = 5$ ist daher nun selbst eine Regel, nach welcher wir Vorgänge beurteilen.
Diese Regel ist das Ergebnis eines Vorgangs, den wir als *maßgebend* zur Beurteilung anderer Vorgänge annehmen. Der die Regel begründende Vorgang ist der Beweis der Regel.

17. Wie beschreibt man den Vorgang des Lernens einer Regel? – Immer wenn A die Hände klatscht, soll B es auch tun.

Erinnere dich daran, daß die Beschreibung eines Sprachspiels schon eine Beschreibung ist.

Ich kann jemand zu einer *gleichmäßigen* Tätigkeit abrichten. Etwa dazu, mit Bleistift auf Papier eine Linie dieser Art zu ziehen:

— · · — · · — · · — · · — · ·

Nun frage ich mich: was wünsche ich also, daß er tun soll? Die Antwort ist: Er soll immer so weiter gehen, wie ich es ihm gezeigt habe. Und was meine ich eigentlich damit: er solle immer so weiter gehen? Die beste Antwort, die ich mir darauf geben kann, ist ein Beispiel wie das, welches ich gerade gegeben habe.

Dieses Beispiel würde ich verwenden um ihm, aber auch mir selbst, zu sagen, was ich unter gleichmäßig verstehe.

Wir reden und handeln. Das ist in allem, was ich sage, schon vorausgesetzt.

Ich sage ihm: »So ist es recht« und dieser Ausdruck ist der Träger eines Tones, einer Gebärde. Ich lasse ihn gewähren. Oder ich sage: »Nein!« und halte ihn zurück.

18. Heißt das, daß ›einer Regel folgen‹ undefinierbar ist? Nein. Ich kann es doch auf unzählige Weisen definieren. Nur nützen mir, in diesen Betrachtungen, die Definitionen nichts.

19. Ich könnte ihn nun auch einen Befehl verstehen lehren von der Form:
$$(-\,\cdot\cdot) \to \quad \text{oder} \,(-\,\cdot\cdot\cdot\,-) \to$$
(Der Leser errät, was ich meine.)

Nun, was will ich, daß er tun soll? Die beste Antwort, die ich mir selbst darauf geben kann, ist, diese Befehle ein Stück weiter auszuführen. Oder glaubst du, ein algebraischer Ausdruck dieser Regel setze weniger voraus?

Und nun richte ich ihn dazu ab, der Regel
$$-\,\cdot\,-\,\cdot\cdot\,-\,\cdot\cdot\cdot\ \text{etc.}$$

zu folgen. Und wieder weiß ich selbst nicht mehr darüber was ich von ihm will, als was mir das Beispiel selbst zeigt. Ich kann freilich die Regel in allerlei Formen paraphrasieren, aber das macht sie nur für den verständlicher, der schon diesen Paraphrasen folgen kann.

20. So habe ich also etwa Einem das Zählen und Multiplizieren im Dezimalsystem beigebracht.
»365 × 428« ist ein Befehl und er befolgt ihn, indem er die Multiplikation ausführt.

Dabei bestehen wir darauf, daß der gleiche Ansatz immer das gleiche Multiplikationsbild im Gefolge hat, also auch das gleiche Resultat. Verschiedene Multiplikationsbilder mit dem gleichen Ansatz weisen wir zurück.

Es wird hier nun die Situation eintreten, daß der Rechnende Rechenfehler macht; und auch die, daß er die Rechenfehler richtig stellt.

Ein weiteres Sprachspiel ist dieses: Er wird gefragt: »Wieviel ist ›365 × 428‹?«. Und auf diese Frage kann er zweierlei tun. Entweder die Multiplikation ausführen, oder wenn er sie früher schon ausgeführt hat, das Resultat der ersten Ausführung ablesen.

21. Die Anwendung des Begriffs ›einer Regel folgen‹ setzt eine Gepflogenheit voraus. Daher wäre es Unsinn zu sagen: einmal

in der Geschichte der Welt sei jemand einer Regel gefolgt (oder einem Wegweiser, habe ein Spiel gespielt, einen Satz ausgesprochen, oder einen verstanden; usf.).

Hier ist nichts schwerer, als Pläonasmen zu vermeiden, und nur zu sagen, was wirklich etwas beschreibt.

Denn hier ist die Versuchung überwältigend, noch etwas zu sagen, wenn schon alles beschrieben ist.

Es ist von der größten Wichtigkeit, daß zwischen den Menschen beinahe nie ein Streit darüber entsteht, ob die Farbe dieses Gegenstandes dieselbe ist wie die Farbe jenes; die Länge dieses Stabes wie die Länge jenes, etc. Diese friedliche Übereinstimmung ist die charakteristische Umgebung des Gebrauchs des Wortes »gleich«.

Und Analoges muß man vom Vorgehen nach einer Regel sagen.

Es bricht kein Streit darüber aus, ob der Regel gemäß vorgegangen wurde, oder nicht. Es kommt darüber zum Beispiel nicht zu Tätlichkeiten.

Das gehört zu dem Gerüst, von dem aus unsere Sprache wirkt (zum Beispiel eine Beschreibung gibt).

22. Es sagt nun jemand, daß in der Kardinalzahlenreihe, die der Regel »+ 1« gehorcht, deren Technik uns so und so beigebracht wurde, 450 auf 449 folgt. Das ist nun nicht der Erfahrungssatz, daß wir von 449 zu 450 kommen, wenn es uns vorkommt, wir hätten die Operation + 1 auf 449 angewandt. Vielmehr ist es die Bestimmung, wir haben diese Operation nur dann angewandt, wenn das Resultat 450 ist.

Es ist als hätten wir den Erfahrungssatz zur Regel verhärtet. Und wir haben nun nicht eine Hypothese, die durch die Erfahrung geprüft wird, sondern ein Paradigma, womit die Erfahrung verglichen und beurteilt wird. Also eine neue Art von Urteil.

Ein Urteil nämlich ist: »Er hat 25 × 25 gerechnet, war dabei aufmerksam und gewissenhaft und hat 615 erhalten«; und ein anderes »Er hat 25 × 25 gerechnet und statt 625 615 herausgebracht«.
Aber kommen beide Urteile nicht zu demselben hinaus?

Der arithmetische Satz ist nicht der Erfahrungssatz: »Wenn ich *das* tue, so erhalte ich *das*« – wo das Kriterium dafür, daß ich *das* tue, nicht sein darf was dabei herauskommt.

23. Könnten wir uns nicht denken, daß es beim Multiplizieren hauptsächlich darauf ankäme, den Geist in bestimmter Weise zu konzentrieren und daß dann zwar bei dem gleichen Ansatz nicht immer das Gleiche herauskommt, aber für die bestimmten praktischen Probleme, die wir lösen wollen, gerade diese Verschiedenheiten des Resultats vorteilhaft wären.

Ist die Hauptsache nicht die, daß beim *Rechnen* das Hauptgewicht darauf gelegt würde, ob richtig oder falsch gerechnet wurde und abgezogen vom psychischen Zustand etc. des Rechnenden?

Die Rechtfertigung des Satzes 25 × 25 = 625 ist natürlich, daß, wer so und so abgerichtet wurde, unter normalen Umständen bei der Multiplikation 25 × 25 625 erhält. Der arithmetische Satz aber sagt nicht *dies* aus. Er ist sozusagen ein zur Regel verhärteter Erfahrungssatz. Er bestimmt, daß der Regel nur dann gefolgt wurde, wenn dies das Resultat des Multiplizierens ist. Er ist also der Kontrolle durch die Erfahrung entzogen, dient aber nun als Paradigma dazu, die Erfahrung zu beurteilen.

Wollen wir eine Rechnung praktisch benützen, so überzeugen wir uns davon, daß »richtig gerechnet« wurde, daß das *richtige* Resultat erhalten wurde. Und das richtige Resultat der Multiplikation, zum Beispiel, darf nur *eins* sein und hängt nicht davon ab, was die *Anwendung* der Rechnung ergeben wird. Wir beurteilen also die Fakten mit Hilfe der Rechnung ganz anders als wir es täten, wenn wir das Resultat der Rechnung nicht als etwas ein für allemal bestimmtes ansähen.

Nicht Empirie und doch Realismus in der Philosophie, das ist das schwerste. (Gegen Ramsey.)

Du verstehst von der Regel selbst nicht mehr als du erklären kannst.

24. »Ich habe einen bestimmten Begriff von der Regel. Wenn man ihr in diesem Sinne folgt, so kann man von dieser Zahl nur zu dieser kommen.« Das ist eine spontane Entscheidung.

Warum sage ich aber »ich *muß*«, wenn es meine Entscheidung ist? Ja, kann ich mich denn nicht entscheiden müssen?

Heißt, daß es eine spontane Entscheidung ist, nicht nur: so handle ich; frage nach keinem Grunde!

Du sagst, du mußt; aber kannst nicht sagen, was dich zwingt.

Ich habe einen bestimmten Begriff von der Regel. Ich weiß, was ich in jedem besonderen Fall zu tun habe. Ich weiß, d. h. ich zweifle nicht: es ist mir offenbar. Ich sage: »Selbstverständlich«. Ich kann keinen Grund angeben.

Wenn ich sage: »Ich entscheide spontan«, so heißt das natürlich nicht: ich überlege, welche Zahl hier wohl die beste wäre und entscheide mich dann für . . .

Wir sagen: »Zuerst muß richtig gerechnet sein, dann wird sich ein Urteil über die Naturtatsachen fällen lassen.«

25. Es hat Einer die Regel des Zählens im Dezimalsystem gelernt. Jetzt vergnügt er sich damit, Zahl auf Zahl der »natürlichen« Zahlenreihe hinzuschreiben.
Oder er befolgt den Befehl im Sprachspiel, »Schreibe den Nachfolger der Zahl ... in der Reihe ... hin«. – Wie kann ich dieses Sprachspiel jemandem erklären? Nun, ich kann ein Beispiel (oder Beispiele) beschreiben. – Um zu sehen, ob er das Sprachspiel verstanden hat, kann ich ihn Beispiele rechnen lassen.

Wie, wenn Einer die Multiplikationstafeln, Logarithmentafeln etc. nachrechnete, weil er ihnen nicht traute. Kommt er zu einem andern Resultat, so traut er diesem und sagt, er hätte seinen Geist so auf die Regeln konzentriert, daß sein Resultat als das richtige zu gelten habe. Weist man ihm einen Fehler nach, so sagt er, er zweifle lieber an der Zuverlässigkeit seines Verstandes und seinem Sinne *jetzt* als damals wie er die Rechnung zuerst gemacht hatte.

Wir können die Übereinstimmung in allen Fragen des Rechnens als gegeben annehmen. Aber macht es nun einen Unterschied, ob wir den Rechensatz als Erfahrungssatz oder als Regel aussprechen?

26. Würden wir denn die Regel $25^2 = 625$ anerkennen, wenn wir nicht Alle immer zu diesem Resultat kämen? Nun, warum sollen wir dann nicht den Erfahrungssatz statt der Regel benützen können? – Ist die Antwort hierauf: Weil das Gegenteil des Erfahrungssatzes nicht dem Gegenteil der Regel entspricht?

Wenn ich dir ein Stück einer Reihe hinschreibe, daß du dann

diese Gesetzmäßigkeit in ihr siehst, das kann man eine Erfahrungstatsache, eine psychologische Tatsache, nennen. Aber, *wenn* du dies Gesetz in ihr erblickt hast, daß du dann die Reihe *so* fortsetzt, das ist keine Erfahrungstatsache mehr.
Aber wieso ist es keine Erfahrungstatsache: denn »*dies* in ihr erblicken« war ja doch nicht das *Gleiche* wie: sie so fortsetzen.
Nur so kann man sagen, dies sei keine Erfahrungstatsache, daß man den Schritt auf dieser Stufe für den dem Regelausdruck entsprechenden *erklärt*.

Du sagst also: »Nach der Regel die *ich* in dieser Folge sehe, geht es *so* weiter.« Nicht: erfahrungsgemäß! Sondern, das ist eben der Sinn dieser Regel.

Ich verstehe: Du sagst, »Das ist nicht erfahrungsgemäß« – ist es aber nicht *doch* erfahrungsgemäß?

»Nach dieser Regel geht es *so*«: d. h., du *gibst* dieser Regel eine Extension.
Warum kann ich ihr aber nicht heute die, morgen jene Extension geben?

Nun, ich kann es tun. Ich könnte ihr z. B. abwechselnd eine von zwei Interpretationen geben.

27. Habe ich einmal eine Regel begriffen, so bin ich in dem, was ich weiter tue, gebunden. Aber das heißt natürlich nur, ich bin

in meinem *Urteilen* gebunden darüber, was der Regel gemäß ist, und was nicht.

Wenn ich nun eine Regel in der mir gegebenen Folge sehe – kann das einfach darin bestehen, daß ich, zum Beispiel, einen algebraischen Ausdruck vor mir sehe? Muß der nicht einer Sprache angehören?

Einer schreibt eine Folge von Zahlen an. Endlich sage ich: »Jetzt versteh ich's: ich muß immer...«. Und dies ist doch der Ausdruck der Regel. Aber doch nur in einer Sprache!

Wann sage ich denn, ich sehe die Regel – oder eine Regel – in dieser Folge? Wenn ich zum Beispiel zu mir selbst über diese Folge in bestimmter Weise reden kann. Aber nicht auch einfach, wenn ich sie fortsetzen kann? Nein, ich erkläre mir selbst oder einem Andern allgemein wie sie fortzusetzen ist. Aber könnte ich diese Erklärung nicht bloß im Geiste geben, also ohne eine eigentliche Sprache?

28. Jemand fragt mich: Was ist die Farbe dieser Blume? Ich antworte: »rot«. – Bist du absolut sicher? Ja, absolut sicher! Aber konnte ich mich nicht täuschen und die falsche Farbe »rot« nennen? Nein. Die Sicherheit mit der ich die Farbe »rot« benenne, ist die Starrheit meines Maßstabs, ist die Starrheit von der ich ausgehe. Sie ist bei meiner Beschreibung nicht in Zweifel zu ziehen. Dies charakterisiert eben, was wir beschreiben nennen.
(Ich kann natürlich auch hier ein Versprechen annehmen, aber nichts anderes.)

Das Folgen nach der Regel ist am GRUNDE unseres Sprachspiels. Es charakterisiert das, was wir Beschreibung nennen.

Das ist die Ähnlichkeit meiner Betrachtung mit der Relativitätstheorie, daß sie sozusagen eine Betrachtung über die Uhren ist mit denen wir die Ereignisse vergleichen.

Ist $25^2 = 625$ eine Erfahrungstatsache? Du möchtest sagen: »Nein«. – Warum nicht? – »Weil es nach den Regeln nicht anders sein kann.« – Und warum das? – Weil *das* die Bedeutung der Regeln ist. Weil das der Vorgang ist, auf dem wir alles Urteilen aufbauen.

29. Wenn wir die Multiplikation ausführen, so geben wir ein Gesetz. Was ist aber der Unterschied zwischen dem Gesetz, und dem Erfahrungssatz: daß wir dieses Gesetz geben?

Wenn man mich die Regel gelehrt hat, das Ornament zu wiederholen und man sagt mir nun, »Gehe so weiter!«: wie weiß ich, was ich das nächste Mal zu tun habe? – Nun, ich tue es mit Sicherheit, ich werde es auch zu verteidigen wissen – – nämlich bis zu einem gewissen Punkt. Wenn das keine Verteidigung sein soll, dann gibt es keine.

»So wie ich die Regel verstehe, folgt *das*.«

Einer Regel folgen ist eine menschliche Tätigkeit.

Ich gebe der Regel eine Extension.

Könnte ich sagen: »Sieh da, wenn ich dem Befehl folge ziehe ich diese Linie«? Nun, in gewissen Fällen werde ich das sagen. Wenn ich zum Beispiel eine Kurve nach einer Gleichung konstruiert habe.

»Sieh da! wenn ich dem Befehl folge, tue ich *dies*!« Das soll natürlich nicht heißen: wenn ich dem Befehl folge, folge ich dem Befehl. Ich muß also für dieses »dies« eine andere Identifizierung haben.

»Also *so* sieht die Befolgung dieses Befehls aus!«

Kann ich sagen: »Erfahrung lehrt mich: wenn ich die Regel *so* auffasse, daß ich dann *so* fortsetzen muß«?
Man kann es nicht sagen, wenn ich das So-Auffassen und So-Fortsetzen in Eins zusammenziehe.

Einer Transformationsregel folgen ist nicht problematischer als der Regel folgen: »schreibe immer wieder das Gleiche«. Denn die Transformation ist eine Art der Gleichheit.

30. Man könnte doch fragen: Wenn alle Menschen, die so erzogen sind, ohnehin *so* rechnen, oder sich doch mindestens auf *diese* Rechnung als die richtige einigen; wozu braucht man das *Gesetz*?

»$25^2 = 625$« kann darum nicht der Erfahrungssatz sein, daß die Menschen so rechnen, weil $25^2 \neq 626$ dann nicht der Satz wäre, daß die Menschen nicht dieses, sondern ein andres Resultat erhalten; und auch wahr sein könnte, wenn die Menschen überhaupt nicht rechneten.

Die Übereinstimmung der Menschen im Rechnen ist keine Übereinstimmung der Meinungen oder Überzeugungen.

Könnte man sagen: »Beim Rechnen kommen dir die Regeln unerbittlich vor; du fühlst, du kannst nur das tun und nichts andres, wenn du der Regel folgen willst«?

»Wie ich die Regel sehe, ist *das*, was sie verlangt.« Es hängt nicht davon ab, ob ich so, oder so gestimmt bin.

Ich fühle, daß ich der Regel eine Interpretation gegeben habe, ehe ich ihr gefolgt bin; und daß diese Interpretation genug ist zu *bestimmen*, was ich im bestimmten Fall zu tun habe, um ihr zu folgen.
Wenn ich die Regel so auffasse, wie ich sie aufgefaßt habe, so entspricht ihr nur *diese* Handlung.

»Hast du die Regel verstanden?« – Ja, ich hab sie verstanden. – »Dann wende sie jetzt auf die Zahlen ... an!« – Wenn ich ihr folgen will, habe ich nun noch eine Wahl?

Angenommen, er befiehlt mir, der Regel zu folgen und ich fürchte mich, ihm nicht zu gehorchen: bin ich nun nicht gezwungen?
Aber das ist doch auch so, wenn er mir befiehlt: »Bring mir diesen Stein«. Bin ich durch diese Worte weniger gezwungen?

31. Wie weit kann man die Funktion der Sprache beschreiben? Wer eine Sprache nicht beherrscht, den kann ich zu ihrer Beherrschung abrichten. Wer sie beherrscht, dem kann ich die Art und Weise der Abrichtung in Erinnerung rufen, oder beschreiben; zu einem besonderen Zweck; indem ich also schon eine Technik der Sprache verwende.
Wie weit kann man die Funktion der Regel beschreiben? Wer noch keine beherrscht, den kann ich nur abrichten. Aber wie kann ich mir selbst das Wesen der Regel erklären?
Das Schwere ist hier, nicht bis auf den Grund zu graben, sondern den Grund, der vor uns liegt, als Grund zu erkennen.

Denn der Grund spiegelt uns immer wieder eine größere Tiefe vor, und wenn wir diese zu erreichen suchen, finden wir uns immer wieder auf dem alten Niveau.

Unsere Krankheit ist die, erklären zu wollen.

»Wenn du die Regel inne hast, ist dir die Route vorgezeichnet.«

32. Welche Öffentlichkeit gehört wesentlich dazu, daß ein Spiel existiere, daß ein Spiel erfunden werden kann?

Welche Umgebung bedarf es, daß Einer das Schachspiel (z. B.) erfinden kann? Freilich ich könnte heute ein Brettspiel erfinden, das nie wirklich gespielt würde. Ich würde es einfach beschreiben. Aber das ist nur möglich, weil es schon ähnliche Spiele gibt, d. h. weil solche Spiele *gespielt werden*.

Man könnte auch fragen: »Ist Regelmäßigkeit möglich *ohne* Wiederholung?«

Ich kann wohl heute eine neue Regel geben, die nie angewendet wurde und doch verstanden wird. Wäre das aber möglich, wenn *nie* eine Regel tatsächlich angewandt worden wäre?

Und wenn man nun sagt, »Genügt nicht die Anwendung in der Phantasie?« – so ist die Antwort Nein. – (Möglichkeit einer privaten Sprache.)

Ein Spiel, eine Sprache, eine Regel ist eine Institution.

»Wie oft aber muß eine Regel wirklich angewandt worden sein, daß man das Recht habe, von einer Regel zu sprechen?« – Wie oft muß ein Mensch addiert, multipliziert, dividiert haben, daß man sagen könne, er beherrsche die Technik dieser Rechnungsarten? Und damit meine ich nicht: wie oft muß er richtig gerechnet haben, um *Anderen* zu beweisen, er könne rechnen, sondern: um es sich selbst zu beweisen.

33. Aber könnten wir uns nicht denken, daß jemand ohne jede Abrichtung sich beim Anblick einer Rechenaufgabe in dem Seelenzustand befindet, der normalerweise nur das Resultat von Abrichtung und Übung ist? So daß er also wüßte, er könne rechnen, obwohl er nie gerechnet hat. (Man könnte also, scheint es, sagen: die Abrichtung wäre nur Geschichte, und nur erfahrungsgemäß zur Hervorbringung des Wissens notwendig.) – Aber wenn er nun im Zustand jener Gewißheit ist und dann falsch multipliziert? Was soll er selbst nun sagen? Und nehmen wir an, er multiplizierte dann einmal richtig, einmal wieder ganz falsch. – Die Abrichtung kann freilich als bloße Geschichte vernachlässigt werden, wenn er jetzt *stets* richtig multipliziert. Aber, daß er rechnen *kann* zeigt er nicht nur den Andern, sondern auch sich selbst dadurch, daß er richtig *rechnet*.

Was wir, in einer komplizierten Umgebung »einer Regel folgen« nennen, würden wir, wenn es isoliert dastünde, gewiß nicht so nennen.

34. Die Sprache, möchte ich sagen, bezieht sich auf eine Lebens*weise*.

Um das Phänomen der Sprache zu beschreiben, muß man eine Praxis beschreiben, nicht einen einmaligen Vorgang, *welcher Art immer er sei*.

Das ist eine sehr schwierige Erkenntnis.

Denken wir uns, ein Gott erschaffe in einem Augenblick in der Mitte der Wüste ein Land, das zwei Minuten lang existiert und das genaue Abbild eines Teiles von England ist, mit alldem was in zwei Minuten da vorgeht. Die Menschen ganz wie die in England, gehen ihren verschiedenen Beschäftigungen nach. Kinder sitzen in der Schule. Einige Leute treiben Mathematik. Sehen wir nun die Tätigkeit irgend eines Menschen während dieser zwei Minuten an. Einer dieser Leute tut genau das, was ein Mathematiker in England tut, der gerade eine Berechnung macht. – Sollen wir sagen, dieser Zwei-Minuten-Mensch rechne? Könnten wir uns nicht z. B. eine Vergangenheit und eine Fortsetzung zu diesen zwei Minuten denken, die uns die Vorgänge ganz anders benennen ließe?

Angenommen diese Wesen sprächen nicht Englisch, sondern verständigten sich anscheinend in einer Sprache, die wir nicht kennen. Welchen Grund hätten wir, zu sagen, sie sprächen eine Sprache? Und doch, *könnte* man nicht, was sie tun, so auffassen?

Und angenommen, sie täten etwas, was wir geneigt wären »rechnen« zu nennen; etwa weil es äußerlich ähnlich ausschaut. – Aber *ist* es rechnen; und wissen es (etwa) die Leute, die es tun, und wir nicht?

35. Wie weiß ich, daß die Farbe die ich jetzt sehe »grün« heißt? Nun, zur Bestätigung könnte ich andere Leute fragen; aber wenn sie mit mir nicht übereinstimmten, würde ich gänzlich

verwirrt sein und sie vielleicht oder mich für verrückt halten.
Das heißt: entweder mich nicht mehr zu urteilen trauen, oder
auf das was sie sagen nicht mehr wie auf ein Urteil reagieren.
Wenn ich ertrinke und »Hilfe!« rufe, wie weiß ich, was das
Wort Hilfe bedeutet? Nun, so reagiere ich in dieser Situation. –
Nun so weiß ich auch, was »grün« heißt und auch wie ich die
Regel in dem besondern Fall zu befolgen habe.

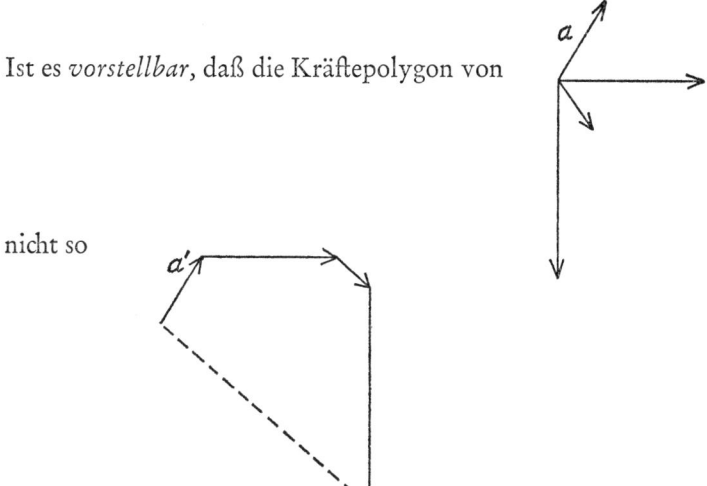

sondern anders aussieht? Nun, ist es vorstellbar, daß die Parallele zu a nicht wie a' sondern anders gerichtet aussieht? Das heißt: ist es vorstellbar, daß ich nicht a', sondern einen anders gerichteten Pfeil als Parallele mit a anschaue? Nun, ich könnte mir zum Beispiel denken, daß ich den parallelen Pfeil irgendwie perspektivisch sehe und daher ↗ ↑ parallele Pfeile nenne; und daß es mir nicht auffällt, daß ich eine andere Anschauungsart gebraucht habe. So also *ist* es vorstellbar, daß ich ein anderes Kräftepolygon den Pfeilen entsprechend zeichne.

337

36. Was ist das für ein Satz: »das Wort ›OBEN‹ hat vier Laute«?
Ist es ein Erfahrungssatz?

Ehe wir die Buchstaben gezählt haben, wissen wir es nicht.

Wer die Buchstaben des Wortes ›OBEN‹ zählt, um zu erfahren wieviele Laute die so klingende Lautreihe hat, tut ganz dasselbe wie der, welcher zählt um zu erfahren, wieviele Buchstaben das dort und dort aufgeschriebene Wort hat. Der Erstere tut also etwas, was auch ein Experiment sein könnte. Und das könnte der Grund sein, den Satz, ›OBEN‹ habe 4 Buchstaben, synthetisch a priori zu nennen.

Das Wort »Plato« hat soviele Laute wie der Drudenfuß Ecken.
Ist das ein Satz der Logik? – Ist es ein Erfahrungssatz?

Ist Zählen ein Experiment? Es *kann* eins sein.

Denk dir ein Sprachspiel, in dem Einer die Laute von Wörtern zu zählen hat. Es könnte nun sein, daß ein Wort scheinbar immer den gleichen Klang hätte, aber wenn wir seine Laute zählen, so kommen wir bei verschiedenen Anlässen zu verschiedenen Zahlen. Es könnte z. B. sein, daß uns ein Wort in verschiedenen Zusammenhängen gleich zu lauten schien (gleichsam durch eine akustische Täuschung), aber beim Zählen der Laute ergäbe sich die Verschiedenheit. In einem solchen Falle werden wir etwa die Laute eines Wortes bei verschiedenen

Anlässen immer wieder zählen und dies wird etwa eine Art Experiment sein.

Anderseits kann es aber sein, daß wir die Laute von Wörtern ein für allemal zählen, eine Rechnung machen, und das Resultat dieser Zählung verwenden.

Der resultierende Satz wird im ersten Fall zeitlich, im zweiten unzeitlich sein.

Wenn ich die Laute des Wortes »Dädalus« zähle, so kann ich Zweierlei als das Ergebnis betrachten: 1) Das Wort, welches dort steht (oder so aussieht oder jetzt ausgesprochen wurde oder etc.) hat 7 Laute. 2) Das Lautbild »Dädalus« hat 7 Laute.

Der zweite Satz ist zeitlos.

Die Verwendung der beiden Sätze muß verschieden sein.

Das *Zählen* ist in beiden Fällen *das Gleiche*. Nur, was wir damit erreichen, ist verschieden.

Die Zeitlosigkeit des zweiten Satzes ist nicht etwa ein Ergebnis des Zählens, sondern der Entscheidung, das Ergebnis des Zählens in bestimmter Weise zu verwenden.

Im Deutschen hat das Wort »Dädalus« 7 Laute. Das ist doch ein Erfahrungssatz.

Denke es zählte jemand die Laute von Wörtern, um ein Sprachgesetz, etwa ein Gesetz der Entwicklung der Sprache zu finden oder zu prüfen. Er sagt: »›Dädalus‹ hat 7 Laute«. Dies ist ein

Erfahrungssatz. Betrachte hier die *Identität* des Wortes. Das gleiche Wort kann hier einmal die, einmal jene Lautzahl haben.

Nun sage ich Einem: »Zähl die Laute in diesen Wörtern und schreib die Zahl zu jedem Wort!«

Ich möchte sagen: »Durch Abzählen der Laute kann man einen Erfahrungssatz bekommen – aber auch eine Regel.«

Zu sagen: »Das Wort ... hat ... Laute – im zeitlosen Sinne« ist eine Bestimmung über die Identität des Begriffs ›Das Wort ...‹. Daher die Zeitlosigkeit.

Statt »Das Wort ... hat ... Laute – im zeitlosen Sinne«, könnte man auch sagen: »Das Wort ... hat *wesentlich* ... Laute«.

37. $p|p \cdot | \cdot q|q = p \cdot q$
$p|q \cdot | \cdot p|q = pvq$
$x|y \cdot | \cdot z|u \overset{\text{Def}}{=} \ | \ | \ (x, y, z, u)$

Die Definitionen brauchten gar nicht Verkürzungen zu sein, sondern sie könnten auf andere Weise neue Zusammengehörigkeiten machen. Etwa durch Klammern oder auch den Gebrauch verschiedener Farben der Zeichen.

Ich kann zum Beispiel einen Satz beweisen, indem ich durch Farben andeute, daß er die Form eines meiner Axiome hat, aber durch eine gewisse Substitution verlängert.

38. »Ich weiß, wie ich zu gehen habe« heißt: ich zweifle nicht, wie ich zu gehen habe.

»Wie kann man einer Regel folgen?« So möchte ich fragen.

Wie kommt es aber, daß ich so fragen will, wo ich doch keinerlei Schwierigkeiten darin finde, einer Regel zu folgen?

Wir mißverstehen hier offenbar die Tatsachen, die uns vor Augen liegen.

Wie kann mir das Wort »Platte« anzeigen, was ich zu tun habe, da ich doch jede Handlung mit jeder Deutung in Einklang bringen kann?

Wie kann ich einer Regel folgen, da doch, was immer ich tue, als ein Folgen gedeutet werden kann?

Was muß ich wissen, um dem Befehl folgen zu können? Gibt es ein *Wissen*, das die Regel nur *so* befolgbar macht? Ich muß manchmal etwas *wissen*, ich muß *manchmal* die Regel *deuten*, ehe ich sie anwende.

Wie konnte denn der Regel im Unterricht eine Deutung gegeben werden, die zu einer beliebigen Stufe hinaufreicht? Und wenn diese Stufe in der Erklärung nicht genannt wurde, wie können wir denn übereinstimmen darüber, was auf dieser Stufe zu geschehen hat, da doch, was immer geschieht mit der Regel und den Beispielen in Einklang gebracht werden kann. Es ist also, sagst du, über diese Stufen nichts bestimmtes gesagt worden.

Das Deuten hat ein Ende.

39. Es ist wahr, alles ließe sich irgendwie rechtfertigen. Aber das Phänomen der Sprache beruht auf der Regelmäßigkeit, auf der Übereinstimmung im Handeln.

Hier ist es von der größten Wichtigkeit, daß wir alle, oder die ungeheure Mehrzahl in gewissen Dingen übereinstimmen. Ich kann, z. B., ganz sicher sein, daß die Farbe dieses Gegenstandes von den allermeisten Menschen die ihn sehen ›grün‹ genannt wird.

Es wäre denkbar, daß Menschen verschiedener Stämme Sprachen besäßen, die alle den gleichen Wortschatz hätten, aber die Bedeutungen der Wörter wären verschieden. Das Wort das bei einem Stamm Grün bedeutet, bedeute in der Sprache des andern gleich, in der dritten Tisch etc. Ja, wir könnten uns auch denken, daß die gleichen Sätze, nur mit gänzlich anderem Sinn, von den Stämmen gebraucht werden. Nun, ich würde in diesem Falle nicht sagen, daß sie die gleiche Sprache redeten.

Wir sagen, die Menschen, um sich miteinander zu verständigen, mußten über die Bedeutungen der Wörter mit einander übereinstimmen. Aber das Kriterium für diese Übereinstimmung ist nicht nur eine Übereinstimmung in Bezug auf Definitionen, z. B. hinweisende Definitionen, – sondern *auch* eine Übereinstimmung in Urteilen. Es ist für die Verständigung wesentlich, daß wir in einer großen Anzahl von Urteilen übereinstimmen.

40. Das Sprachspiel (2)[1], wie kann ich es jemandem, oder mir selbst, erklären? Wenn immer A »Platte« ruft, bringt B *diese* Art Gegenstand. – Ich könnte auch fragen: wie kann *ich* es verstehen? Nun, *nur* sofern ich es erklären kann.

Aber es gibt hier eine eigentümliche Versuchung, die sich darin ausdrückt, daß ich sagen möchte: Ich kann es nicht verstehen, weil die Deutung der Erklärung im Vagen bleibt.

---

[1] § 2 der *Philosophischen Untersuchungen*. Eine erdachte Sprache ›soll der Verständigung eines Bauenden A mit einem Gehilfen B dienen. A führt einen Bau auf aus Bausteinen; es sind Würfel, Säulen, Platten und Balken vorhanden. B hat ihm die Bausteine zuzureichen, und zwar nach der Reihe, wie A sie braucht. Zu dem Zweck bedienen sie sich einer Sprache, bestehend aus den Wörtern: »Würfel«, »Säule«, »Platte«, »Balken«. A ruft sie aus; – B bringt den Stein, den er gelernt hat, auf diesen Ruf zu bringen. – Fasse dies als vollständige primitive Sprache auf.‹ (Hrsg.)

D. h., ich kann dir und mir selbst nur Beispiele der Anwendung geben.

41. Das Wort »Übereinstimmung« und das Wort »Regel« sind miteinander *verwandt*, sie sind Vettern. Das Phänomen des Übereinstimmens und des Handelns nach einer Regel hängen zusammen.

Es könnte doch einen Höhlenmenschen geben, der für sich selbst *regelmäßige* Zeichenfolgen hervorbrächte. Er unterhielte sich z. B. damit, an die Wand der Höhle zu zeichnen
— · — — · — — · — — ·
oder   — · — · · — · · · — · · · · —
Aber er folgt nicht dem allgemeinen Ausdruck einer Regel. Und wir sagen nicht, er handle regelmäßig, weil wir so einen Ausdruck bilden können.

Aber wenn er nun gar π entwickelte! (Ich meine ohne einen allgemeinen Regelausdruck.)

Nur in der Praxis einer Sprache kann ein Wort Bedeutung haben.

Gewiß, ich kann mir selbst eine Regel geben und ihr dann folgen. Aber ist es nicht nur darum eine Regel, weil es analog dem ist, was im Verkehr der Menschen ›Regel‹ heißt?

Wenn eine Drossel in ihrem Gesang die gleiche Phrase stets einige Male wiederholt, sagen wir sie gebe sich vielleicht jedesmal eine Regel, der sie dann folgt?

42. Betrachten wir sehr einfache Regeln. Der Regelausdruck sei eine Figur, etwa die:

|--|

und man folgt der Regel indem man eine gerade Reihe solcher Figuren zeichnet (etwa als ein Ornament).

|--||--||--||--||--|

Unter was für Umständen würden wir sagen: durch das Hinschreiben einer solchen Figur gebe jemand eine Regel? Unter was für Umständen: Einer folge dieser Regel, indem er jene Reihe zeichnet? Es ist schwer, das zu beschreiben.

Wenn von zwei Schimpansen der eine einmal die Figur |--| in den Lehmboden ritzte und ein anderer darauf die Reihe |--| |--| etc., so hätte der erste nicht eine Regel gegeben und der zweite ihr gefolgt, was immer auch dabei in der Seele der beiden vorginge.

Beobachtete man aber z. B. das Phänomen einer Art von Unterricht, eines Vormachens und Nachahmens geglückter und mißglückter Versuche, von Belohnung und Strafe und dergleichen; würde am Ende der so Abgerichtete Figuren, die er bis dahin nicht gesehen hatte, wie im ersten Beispiel aneinander reihen, so würden wir wohl sagen, der eine Schimpanse schreibe Regeln hin, der andre befolge sie.

43. Wie aber, wenn sich schon beim ersten Male der eine Schimpanse *vorgenommen* hätte, diesen Vorgang zu wiederholen? Nur in einer bestimmten Technik des Handelns, Spre-

chens, Denkens, kann Einer sich etwas vornehmen. (Dieses
›kann‹ ist das grammatische.)

Es ist möglich, daß ich heute ein Kartenspiel erfinde, das aber
nie gespielt wird. Aber es heißt nichts zu sagen: in der Geschichte der Menschheit sei nur einmal ein Spiel erfunden worden und das habe niemand gespielt. Das heißt nichts. Nicht weil es psychologischen Gesetzen widerspricht. Die Worte »ein Spiel erfinden«, »ein Spiel spielen« haben nur in einer ganz bestimmten Umgebung Sinn.

So kann man auch nicht sagen, ein einziges Mal in der Geschichte der Menschheit sei Einer einem Wegweiser gefolgt. Wohl aber: ein einziges Mal in der Geschichte der Menschheit sei Einer mit einer Latte parallel gegangen. Und jene erste Unmöglichkeit ist wieder keine psychologische.

Die Worte »Sprache«, »Satz«, »Befehl«, »Regel«, »Rechnung«, »Experiment«, »einer Regel folgen« beziehen sich auf eine Technik, auf eine Gepflogenheit.

Eine Vorstufe zum Handeln nach einer Regel wäre etwa die Lust an einfachen Regelmäßigkeiten, wie das Klopfen einfacher Rhythmen oder Zeichnen oder Betrachten einfacher Ornamente. Man könnte jemand also abrichten, dem Befehl zu folgen: »zeichne etwas regelmäßiges«, »klopfe regelmäßig«. Und hier wieder muß man sich eine bestimmte Technik vorstellen.

Du mußt dich fragen: Unter welchen besonderen Umständen sagen wir, es hatte sich jemand »bloß verschrieben«, oder »er hätte wohl fortsetzen können, hat es aber absichtlich nicht getan«, oder »er hatte die Figur die er gezeichnet hat wiederholen wollen, sei aber nicht dazu gekommen«.

Der Begriff »regelmäßiges Klopfen«, »regelmäßige Figur«, wird uns so beigebracht wie ›hell‹, ›schmutzig‹ oder ›bunt‹.

44. Aber werden wir nicht von der Regel geführt? Und wie kann sie uns führen, da ihr Ausdruck doch von uns so und anders gedeutet werden kann? d. h., da doch verschiedene Regelmäßigkeiten ihm entsprechen. Nun, wir sind geneigt zu sagen, ein Ausdruck der Regel führe uns, wir sind also geneigt diese Metapher zu gebrauchen.

Was ist nun der Unterschied zwischen dem Vorgang nach einer Regel (etwa einem algebraischen Ausdruck) Zahl auf Zahl der Reihe nach abzuleiten und diesem Vorgang: Wenn wir jemandem ein gewisses Zeichen etwa zeigen, so fällt ihm eine Ziffer ein; schaut er auf die Ziffer und das Zeichen, so fällt ihm wieder eine Ziffer ein und so ferner. Und jedesmal wenn wir dieses Experiment vornehmen, fällt ihm die gleiche Reihe von Ziffern ein. Ist der Unterschied zwischen diesem Vorgang und dem Vorgehen nach der Regel der psychologische, daß im zweiten Fall ein Einfallen stattfindet? Könnte ich nicht sagen: Wenn er der Regel »| - - |« folgte, fiel ihm immer wieder »| - - |« ein?

Nun, in unserm Fall haben wir doch Intuition, und man sagt ja, daß Intuition am Grunde des Handelns nach einer Regel ist.

Nehmen wir also an, jenes, sozusagen, magische Zeichen bewirke die Reihe 123123123 etc.; ist das Zeichen *dann* nicht der Ausdruck einer Regel? Nein.
Das Handeln nach einer Regel setzt das Erkennen einer *Gleichmäßigkeit* voraus und das Zeichen »123123123 etc.« war der natürliche Ausdruck einer Gleichmäßigkeit.

Nun wird man vielleicht sagen | 22 | | 22 | | 22 | sei allerdings eine gleichmäßige Ziffernfolge, aber doch nicht
| 2 | | 22 | | 222 | | 2222 |
Nun, ich könnte das eine andre Art der Gleichmäßigkeit nennen.

45. Wie aber wenn es einen Stamm gäbe, dessen Leute scheinbar für eine Art von Regelmäßigkeit Verständnis hätten, die ich nicht begreife. Es gäbe nämlich bei diesen auch ein Lernen, einen Unterricht, ganz analog dem in § 42. Sieht man ihnen zu, so würde man sagen, sie folgen Regeln, lernen Regeln folgen. Der Unterricht bewirkt z. B. Übereinstimmung im Handeln der Schüler und Lehrer. Schauen wir aber eine ihrer Figurenreihen an, so sehen wir keinerlei Regelmäßigkeit.
Was sollten wir nun sagen? Wir *könnten* sagen: »Sie scheinen einer Regel zu folgen, die uns entgeht«; aber auch: »Hier haben wir ein Phänomen des Benehmens von Menschen, das wir nicht verstehen«.

Der Unterricht im Handeln nach der Regel läßt sich beschreiben, ohne Verwendung des Wortes »usw.«.
Wohl aber kann in dieser Beschreibung eine Geste, ein Tonfall, ein Zeichen, die der Lehrer beim Unterricht in bestimmter Weise gebraucht und die die Schüler nachahmen, beschrieben werden. Es kann auch die Wirkung dieser Ausdrücke beschrieben wer-

den, wieder ohne Zuhilfenahme des ›usw.‹, also finit. Die Wirkung des »usw.« wird sein, Übereinstimmung zu erzeugen über den Unterricht hinaus. Es wird also bewirkt, daß wir Alle oder fast Alle gleich zählen und gleich rechnen.

Man könnte sich aber auch den Unterricht ohne das »usw.« denken. Die Leute aber, wenn sie aus der Schule kämen, würden dennoch alle gleich über die Beispiele im Unterricht hinaus rechnen.

Wie, wenn der Unterricht aber eines Tages nicht mehr Übereinstimmung bewirkte?

Könnte es Arithmetik ohne Übereinstimmung der Rechnenden geben?

Könnte ein Mensch allein rechnen? Könnte einer allein einer Regel folgen?

Sind diese Fragen etwa ähnlich der: »Kann Einer allein Handel treiben?«

Es hat nur dann Sinn, zu sagen »und so weiter«, wenn »und so weiter« *verstanden* wird. D. h., wenn der Andre ebensogut fortsetzen kann wie ich, d. h. ebenso fortsetzt wie ich.

Könnten zwei Menschen miteinander Handel treiben?

46. Wenn ich sage: »Wenn du der Regel folgst, *muß* das herauskommen«, so heißt das nicht: es muß, weil es immer herausgekommen ist; sondern: daß es herauskommt ist einer meiner *Grundlagen*.

Was herauskommen *muß* ist eine Urteilsgrundlage, die ich nicht antaste.

Bei welcher Gelegenheit wird man sagen: »Wenn du der Regel folgst *muß* das herauskommen«?
Es kann das eine mathematische Erklärung sein etwa auf einen Beweis hin, daß ein bestimmter Weg eine Abzweigung hat. Es kann auch sein, daß man es jemand sagt, um ihm das Wesen der Regel einzuprägen, um ihm etwa zu sagen: »Du machst ja hier kein Experiment«.

47. »Ich weiß doch bei jedem Schritt absolut, was ich zu tun habe; was die Regel von mir fordert.« Die Regel, wie ich sie auffasse. Ich überlege nicht hin und her. Das Bild der Regel macht es klar, wie das Bild der Reihe fortzusetzen ist.
»Ich weiß doch bei jedem Schritt, was ich zu tun habe. Ich sehe es ganz klar vor mir. Es mag langweilig sein, aber es ist kein Zweifel, was ich zu tun habe.«
Woher diese Sicherheit? Aber warum frage ich dies? Ist es nicht genug, daß diese Sicherheit existiert? Wozu soll ich eine Quelle für sie suchen? (Und *Ursachen* für sie kann ich ja angeben.)

Wenn jemand, dem nicht zu gehorchen wir uns fürchten, uns befiehlt der Regel ..., die wir verstehen, zu folgen, so werden wir ohne jedes Bedenken Zahl auf Zahl hinschreiben. Und dies ist eine typische Art, wie wir auf eine Regel reagieren.

»Du weißt schon, wie das ist«; »Du weißt schon, wie es weiter geht.«

Ich kann mir jetzt vorsetzen, der Regel (—·—) → zu folgen.
So: — · — — · — — · — — · —
Aber es ist merkwürdig, daß ich die Bedeutung der Regel dabei nicht verliere. Denn wie halte ich sie fest?
Aber – wie weiß ich, daß ich sie festhalte, daß ich sie nicht verliere?! Es hat gar keinen Sinn zu sagen, ich hielte sie fest, wenn es nicht ein äußeres Merkmal dafür gibt. (Wenn ich durch den Weltraum fiele könnte ich etwas halten, aber es nicht stille halten.)

Die Sprache ist eben ein Phänomen des menschlichen Lebens.

48. Der Eine macht eine gebietende Handbewegung, als wollte er sagen »Geh!«. Der Andre mit dem Ausdruck der Furcht schleicht sich fort. Könnte ich diesen Vorgang, auch wenn er nur einmal geschähe, nicht »Befehlen und Gehorchen« nennen?

Was soll das heißen: »Könnte ich den Vorgang... nennen«? Man könnte natürlich gegen jede Benennung einwenden, es wäre sehr wohl denkbar, daß bei andern Menschen als bei uns eine ganz andere Gebärde dem »Geh fort!« entspricht und, daß etwa unsere Gebärde für diesen Befehl bei ihnen die Bedeutung unseres Darreichens der Hand zum Freundschaftszeichen hat. Und welche Deutung man einer Gebärde zu geben hat, hänge von andern Handlungen ab, die der Gebärde vorangehen und folgen.

Wie wir das Wort »Befehlen« und »Gehorchen« verwenden, sind Gebärden sowie Wörter in einem Netz mannigfaltiger Beziehungen verschlungen. Konstruiere ich nun einen vereinfachten Fall, so ist es nun nicht klar ob ich das Phänomen noch »befehlen« und »gehorchen« nennen soll.

Wir kommen zu einem fremden Volksstamm, dessen Sprache wir nicht verstehen. Unter welchen Umständen werden wir sagen, sie hätten einen Häuptling? Was wird uns veranlassen zu sagen, dieser sei der Häuptling auch wenn er armseliger gekleidet ist als andere? Ist unbedingt der der Häuptling, dem die Andren gehorchen?

Was ist der Unterschied zwischen falsch schließen und nicht schließen? zwischen falsch addieren und nicht addieren. Überlege dir das.

49. Was du sagst scheint darauf hinaus zu kommen, daß die Logik zur Naturgeschichte des Menschen gehört. Und das ist nicht vereinbar mit der Härte des logischen »muß«.

Aber das logische »muß« ist ein Bestandteil der Sätze der Logik und diese sind *nicht* Sätze der menschlichen Naturgeschichte. Sagte ein Satz der Logik: die Menschen stimmen in der und der Weise miteinander überein (und das wäre die Form des naturgeschichtlichen Satzes), dann sagte sein Gegenteil, es bestehe hier ein *Mangel* an Übereinstimmung. Nicht, es bestehe eine Übereinstimmung anderer Art.

Die Übereinstimmung der Menschen, die eine Voraussetzung des Phänomens der Logik ist, ist nicht eine Übereinstimmung der *Meinungen,* geschweige denn von Meinungen über die Fragen der Logik.

Teil VII
1941 und 1944

1. Die Rolle der Sätze, die von den Maßen handeln und nicht ›Erfahrungssätze‹ sind. – Jemand sagt mir: »Diese Strecke ist 240 Zoll lang.« Ich sage: »Das sind 20 Fuß, also ungefähr 7 Schritte« und habe nun einen Begriff von der Länge erhalten. – Die Umformung beruht auf arithmetischen Sätzen und auf dem Satz, daß 12 Zoll = 1 Fuß ist.

Diesen letzteren Satz wird niemand, für gewöhnlich, als Erfahrungssatz aussprechen. Man sagt, er drücke ein Übereinkommen aus. Aber das Messen würde seinen gewöhnlichen Charakter gänzlich verlieren, wenn nicht z. B. die Aneinanderreihung von 12 Zollstücken für gewöhnlich eine Länge ergäbe, die sich wieder besonders aufbewahren läßt.

Muß ich darum sagen, der Satz ›12 Zoll = 1 Fuß‹ sage alle diese Dinge aus, die dem Messen seine gegenwärtige Pointe geben?
Nein. Der Satz *ruht in* einer Technik. Und, wenn du willst, in den physikalischen und psychologischen Tatsachen, die diese Technik möglich machen. Aber darum ist sein Sinn nicht, diese Bedingungen auszusprechen. Das Gegenteil jenes Satzes, ›12 Zoll = 1 Fuß‹, sagt nicht, daß die Maßstäbe nicht starr genug sind, oder wir nicht Alle in gleicher Weise zählen und rechnen. Der Satz *ruht* in einer Technik, beschreibt sie aber nicht.

2. Der Satz spielt die typische (damit aber nicht *einfache*) Rolle der Regel.

Ich kann mittels des Satzes ›12 Zoll = 1 Fuß‹ eine Voraussage machen; nämlich daß 12 zoll-lange Stücke Holz aneinandergelegt sich gleich lang mit einem auf andere Weise gemessenen Stück erweisen werden. Also ist der Witz jener Regel etwa, daß man mittels ihrer gewisse Voraussagen machen kann. Verliert sie nun dadurch den Charakter der *Regel*? –

Warum kann man jene Voraussagen machen? Nun, – alle Maßstäbe sind gleich gearbeitet; sie verändern ihre Länge nicht beträchtlich; Stücke Holz, die man auf einen Zoll oder Fuß zugeschnitten hat, tun dies auch nicht; unser Gedächtnis ist gut genug, damit wir beim Zählen bis ›12‹ Ziffern nicht zweimal zählen und nicht auslassen; u. a.

Aber kann man denn nicht die Regel durch einen Erfahrungssatz ersetzen, der sagt, daß Maßstäbe so und so gearbeitet sind, daß Leute sie *so* handhaben? Man gäbe etwa eine ethnologische Darstellung dieser menschlichen Einrichtung.

Nun ist es offenbar, daß diese Darstellung die Funktion der Regel übernehmen könnte.

Wer einen mathematischen Satz weiß, soll noch nichts wissen. Ist Verwirrung in unsern Operationen, rechnet jeder anders und einmal so, einmal so, so liegt noch kein Rechnen vor; stimmen wir überein, nun dann haben wir nur unsre Uhren gestellt, doch noch keine Zeit gemessen.
Wer einen mathematischen Satz weiß, soll noch *nichts* wissen.
D. h., der mathematische Satz soll nur das Gerüst liefern für eine Beschreibung.

3. Wie kann die bloße Umformung des Ausdrucks von praktischer Konsequenz sein?

Daß ich 25 × 25 Nüsse habe, läßt sich verifizieren, indem ich 625 Nüsse zähle, aber es läßt sich auch auf andre Weise herausfinden, die der Ausdrucksform ›25 × 25‹ näher steht. Und es ist natürlich die Verknüpfung dieser beiden Arten der Zahl*bestimmung,* in der ein Zweck des Multiplizierens beruht.

Die Regel ist als Regel losgelöst, steht, sozusagen, selbstherrlich da; obschon, was ihr Wichtigkeit gibt, die Tatsachen der täglichen Erfahrung sind.

Was ich zu tun habe, ist etwas, wie: das Amt eines Königs zu beschreiben; – wobei ich nicht in den Fehler verfallen darf, die königliche Würde aus der Nützlichkeit des Königs zu erklären; und doch weder Nützlichkeit noch Würde außer acht lassen darf.

Ich richte mich beim praktischen Arbeiten nach dem Resultat der Umformung des Ausdrucks.

Wie kann ich dann aber noch sagen, daß es dasselbe heißt, ob ich sage »hier sind 625 Nüsse«, oder »hier sind 25 × 25 Nüsse«?

Wer den Satz »hier sind 625...« verifiziert, verifiziert damit auch »hier sind 25 × 25...«; u. a. Doch steht die eine Form einer Art der Verifikation, die andre einer andern näher.

Wie kannst du behaupten, daß »...625...« und »...25 × 25...« dasselbe sagen? – Erst durch unsere Arithmetik *werden* sie *eins*.

Ich kann einmal die eine, einmal die andere Art der Beschreibung, durch Zählen z. B., erhalten. D. h., ich kann jede der beiden Formen auf jede Art erhalten; aber auf verschiedenem Weg.

Man könnte nun fragen: Wenn der Satz »...625...« einmal so, einmal anders verifiziert wurde, sagte er da beidemale dasselbe?
Oder: Was geschieht, wenn eine Methode des Verifizierens ›625‹, die andre nicht ›25 × 25‹ ergibt? – Ist da »...625...« wahr und »...25 × 25...« falsch? Nein! – Das eine anzweifeln heißt, das andre anzweifeln: das ist die Grammatik, die unsre Arithmetik diesen Zeichen gibt.

Wenn die beiden Arten des Zählens die Begründung einer *Zahlangabe* sein sollen, dann ist nur *eine* Zahlangabe, wenn auch in verschiedenen Formen, da. Dagegen kann man ohne Widerspruch sagen: »Mir kommt bei der einen Art des Zählens 25 × 25 (und also 625) heraus, bei der anderen nicht 625 (also nicht 25 × 25)«. Die Arithmetik hat hiegegen keinen Einwand.

Daß die Arithmetik die beiden Ausdrücke einander gleichsetzt, ist, könnte man sagen, ein grammatischer Trick. Sie sperrt damit eine bestimmte Art der Beschreibung ab und leitet sie in andere Kanäle. (Und daß dies mit den Tatsachen der Erfahrung zusammenhängt, braucht nicht erst gesagt zu werden.)

4. Nimm an, ich habe jemand multiplizieren gelehrt, aber nicht mit Hilfe einer formulierten allgemeinen Regel, sondern nur dadurch, daß er sieht, wie ich ihm Beispiele vorrechne. Ich kann ihm dann eine *neue* Aufgabe anschreiben, und sagen: »Mach dasselbe mit *diesen* beiden Zahlen, was ich mit den früheren getan habe«. Aber ich kann auch sagen: »Wenn du mit diesen beiden machst, was ich mit den andern gemacht habe, so wirst du zu der Zahl . . . kommen«. Was ist das für ein Satz? »Du wirst das und das schreiben« ist eine Vorhersage. »Wenn du das und das schreiben wirst, wirst du's so gemacht haben, wie ich dir's vorgemacht habe« bestimmt, was er »seinem Beispiel folgen« nennt.

›Die Lösung dieser Aufgabe ist . . . .‹. – Wenn ich das lese, ehe ich die Aufgabe gerechnet habe, – was ist das für ein Satz?

»Wenn du mit diesen Zahlen machst, was ich dir mit den andern vorgemacht habe, wirst du . . . erhalten« – das heißt doch: »Das Resultat dieser Rechnung ist . . .« – und das ist keine Vorhersage, sondern ein mathematischer Satz. Aber es ist dennoch auch eine Vorhersage! – Eine Vorhersage besonderer Art. Wie der, der am Ende findet, daß sich beim Addieren der Kolumne wirklich das und das ergibt, wirklich überrascht sein kann; z. B. ausrufen kann: ja, bei Gott, es kommt heraus! Denke dir nur diesen Vorgang des Vorhersagens und der Bestätigung als ein besonderes Sprachspiel – ich meine: isoliert von dem Übrigen der Arithmetik und ihrer Anwendung.

Was ist an diesem Vorhersagespiel so sonderbar? Was mir sonderbar vorkommt, würde entfernt, wenn die Vorhersage lautete: »Wenn du glauben wirst, meinem Beispiel gefolgt zu sein, wirst du *das* herausgebracht haben« oder: »Wenn dir alles richtig scheinen wird, wird das das Resultat sein.« Dieses Spiel könnte z. B. mit dem Eingeben eines bestimmten Giftes verbunden sein, und die Vorhersage wäre, daß die Injektion unsre Fähigkeiten, unser Gedächtnis z. B. in der und der Weise beeinflußt. – Aber, wenn wir uns das Spiel mit dem Eingeben eines Giftes denken können, warum nicht mit dem Eingeben eines Heilmittels? Aber auch dann kann das Schwergewicht der Vorhersage noch immer darauf ruhen, daß der *gesunde* Mensch *das* als Resultat ansieht. Oder, vielleicht: daß den gesunden Menschen *das* befriedigt.

»Folge mir, so wirst du das herauskriegen« sagt natürlich nicht: »Folge mir, dann wirst du mir folgen« – noch: »Rechne *so*, dann wirst du *so* rechnen.« – Aber was heißt »Folge mir«? Im Sprachspiel kann es einfach ein Befehl sein: »Folge mir jetzt!«

Was ist der Unterschied zwischen dem Vorhersagen: »Wenn du richtig rechnest, wirst du *das* erhalten« – und: »Wenn du glauben wirst, daß du richtig rechnest, wirst du *das* erhalten«? Wer sagt nun, daß in meinem obigen Sprachspiel die Vorhersage nicht das letztere bedeutet? Es scheint, sie bedeutet das nicht — aber wie *zeigt* sich das? Frage dich, *unter welchen Umständen* würde die Vorhersage das eine, unter welchen das andere vorherzusagen scheinen. Denn es ist klar: es kommt hier auf die übrigen Umstände an.

Wer mir vorhersagt, daß ich *das* herausbringen werde, sagt der nicht eben vorher, daß ich dieses Resultat für richtig halten werde? – »Aber« – sagst du vielleicht – »nur eben weil es wirklich richtig *ist*!« – Aber was heißt das: »Ich halte die Rechnung für richtig, weil sie richtig ist«?

Und doch kann man sagen: in meinem Sprachspiel denkt der Rechnende nicht daran, daß die Tatsache – daß er *dies* herausbringt – eine Eigentümlichkeit *seines* Wesens ist; die Tatsache erscheint ihm nicht als eine psychologische.
Eben stelle ich mir ihn unter dem Eindruck vor, daß er nur einem bereits vorhandenen Faden gefolgt ist. Und das Wie des Folgens als eine Selbstverständlichkeit hinnimmt; und nur *eine* Erklärung seiner Handlung kennt, nämlich: den Lauf des Fadens.

Er läßt sich allerdings ablaufen, indem er der Regel oder den Beispielen folgt, aber was er tut, betrachtet er nun nicht als Besonderheit *seines* Ablaufs, er sagt nicht: »also *so* bin ich abgelaufen«, sondern: »also *so* läuft es ab«.

Aber wenn nun Einer dennoch am Ende der Rechnung in unserem Sprachspiel sagte: »also *so* bin ich abgelaufen!« – oder: »also *dieser* Ablauf befriedigt mich!« – kann ich nun sagen, er habe das ganze Sprachspiel mißverstanden? Doch gewiß nicht! Wenn er nicht sonst eine unerwünschte Anwendung von ihm macht.

5. Ist es nicht die *Anwendung* der Rechnung, die jene Auffassung hervorruft: daß die Rechnung abläuft und nicht wir?

Die verschiedenen ›Auffassungen‹ müssen verschiedenen Anwendungen entsprechen.

Denn es ist allerdings ein Unterschied dazwischen: überrascht zu sein, daß die Ziffern auf dem Papier sich *so* zu benehmen scheinen; und überrascht zu sein darüber, daß *das* herauskommt. Aber in jedem Fall sehe ich die Rechnung in anderm Zusammenhang.

Ich denke an das Gefühl des ›Herauskommens‹, wenn wir etwa eine längere Kolumne von Zahlen verschiedener Gestalt addieren und eine runde Zahl wie 1 000 000 herauskommt, wie uns zuvor gesagt worden war. »Ja, bei Gott wieder eine Null –« sagen wir.
»Man sähe es den Zahlen nicht an«, könnte ich auch sagen.

Wie wäre es, wenn wir sagten – statt: ›6 × 6 ergibt 36‹ –: ›Das Ergeben der Zahl 36 durch 6 × 6‹? – Den *Satz* ersetzen durch einen substantivischen Ausdruck. (Der Beweis zeigt *das Ergeben.*)

Warum willst du die Mathematik immer unter dem Aspekt des Findens und nicht des Tuns betrachten?

Von großem Einflusse muß es sein, daß wir die Wörter »richtig« und »wahr« und »falsch«, und die Form der Aussage, im Rechnen gebrauchen. (Kopfschütteln und Nicken.)

Warum soll ich sagen, daß das Wissen, daß alle Menschen, die Rechnen gelernt haben, *so* rechnen, kein *mathematisches* Wissen ist? Weil es auf einen andern Zusammenhang hinzudeuten scheint.

Ist also Berechnen, was Einer durch Rechnung herauskriegen wird, schon angewandte Mathematik? — und also auch: Berechnen, was ich selber herauskriegen werde?

6. Es ist ja gar kein Zweifel, daß mathematische Sätze *in gewissen Sprachspielen* die Rolle von Regeln der Darstellung spielen[1], im Gegensatz zu Sätzen, welche beschreiben.

Aber das sagt nicht, daß dieser Gegensatz nicht nach allen Richtungen hin abfällt. Und *das* wieder nicht, daß er nicht von größter Wichtigkeit ist.

Das piédestal, auf welchem die Mathematik für uns steht, hat sie vermöge einer bestimmten Rolle, die ihre Sätze in unsern Sprachspielen spielen.

Was der mathematische Beweis zeigt, wird als interne Relation hingestellt, und dem Zweifel entzogen.

---

[1] [Variant: ... Schemata der Darstellung sind, ...] (Hrsg.)

7. Was ist einem mathematischen Satz und einem mathematischen Beweis gemein, daß sie beide »mathematisch« heißen? Nicht: daß der mathematische Satz mathematisch bewiesen sein muß; nicht: daß der mathematische Beweis einen mathematischen Satz beweisen muß. Was hat der unbewiesene Satz (das Axiom) Mathematisches? was hat er gemein mit einem mathematischen *Beweis*?

Soll ich antworten: »Die Schlußregeln des mathematischen Beweises sind immer mathematische Sätze«? Oder: »Mathematische Sätze und Beweise dienen dem Schließen«? Das wäre schon näher dem Wahren.

8. Der Beweis muß eine interne Relation zeigen, nicht eine externe. Denn wir könnten uns auch einen Vorgang der Transformation eines Satzes durchs *Experiment* vorstellen und eine, die zum Vorhersagen des vom transformierten Satz Behaupteten benützt würde. Man könnte sich z. B. denken, daß Zeichen durch Hinzulegen anderer Zeichen sich solcherart verschöben, daß sie eine wahre Vorhersage bilden auf der Grundlage der in ihrer Anfangslage ausgedrückten Bedingungen. Ja, wenn du willst, kannst du den rechnenden Menschen als einen Apparat für ein solches Experiment betrachten.

Denn, daß ein Mensch das Resultat *errechnet,* in dem Sinne: daß er nicht gleich das Resultat, sondern erst verschiedenes andere hinschreibt – macht ihn nicht weniger zu einem physikalisch-chemischen Hilfsmittel, eine Zeichenfolge aus einer Zeichenfolge zu erzeugen.

Ich müßte also sagen: Der bewiesene Satz ist nicht: diejenige Zeichenfolge, welche der so und so geschulte Mensch unter den und den Umständen erzeugt.

Wenn wir das Beweisen so betrachten, ändert sich, was wir erblicken, gänzlich. Die Zwischenstufen werden ein uninteressantes Nebenprodukt. (Wie im Innern des Automaten ein Geräusch, ehe er uns die Ware zuwirft.)

9. Wir sagen: der Beweis sei ein Bild. Aber dies Bild bedarf doch der Approbation, die wir ihm beim Nachrechnen erteilen. –

Wohl wahr; aber wenn es von dem Einen die Approbation erhielte, von dem Andern nicht, und sie sich nicht *verständigen* könnten – hätten wir dann ein Rechnen?
Also ist es nicht die Approbation allein, die es zur Rechnung macht, sondern die Übereinstimmung der Approbationen.

Denn es ließe sich ja auch ein Spiel denken, in welchem Menschen durch Ausdrücke, etwa ähnlich denen allgemeiner Regeln, angeregt, für bestimmte praktische Aufgaben, also ad hoc, sich Zeichenfolgen einfallen lassen, und daß sich dies sogar bewährte. Und hier brauchen die ›Rechnungen‹, wenn man sie so nennen wollte, nicht mit einander übereinstimmen. (Hier könnte man von ›Intuition‹ reden.)

Die Übereinstimmung der Approbationen ist die Vorbedingung unseres Sprachspiels, sie wird nicht in ihm konstatiert.

Wenn die Rechnung ein Experiment ist, und *die Bedingungen sind erfüllt,* dann müssen wir als Ausgang anerkennen, was kommt; und wenn die Rechnung ein Experiment ist, so ist der Satz, daß sie das und das ergibt, doch der Satz, daß unter solchen Bedingungen diese Art von Zeichen entsteht. Und entsteht also unter diesen Bedingungen einmal ein, einmal ein anderes Resultat, so darf man nun nicht sagen »da stimmt etwas nicht«, oder »beide Rechnungen können nicht in Ordnung sein«, sondern man müßte sagen: diese Rechnung ergibt nicht immer das gleiche Resultat (*warum* muß nicht bekannt sein). Aber obwohl der Vorgang nun ebenso interessant, ja vielleicht noch interessanter geworden ist, ist keine Rechnung mehr vorhanden. Und das ist wieder eine grammatische Bemerkung über den Gebrauch des Wortes »Rechnung«. Und natürlich hat diese Grammatik eine Pointe.

Was heißt es, sich über einen Unterschied im Resultat einer Rechnung *verständigen*? Es heißt doch, zu einem gleichförmigen Rechnen zu gelangen. Und kann man sich nicht verständigen, so kann nun Einer nicht sagen, der Andre rechne auch; nur eben mit anderen Ergebnissen.

10. Wie ist es nun, – soll ich sagen: Der gleiche Sinn könne nur *einen* Beweis haben? Oder: wenn ein Beweis gefunden wird, ändere sich der Sinn?
Freilich würden Einige sich dagegen wehren, sagen: »So kann man also nie den Beweis eines Satzes finden, denn, hat man ihn gefunden, so ist er nicht mehr Beweis *dieses* Satzes.« Aber das sagt noch gar nichts. –

Es kommt eben darauf an, *was* den Sinn des Satzes festlegt. Wovon wir sagen wollen, es lege den Sinn des Satzes fest. Der

Gebrauch der Zeichen muß ihn festlegen; aber was rechnen wir zum Gebrauch? –

Die Beweise beweisen denselben Satz, heißt etwa: beide erweisen ihn als ein passendes Instrument zu dem gleichen Zweck.

Und der Zweck ist eine Anspielung auf Außermathematisches.

Ich sagte einmal: ›Wenn du wissen willst, was ein mathematischer Satz sagt, schau was sein Beweis beweist.‹[1] Nun, ist darin nicht Wahres und Falsches? Ist der Sinn, der Witz eines mathematischen Satzes wirklich klar, sobald wir nur dem Beweis folgen können?

Dem Russellschen ›∼f(f)‹ fehlt vor allem die Anwendung, und daher der Sinn.
Wendet man diese Form aber dennoch an, dann ist nicht gesagt, daß ›f(f)‹ ein Satz in irgendeinem gewohnten Sinn sein muß, oder ›f(ξ)‹ eine Satzfunktion. Denn der Begriff des Satzes, außer dem des Satzes der Logik, ist ja durch Russell nur in allgemeinen, herkömmlichen Zügen erklärt.
Man sieht hier auf die Sprache, ohne auf das Sprachspiel zu sehen.

Wenn wir von verschiedenen Bilderreihen sagen, sie demonstrierten, z. B., daß $25 \times 25 = 625$, so ist leicht genug zu erken-

---
[1] Vgl. *Philosophische Grammatik* S. 369 f.; dazu auch *Philosophische Bemerkungen*, S. 183 f. (Hrsg.)

nen, was den *Ort* dieses Satzes fixiert, den beide Wege erreichen.

Der neue Beweis reiht den Satz in eine neue Ordnung ein; dabei findet oft ein Übersetzen einer Art von Operationen in eine gänzlich andere statt. Wie wenn wir Gleichungen in Kurven übertragen. Und dann sehen wir etwas für die Kurven ein, und dadurch für die Gleichungen. Aber mit welchem Rechte überzeugen wir uns durch Gedankengänge, die dem Gegenstand unsrer Gedanken scheinbar ganz fernliegen? Nun, unsre Operationen liegen jenem Gegenstand auch nicht ferner als, etwa, das Dividieren im Dezimalsystem dem Verteilen von Nüssen. Besonders, wenn man sich vorstellt (was man leicht kann) daß jene Operation ursprünglich zu einem andern Zweck als dem des Teilens u. dergl. erfunden worden wäre.

Fragst du: »Mit welchem Recht?« so ist die Antwort: Vielleicht mit gar keinem. — Mit welchem Recht sagst du, daß die Fortsetzung dieses Systems mit jenem immer parallel laufen wird? (Es ist als ob du Zoll und Fuß *beide* als Einheit festsetztest und behauptetest, $12n$ Zoll werden immer mit n Fuß gleichlang sein.)

Wenn zwei Beweise denselben Satz beweisen, so kann man sich allerdings Umstände denken, in denen die ganze diese Beweise verbindende Umgebung wegfiele, so daß sie allein und nackt dastünden, und kein Grund vorhanden wäre, zu sagen, sie hätten eine gemeinsame Pointe, sie bewiesen denselben Satz.
Man muß sich nur denken, daß die Beweise ohne den sie beide umhüllenden und verbindenden Organismus der Anwendungen, sozusagen nackt und bloß dastünden. (Wie zwei Knochen aus

dem umgebenden mannigfachen Zusammenhang des Organismus gelöst; in dem allein wir gewohnt sind, an sie zu denken.)

11. Nimm an, man rechnete mit Zahlen und verwendet manchmal auch die Division durch Ausdrücke von der Form (n – n), und erhielte auf diese Weise hie und da andere als unsere normalen Resultate des Multiplizierens etc. Das störe aber niemand. – Vergleiche damit: Man legt Listen, Verzeichnisse, von Personen an, aber nicht wie wir es tun, alphabetisch; und so kommt es, daß der gleiche Name in mancher Liste öfter als einmal vorkommt. – Aber nun kann man annehmen: daß das niemandem auffällt; oder, daß die Leute es sehen, es aber ruhig hinnehmen. Wie man Leute eines Stammes denken könnte, die, wenn sie Münzen zur Erde fallen lassen, es nicht der Mühe wert halten, sie aufzuheben. (Sie haben dann etwa eine Redensart: »Es gehört den Andern«, oder dergleichen.)

Nun aber ändert sich die Zeit und die Menschen fangen an (zuerst nur wenige) Exaktheit zu fordern. Mit Recht? mit Unrecht? – Waren die früheren Verzeichnisse *nicht* eigentlich Verzeichnisse? –

Sagen wir, wir erhielten manche unsrer Rechenresultate durch einen versteckten Widerspruch. Sind sie dadurch illegitim? — Aber wenn wir nun solche Resultate durchaus nicht anerkennen wollen und doch fürchten, es könnten welche durchschlüpfen. – Nun, dann haben wir also eine Idee, die einem neuen Kalkül als Vorbild dienen könnte. Wie man die Idee zu einem neuen Spiel haben kann.

Der Russellsche Widerspruch ist nicht, weil er ein Widerspruch ist, beunruhigend, sondern weil das ganze Gewächs, dessen Ende er ist, ein Krebsgewächs ist, das ohne Zweck und Sinn aus dem normalen Körper herauszuwachsen scheint.

Kann man nun sagen: »Wir wollen einen Kalkül, der uns sicherer die Wahrheit sagt«?

Aber du kannst doch einen Widerspruch nicht gelten lassen! – Warum nicht? Wir gebrauchen diese Form ja manchmal in unsrer Rede, freilich selten – aber man könnte sich eine Sprachtechnik denken, in der er ein ständiges Implement wäre.
Man könnte z. B. von einem Objekt in Bewegung sagen, es existiere und existiere nicht an diesem Ort; Veränderung könnte durch den Widerspruch ausgedrückt werden.

Nimm ein Thema wie das Haydnsche (Choral St. Antons), nimm den Teil einer der Brahmsschen Variationen, der dem ersten Teil des Themas entspricht, und stell die Aufgabe, den zweiten Teil der Variation im Stil ihres ersten Teiles zu konstruieren. Das ist ein Problem von der Art der mathematischen Probleme. Ist die Lösung gefunden, etwa wie Brahms sie gibt, so zweifelt man nicht; – dies ist die Lösung.

Mit diesem Weg sind wir einverstanden. Und doch ist es hier klar, daß es leicht verschiedene Wege geben kann, auf deren jedem wir einverstanden sein können, deren jeden wir konsequent nennen könnten.

›Wir machen lauter legitime – d. h. in den Regeln erlaubte – Schritte, und auf einmal kommt ein Widerspruch heraus. Also ist das Regelverzeichnis, wie es ist, nichts nutz, denn der Widerspruch wirft das ganze Spiel um.‹ Warum läßt du ihn es umwerfen? Aber ich will, daß man nach der Regel soll *mechanisch* weiterschließen können, ohne zu widersprechenden Resultaten zu gelangen. Nun, welche Art der Voraussicht willst du? Eine, die dein gegenwärtiger Kalkül nicht zuläßt? Nun, dadurch ist er nicht ein schlechtes Stück Mathematik, oder, nicht im vollsten Sinne Mathematik. Der Sinn des Wortes »mechanisch« verführt dich.

12. Wenn du zu einem praktischen Zweck einen Widerspruch mechanisch vermeiden willst, wie dein Kalkül es jetzt nicht kann, so ist das etwa, wie wenn du nach einer Konstruktion des ...-Ecks suchst, das du bis jetzt nur durch Probieren hast zeichnen können; oder nach einer Lösung der Gleichung dritten Grades, die du bisher nur approximiert hast.
Nicht schlechte Mathematik wird hier verbessert, sondern ein neues Stück Mathematik erfunden.

Nimm an, ich wollte eine Irrationalzahl so bestimmen, daß in ihrer Entwicklung nicht die Figur ›777‹ vorkommt. Ich könnte π nehmen und bestimmen: wenn jene Figur entsteht, setzen wir statt ihr ›ooo‹. Nun sagt man mir: das genügt nicht, denn der, welcher die Stellen berechnet, ist verhindert, auf die früheren zurückzuschauen. Nun brauche ich einen anderen Kalkül; einen in dem ich mich zum Voraus versichern kann, er könne ›777‹ nicht liefern. Ein mathematisches Problem.

›Solange die Widerspruchsfreiheit nicht bewiesen ist, kann ich nie ganz sicher sein, daß mir jemand, der gedankenlos, aber gemäß den Regeln, rechnet, nicht irgend etwas Falsches herausrechnen wird.‹ Solange also jene Voraussicht nicht gewonnen ist, ist der Kalkül unzuverlässig. – Aber denke, ich fragte:»Wie unzuverlässig?« – Wenn wir von Graden der Unzuverlässigkeit redeten, könnten wir ihr nicht dadurch den metaphysischen Stachel nehmen? Waren die ersten Regeln des Kalküls nicht gut? Nun, wir gaben sie nur, *weil* sie gut waren. – Wenn sich später ein Widerspruch ergibt, – haben sie *nicht* ihre Pflicht getan? Nicht doch, sie waren für diese Anwendung nicht gegeben worden.

Ich kann meinem Kalkül eine bestimmte Art der Voraussicht geben wollen. Sie macht ihn nicht zu einem *eigentlichen* Stück Mathematik, aber, etwa, zu gewissem Zweck brauchbarer.

Die Idee des Mechanisierens der Mathematik. Die Mode des axiomatischen Systems.

13. Aber nehmen wir an, die ›Axiome‹ und ›Schlußweisen‹ seien nicht nur irgendwelche Konstruktionsweisen, sondern auch durchaus überzeugende! Nun, dann heißt das, daß es Fälle gibt, in denen die Konstruktion aus diesen Bausteinen *nicht* überzeugt.
Und tatsächlich sind die logischen Axiome gar nicht überzeugend, wenn wir für die Satzvariablen Strukturen einsetzen, die niemand ursprünglich vorhergesehen hat, als man nämlich der Wahrheit der Axiome (im Anfang) die unbedingte Anerkennung gab.

Wie aber, wenn man sagt: die Axiome und Schlußweisen sollen doch so gewählt werden, daß sie keinen falschen Satz beweisen können?

›Wir wollen nicht nur einen ziemlich zuverlässigen, sondern einen *absolut* zuverlässigen Kalkül. Die Mathematik muß *absolut* sein.‹

Nimm an, ich hätte die Regeln für's Spiel ›Fuchs und Jäger‹ aufgestellt – stellte mir das Spiel unterhaltlich und hübsch vor. – Später aber finde ich, daß die Jäger immer gewinnen können, wenn man einmal weiß, wie.
Ich bin nun, sagen wir, mit meinem Spiel unzufrieden. Die von mir gegebenen Regeln haben ein Resultat gezeitigt, das ich nicht vorausgesehen hatte und das mir das Spiel verdirbt.

14. »N. kam darauf, daß man bei Berechnungen oft durch Ausdrücke der Form ›(n – n)‹ gekürzt hatte. Er wies die dadurch entstehende Diskrepanz der Resultate nach und zeigte, wie Menschenleben durch diese Art des Rechnens verloren worden waren.«

Aber nehmen wir an, auch die Andern hätten jene Widersprüche gemerkt, nur sich nicht darüber Rechenschaft geben können, woher sie kämen. Sie hätten, sozusagen, mit schlechtem Gewissen gerechnet. Sie hätten zwischen widersprechenden Resultaten *eins* gewählt, aber mit Unsicherheit, während ihnen N's Entdeckung vollkommene Sicherheit gegeben hätte. – Aber sagten sie sich: »Mit unserm Kalkül ist etwas nicht in Ordnung«? War ihre Unsicherheit von der Art der unseren, wenn wir eine physikalische Berechnung anstellen, aber nicht sicher sind, ob diese Formeln hier wirklich das richtige Resultat ergeben? Oder war es ein Zweifel darüber, ob ihr Rechnen wirklich ein Rechnen sei? In diesem Falle: was taten sie, um den Übelstand abzustellen?

Die Leute haben bisher nur verhältnismäßig selten vom Kürzen durch Ausdrücke vom Werte o Gebrauch gemacht. Einmal aber entdeckt jemand, daß sie auf diese Weise wirklich jedes beliebige Resultat ausrechnen können. – Was tun sie nun? Nun, wir könnten uns sehr verschiedenes vorstellen. Sie können, z. B., nun erklären, diese Art des Rechnens habe damit ihren Witz verloren, und *so* sei künftig nicht mehr zu rechnen.

›Er glaubt, er rechnet‹ – möchte man sagen – ›er rechnet tatsächlich nicht.‹

15. Wenn die Rechnung für mich ihren Witz verloren hat, sobald ich weiß, wie ich nun alles Beliebige errechnen kann – hat sie keinen gehabt, solang ich das *nicht* wußte?

Ich mag freilich jetzt alle diese Rechnungen als nichtig erklären – ich führe sie eben jetzt nicht mehr aus – aber waren es darum keine Rechnungen?

Ich habe einmal, ohne es zu wissen, über einen versteckten Widerspruch geschlossen. Ist mein Resultat nun falsch, oder doch unrecht erworben?

Wenn der Widerspruch so gut versteckt ist, daß ihn niemand merkt, warum sollen wir nicht das, was wir jetzt tun, das eigentliche Rechnen nennen?

Wir sagen, der Widerspruch würde den Kalkül *vernichten*. Aber wenn er nun sozusagen in winzigen Dosen aufträte, gleichsam blitzweise, nicht als ein ständiges Rechenmittel, würde er da den Kalkül auch vernichten?

Denk' dir, die Leute hätten sich eingebildet $(a + b)^2$ müsse gleich sein $a^2 + b^2$. (Ist das eine Einbildung von der Art: es müsse eine Dreiteilung des Winkels mit Lineal und Zirkel geben?) Kann man sich also so einbilden, zwei Rechnungsweisen müßten dasselbe ergeben, wenn es nicht dasselbe ist?

Ich addiere eine Kolumne, addiere sie auf verschiedene Weise, nehme z. B. die Zahlen in verschiedener Reihenfolge und kriege immer wieder, regellos, etwas anderes heraus. – Ich werde vielleicht sagen: »Ich bin ganz verwirrt; ich mache entweder regellos Rechenfehler, oder ich mache gewisse Rechenfehler in bestimmten Verbindungen: etwa auf ›6 + 3 = 9‹ sage ich immer ›7 + 7 = 15‹.«
Oder ich könnte mir denken, daß ich plötzlich einmal in der Rechnung subtrahiere statt zu addieren, aber nicht denke, daß ich nun etwas anderes tue.

Nun könnte es so sein, daß ich den Fehler nicht fände und mich für geistesgestört hielte. Aber das müßte meine Reaktion nicht sein.

›Der Widerspruch hebt den Kalkül auf‹ – woher diese Sonderstellung? Sie ist, glaube ich, durch etwas Phantasie gewiß zu erschüttern.

Um diese philosophischen Probleme zu lösen, muß man Dinge miteinander vergleichen, die zu vergleichen noch niemandem ernstlich eingefallen ist.

Man kann auf diesem Gebiete allerlei fragen, was zwar zur Sache gehört, aber nicht durch die Mitte derselben führt. Eine bestimmte Reihe von Fragen führt durch die Mitte, ins Freie. Die andern werden nebenbei beantwortet. Den Weg durch die Mitte zu finden ist ungeheuer schwer.

Er geht über *neue* Beispiele und Vergleiche. Die abgebrauchten zeigen uns ihn nicht.

Nehmen wir an, der Russellsche Widerspruch wäre nie gefunden worden. Nun – ist es ganz klar, daß wir dann einen falschen Kalkül besessen hätten? Gibt es denn hier nicht verschiedene Möglichkeiten?

Und wie, wenn man den Widerspruch zwar gefunden, sich aber weiter nicht über ihn aufgeregt und etwa bestimmt hätte, es seien aus ihm keine Schlüsse zu ziehen. (Wie ja auch niemand aus dem ›Lügner‹ Schlüsse zieht.) Wäre das ein offenbarer Fehler gewesen?

»Aber dann ist doch das kein eigentlicher Kalkül! Er verliert ja alle *Strenge*!« Nun, nicht *alle*. Und er hat nur dann nicht die volle Strenge, wenn man ein bestimmtes Ideal der Strenge verfolgt, einen bestimmten Stil der Mathematik baut.

›Aber ein Widerspruch in der Mathematik‹ verträgt sich doch nicht mit der Anwendung der Mathematik.
›Er macht, wenn er konsequent, d. h. zum Erzeugen *beliebiger* Resultate verwendet wird, die Anwendung der Mathematik zu einer Farce, oder einer Art überflüssiger Zeremonie. Seine Wirkung ist etwa die, unstarrer Maßstäbe, die durch Dehnen und Zusammendrücken verschiedene Messungsresultate zulassen.‹ Aber war das Messen durch Abschreiten *kein* Messen? Und wenn die Menschen mit Maßstäben aus Teig arbeiteten, wäre das an sich schon falsch zu nennen?

Könnte man sich nicht leicht Gründe denken, weshalb eine gewisse Dehnbarkeit der Maßstäbe erwünscht sein könnte?

»Aber ist es nicht richtig, die Maßstäbe aus immer härterem, unveränderlicherm Material herzustellen?« Gewiß ist es richtig; wenn man so will!

»Also redest du dem Widerspruch das Wort?!« Durchaus nicht; so wenig, wie den weichen Maßstäben.

Ein Fehler ist zu vermeiden: Man denkt, der Widerspruch *muß* sinnlos sein: d. h., wenn man z. B. die Zeichen ›p‹, ›∼‹, ›.‹ konse-

quent benützt, so kann ›p.~p‹ nichts sagen. — Aber denke: was heißt, den und den Gebrauch ›konsequent‹ fortsetzen? (›Dieses Kurvenstück konsequent fortsetzen.‹)

16. Wozu braucht die Mathematik eine Grundlegung?! Sie braucht sie, glaube ich, ebenso wenig, wie die Sätze, die von physikalischen Gegenständen — oder die, welche von Sinneseindrücken handeln, eine *Analyse*. Wohl aber bedürfen die mathematischen, sowie jene andern Sätze, eine Klarlegung ihrer Grammatik.

Die *mathematischen* Probleme der sogenannten Grundlagen liegen für uns der Mathematik so wenig zu Grunde, wie der gemalte Fels die gemalte Burg trägt.

›Aber wurde die Fregesche Logik durch den Widerspruch zur Grundlegung der Arithmetik nicht untauglich?‹ Doch! Aber wer sagte denn auch, daß sie zu diesem Zweck tauglich sein müsse?!

Man könnte sich sogar denken, daß man die Fregesche Logik einem Wilden als Instrument gegeben hätte, um damit arithmetische Sätze abzuleiten. Er habe den Widerspruch abgeleitet, ohne zu merken, daß es einer ist, und aus ihm nun beliebige wahre und falsche Sätze.

›Ein guter Engel hat uns bisher bewahrt, *diesen* Weg zu gehen.‹ Nun, was willst du mehr? Man könnte, glaube ich, sagen: Ein guter Engel wird immer nötig sein, was immer du tust.

17. Man sagt: das Rechnen sei ein Experiment, um dadurch zu zeigen wie es so praktisch sein kann. Denn vom Experiment weiß man, daß es wirklich praktischen Wert hat. Nur vergißt man, daß es diesen Wert besitzt vermöge einer Technik, die ein naturgeschichtliches Faktum ist, deren Regeln aber nicht die Rolle von Sätzen der Naturgeschichte haben.

»Die Grenzen der Empirie.«[1] – (Leben wir, weil es praktisch ist zu leben? Denken wir, weil Denken praktisch ist?)

Daß ein Experiment praktisch ist, das weiß er; also ist die Rechnung ein Experiment.

Unsre experimentellen Handlungen haben allerdings ein charakteristisches Gesicht. Wenn ich jemand in einem Laboratorium eine Flüssigkeit in eine Proberöhre gießen und über einer Bunsenflamme erhitzen sehe, bin ich geneigt zu sagen, er mache ein Experiment.

Nehmen wir an, Leute, welche zählen können, wollen – so wie wir – zu verschiedenerlei praktischen Zwecken Zahlen wissen. Und dazu fragen sie gewisse Leute, die, wenn ihnen das praktische Problem erklärt wurde, die Augen schließen, und sich die dem Zweck entsprechende Zahl einfallen ließen — so läge hier keine Rechnung vor, wie verläßlich immer die Zahlangabe sein mag. Ja diese Zahlbestimmung könnte praktisch viel verläßlicher sein, als jede Rechnung.

---

1 Vgl. S. 197 Anm. (Hrsg.)

Eine Rechnung – könnte man sagen – ist etwa ein Teil der Technik eines Experiments, aber allein kein Experiment.

Vergißt man denn, daß zum Experiment eine bestimmte *Anwendung* des Vorgangs gehört? Und die Rechnung vermittelt die Anwendung.

Würde denn jemand daran *denken*, das Übersetzen einer Chiffre mittels eines Schlüssels ein Experiment zu nennen?

Wenn ich zweifle, ob die Zahlen n und m multipliziert l ergeben werden, so bin ich nicht darüber im Zweifel, ob eine Verwirrung in unserm Rechnen ausbrechen wird, und etwa die Hälfte der Menschen eines – die andre Hälfte etwas andres für richtig halten werden.

›Experiment‹ ist eine Handlung nur von einem gewissen Gesichtspunkt gesehen. Und es ist *klar*, daß die Rechnungshandlung auch ein Experiment sein kann.
Ich kann z. B. prüfen wollen, was dieser Mensch unter solchen Umständen, auf diese Aufgabestellung hin, rechnet. – Aber, ist es nicht eben das, was du fragst wenn du wissen willst, wieviel 52×63 ist! Das mag ich wohl fragen – meine Frage mag sogar in diesen Worten ausgedrückt sein. (Vgl. damit: Ist der Satz »Horch, sie stöhnt!« ein Satz über ihr Benehmen, oder über ihr Leiden?)
Aber wie ist es nun, wenn ich seine Rechnung vielleicht *nachrechne*? – ›Nun, dann mache ich noch ein Experiment um ganz sicher herauszufinden, daß alle normalen Menschen so reagieren.‹ – Und wenn sie nun *nicht* gleichförmig reagieren –: welches ist das mathematische Resultat?

18. »Soll die Rechnung praktisch sein, so muß sie Tatsachen zu Tage bringen. Und das kann nur das Experiment.«
Aber welches sind ›Tatsachen‹? Glaubst du, du kannst zeigen, welche Tatsache gemeint ist, indem du etwa mit dem Finger sie zeigst? Macht das schon die Rolle klar, welche die ›Feststellung‹ einer Tatsache spielt? – Wenn nun die Mathematik erst den *Charakter* dessen bestimmte, was du ›Tatsache‹ nennst!
›Es ist interessant zu wissen *wieviele* Schwingungen dieser Ton hat.‹ Aber die Arithmetik hat dich diese Frage erst gelehrt. Sie hat dich gelehrt, diese Art von Tatsachen zu sehen.

Die Mathematik – will ich sagen – lehrt dich nicht einfach die Antwort auf eine Frage; sondern ein ganzes Sprachspiel, mit Fragen und Antworten.

Sollen wir sagen, die *Mathematik* lehre uns zählen?

Kann man von der Mathematik sagen, sie lehre uns experimentelle *Forschungsweisen*? Oder sie helfe uns, solche Forschungsweisen finden?
›Die Mathematik, um praktisch zu sein, muß uns Tatsachen lehren.‹ – Aber müssen diese Tatsachen die *mathematischen* Tatsachen sein? – Aber warum soll sie nicht, statt uns ›Tatsachen zu lehren‹, die Formen dessen schaffen, was wir Tatsachen nennen?

»Ja aber es bleibt doch empirische Tatsache, daß die Menschen so rechnen!« – Ja, aber damit werden ihre Rechensätze nicht zu empirischen Sätzen.

»Ja, aber es muß doch unser Rechnen auf empirischen Tatsachen beruhen!« Gewiß. Aber welche meinst du jetzt? Die psychologischen und physiologischen, die es möglich machen, oder die, die es zu einer nützlichen Tätigkeit machen? Der Zusammenhang mit *diesen* besteht darin, daß die Rechnung das Bild eines Experiments ist, wie es nämlich, so gut wie immer, abläuft. Von den anderen erhält es seine Pointe, seine Physiognomie: aber das sagt durchaus nicht, daß die Sätze der Mathematik die Funktionen der empirischen Sätze haben. (Das wäre beinahe, als glaubte Einer: weil doch nur die Schauspieler im Stücke auftreten, so könnten auf der Bühne des Theaters auch keine andern Leute nützlich beschäftigt sein.)

In der Rechnung *gibt es keine* kausalen Zusammenhänge, nur die Zusammenhänge des Bildes. Und daran ändert es nichts, daß wir die Beweisfigur nachrechnen, um sie anzuerkennen. Daß wir also versucht sind, zu sagen, wir ließen sie durch ein psychologisches Experiment entstehen. Denn der psychische Ablauf wird beim Rechnen nicht psychologisch untersucht.

›Die Minute hat 60 Sekunden.‹ Das ist ein Satz ganz *ähnlich* einem mathematischen. Hängt seine Wahrheit von der Erfahrung ab? – Nun: könnten wir von Minuten und Stunden reden, wenn es keinen Zeitsinn gäbe; wenn es keine Uhren gäbe, oder, aus physikalischen Gründen nicht geben könnte; wenn alle die Zusammenhänge nicht statt hätten, die unsern Zeitmaßen Sinn und Bedeutung geben? In diesem Falle – würden wir sagen – hätte das Zeitmaß seinen Sinn verloren (wie die Handlung des Mattsetzens, wenn das Schachspiel verschwände) – oder es hätte dann einen ganz anderen Sinn. – Macht aber die eine so beschriebene Erfahrung den Satz falsch, die andre wahr? Nein; *das* beschriebe nicht seine Funktion. Er funktioniert ganz anders.

›Das Rechnen, um praktisch sein zu können, muß auf empirischen Tatsachen beruhen.‹ – Warum soll es nicht lieber bestimmen, was empirische Tatsachen *sind*?

Erwäge: ›Unsre Mathematik wandelt Experimente in Definitionen um.‹

19. Aber können wir uns keine menschliche Gesellschaft denken, in der es ebensowenig ein Rechnen, ganz in unserm Sinn, wie ein Messen, ganz in unserm Sinne, gibt? – Doch. – Aber wozu will ich mich denn bemühen, was Mathematik ist, herauszuarbeiten? Weil es bei uns eine Mathematik gibt, und eine besondere Auffassung derselben, ein Ideal, gleichsam, ihrer Stellung und Funktion, – und dieses muß klar herausgearbeitet werden.

Fordere nicht zuviel, und fürchte nicht, daß deine gerechte Forderung ins Nichts zerrinnen wird.

Meine Aufgabe ist es nicht, Russells Logik von *innen* anzugreifen, sondern von außen.

D. h.: nicht, sie mathematisch anzugreifen – sonst triebe ich Mathematik –, sondern ihre Stellung, ihr Amt.

Meine Aufgabe ist es nicht, über den Gödelschen Beweis, z. B., zu reden; sondern an ihm vorbei zu reden.

20. Die Aufgabe, die Zahl der Wege zu finden, auf denen man den Fugen dieser Mauer:

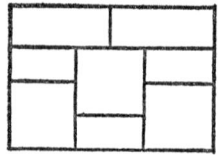

ohne abzusetzen und ohne Wiederholung entlang fahren kann, erkennt jeder als *mathematische* Aufgabe. – Wäre die Zeichnung viel komplizierter und größer, nicht zu überblicken, so könnte man annehmen, sie ändre sich, ohne daß wir's merken, und dann wäre die Aufgabe, jene Zahl (die sich vielleicht gesetzmäßig ändert) zu finden, keine mathematische mehr. Aber auch wenn sie gleichbleibt, ist die Aufgabe dann nicht mathematisch. – – Aber auch wenn die Mauer zu überblicken ist, so kann man nicht sagen, die Aufgabe wird dadurch zu einer mathematischen – wie man sagt: *diese* Aufgabe ist nun eine der Embryologie. Vielmehr: *hier* brauchen wir eine mathematische Lösung. (Wie: hier ist, was wir bedürfen, eine *Vorlage*.)

›Erkannten‹ wir das Problem als ein mathematisches, weil die Mathematik vom Nachfahren von Zeichnungen handelt?

Warum sind wir also geneigt, *dieses* Problem schlechtweg ein ›mathematisches‹ zu nennen? Weil wir es ihm gleich ansehen, daß hier die Beantwortung einer *mathematischen* Frage *so gut wie* alles ist, was wir brauchen. Obschon man das Problem, z. B., leicht als ein psychologisches sehen könnte.
Ähnliches von der Aufgabe, aus einem Blatt Papier das und das zu falten.

Es kann so ausschauen, als ob die Mathematik hier eine Wissenschaft ist, die mit *Einheiten* Experimente macht; Experimente, bei welchen es nämlich nicht auf die Arten der Einheiten ankommt, also nicht darauf, ob sie Erbsen, Glaskugeln, Striche, usw., sind. – Nur was von *allen* diesen gilt findet sie heraus. Also z. B. nichts über ihren Schmelzpunkt, aber, daß 2 und 2 von ihnen 4 sind. Und das Problem der Mauer ist eben ein mathematisches, d. h.: kann durch *diese* Art von Experiment gelöst werden. – Und worin das mathematische Experiment besteht? Nun, im Hinlegen und Verschieben von Dingen, Ziehen von Strichen, Anschreiben von Ausdrücken, Sätzen, etc. Und man muß sich dadurch nicht stören lassen, daß die äußere Erscheinung dieser Experimente nicht die physikalischer, chemischer etc. hat, es sind eben andersartige. Nur eine Schwierigkeit ist da: das, was vorgeht, ist leicht genug zu sehen, zu beschreiben, – aber *wie* ist es als Experiment anzuschauen? Welches ist hier der Kopf, welches der Fuß des Experiments? Welches sind die Bedingungen des Experiments, welches sein Resultat? Ist das Resultat das Rechnungsergebnis, oder das Rechnungsbild, oder die Zustimmung (worin immer diese besteht) des Rechnenden?

Werden aber, etwa, die Prinzipien der Dynamik zu Sätzen der reinen Mathematik dadurch, daß man ihre Interpretation offen läßt und sie nun zum Erzeugen eines Maßsystems verwendet?

›Der mathematische Beweis muß übersichtlich sein‹ – das hängt mit der Übersichtlichkeit jener Figur zusammen.

21. Vergiß nicht: der Satz, der von sich selbst aussagt, er sei unbeweisbar, ist als *mathematische* Aussage aufzufassen – denn das ist nicht *selbstverständlich*.
Es ist nicht selbstverständlich, daß der Satz, die und die Struk-

tur sei nicht konstruierbar, als mathematischer Satz aufzufassen ist.

D. h.: wenn man sagte: »er sagt von sich selbst aus« – so ist das auf eine spezielle Weise zu verstehen. Hier nämlich entsteht leicht Verwirrung durch den bunten Gebrauch des Ausdrucks »dieser Satz sagt etwas von ... aus«.

In diesem Sinne sagt der Satz ›625 = 25 × 25‹ auch etwas über sich selbst aus: daß nämlich die linke Ziffer erhalten wird, wenn man die rechts stehenden multipliziert.

Der Gödelsche Satz, der etwas über sich selbst aussagt, *erwähnt* sich selbst nicht.

›Der Satz sagt, daß diese Zahl aus diesen Zahlen auf diese Weise nicht erhältlich ist.‹ – Aber bist du auch sicher, daß du ihn recht ins Deutsche übersetzt hast? Ja gewiß, es scheint so. – Aber kann man da nicht fehlgehen?

Könnte man sagen: Gödel sagt, daß man einem mathematischen Beweis auch muß trauen können, wenn man ihn, praktisch, als den Beweis der Konstruierbarkeit der Satzfigur nach den Beweisregeln auffassen will?
Oder: Ein mathematischer Satz muß als Satz einer auf sich selbst wirklich anwendbaren Geometrie aufgefaßt werden können. Und tut man das, so zeigt es sich, daß man sich auf einen Beweis in gewissen Fällen nicht verlassen kann.

Die Grenzen der Empirie[1] sind nicht unverbürgte Annahmen, oder intuitiv als richtig erkannte; sondern Arten und Weisen des Vergleichens und des Handelns.

22. ›Nehmen wir an, wir haben einen arithmetischen Satz, der sagt, eine bestimmte Zahl ... könne nicht aus den Zahlen ..., ..., ..., durch die und die Operationen gewonnen werden. Und nehmen wir an, es ließe sich eine Übersetzungsregel geben, nach welcher dieser arithmetische Satz in die Ziffer jener ersten Zahl – die Axiome, aus denen wir versuchen, ihn zu beweisen, in die Ziffern jener andern Zahlen – und unsere Schlußregeln in die im Satz erwähnten Operationen sich übersetzen ließen. – Hätten wir dann *den arithmetischen Satz* aus den Axiomen nach unsern Schlußregeln abgeleitet, so hätten wir *dadurch* seine Ableitbarkeit demonstriert, aber auch einen Satz bewiesen, den man nach jener Übersetzungsregel dahin aussprechen kann: dieser arithmetische Satz (nämlich unserer) sei unableitbar.‹
Was wäre nun da zu tun? Ich denke mir, wir schenken unserer *Konstruktion* des *Satzzeichens* Glauben, also dem *geometrischen* Beweis. Wir sagen also, diese ›Satzfigur‹ ist aus jenen so und so gewinnbar. Und übertragen, nun, in eine andre Notation heißt das: diese Ziffer ist mittels dieser Operationen aus jenen zu gewinnen. Soweit hat der Satz und sein Beweis nichts mit einer besonderen *Logik* zu tun. Hier war jener konstruierte Satz einfach eine andere Schreibweise der konstruierten Ziffer; sie hatte die *Form* eines Satzes, aber wir vergleichen sie nicht mit andern Sätzen als Zeichen, welches dies oder jenes *sagt*, einen *Sinn* hat.

Aber freilich ist zu sagen, daß jenes Zeichen weder als Satzzeichen noch als Zahlzeichen angesehen werden braucht. – Frage dich: was macht es zu dem einen, was zu dem anderen?

---

[1] Vgl. S. 197 Anm. (Hrsg.)

Lesen wir nun den konstruierten Satz (oder die Ziffer) als Satz der mathematischen Sprache (etwa auf Deutsch), so spricht er das Gegenteil von dem, was wir eben als bewiesen betrachten. Wir haben also den wirklichen Sinn des Satzes als falsch demonstriert und ihn zu gleicher Zeit *bewiesen* – wenn wir nämlich seine Konstruktion aus den zugelassenen Axiomen mittels der zugelassenen Schlußregeln als Beweis betrachten.

Wenn jemand uns einwürfe, wir könnten solche *Annahmen* nicht machen, da es *logische* oder *mathematische* Annahmen wären, so antworten wir, daß nur nötig ist anzunehmen, jemand habe einen Rechenfehler gemacht und sei *dadurch* zu dem Resultat gelangt, das wir ›annehmen‹, und er könne diesen Rechenfehler vorderhand nicht finden.

Hier kommen wir wieder auf den Ausdruck »der Beweis überzeugt uns« zurück. Und was uns hier an der Überzeugung interessiert, ist weder ihr Ausdruck durch Stimme oder Gebärde, noch das Gefühl der Befriedigung oder ähnliches; sondern ihre Bestätigung in der Verwendung des Bewiesenen.

Man kann mit Recht fragen, welche Wichtigkeit Gödel's Beweis für unsre Arbeit habe. Denn ein Stück Mathematik kann Probleme von der Art, die *uns* beunruhigen, nicht lösen. – Die Antwort ist: daß die *Situation* uns interessiert, in die ein solcher Beweis uns bringt. ›Was sollen wir nun sagen?‹ – das ist unser Thema.

So seltsam es klingt, so scheint meine Aufgabe, das Gödelsche Theorem betreffend, bloß darin zu bestehen, klar zu stellen, was in der Mathematik so ein Satz bedeutet, wie: »angenommen, man könnte dies beweisen«.

23. Es kommt uns viel zu selbstverständlich vor, daß wir »wieviele?« fragen und darauf zählen und rechnen!

Zählen wir, weil es praktisch ist zu zählen? Wir zählen! – Und so rechnen wir auch.

Man kann auf Grund eines Experiments – oder wie man es sonst nennen will – manchmal die Maßzahl des Gemessenen, manchmal aber auch das geeignete Maß bestimmen.

So ist also die Maßeinheit das Resultat von Messungen? Ja und nein. Nicht das Messungsresultat, aber vielleicht die *Folge* von Messungen.

Es wäre *eine* Frage: »hat uns die Erfahrung gelehrt, *so* zu rechnen?« – und eine andre: »ist die Rechnung ein Experiment?«

24. Aber läßt sich nicht alles aus allem nach irgendeiner Regel – ja nach *jeder* Regel mit entsprechender Deutung – ableiten? Was heißt es, wenn ich, zum Beispiel, sage: diese Zahl läßt sich durch Multiplikation aus jenen beiden ableiten? Frage dich: Wann gebraucht man diesen Satz? Nun, es ist z. B. kein psychologischer Satz, der sagen soll, was Menschen unter gewissen

Bedingungen tun werden, was sie befriedigen wird; es ist auch kein physikalischer, das Benehmen von Zeichen auf dem Papier betreffend. Es wird nämlich in einer andern Umgebung, als ein psychologischer, oder physikalischer, angewandt.

Nimm an, Menschen lernen rechnen, ungefähr, wie sie es tatsächlich tun; aber stell dir nun verschiedene ›Umgebungen‹ vor, die das Rechnen einmal zu einem psychologischen Experiment, einmal zu einem physikalischen mit den Rechenzeichen, einmal zu etwas anderem macht! Wir nehmen an, die Kinder lernen Zählen und die einfachen Rechnungsarten durch Nachahmen, Aufmunterung und Zurechtweisung. Aber von einem gewissen Punkt wird nun die Nichtübereinstimmung der Rechnenden (also etwa die Rechenfehler) nicht als etwas Schlechtes, sondern als etwas psychologisch Interessantes behandelt. »Also das hieltest du damals für richtig?«, heißt es, »wir Andern haben es alle *so* gemacht.«

Ich will sagen: daß das, was wir Mathematik, die *mathematische* Auffassung des Satzes 13 × 14 = 182, nennen, mit der besondern Stellung zusammenhängt, die wir zu der Tätigkeit des Rechnens einnehmen. Oder, die besondere Stellung, die die Rechnung ... in unserm Leben, in unsern übrigen Tätigkeiten hat. Das Sprachspiel in dem sie steht.

Man kann ein Musikstück auswendig lernen, um es richtig spielen zu können; aber auch in einem psychologischen Experiment, um das Arbeiten des musikalischen Gedächtnisses zu untersuchen. Man könnte es aber auch dem Gedächtnis einprägen, um dadurch irgendwelche Veränderungen in der Partitur zu beurteilen.

25. Ein Sprachspiel: Ich rechne Multiplikationen und sage dem Andern: wenn du richtig rechnest wird das und das herauskommen; worauf er die Rechnung ausführt und sich der Richtigkeit, und manchmal der Falschheit, meiner Voraussage freut. Was setzt dieses Sprachspiel voraus? Daß ›Rechenfehler‹ leicht zu finden sind und immer Übereinstimmung über Richtigkeit, oder Falschheit der Rechnung rasch erzielt wird.

»Wenn du mit jedem Schritt übereinstimmen wirst, wirst du zu diesem Resultat gelangen.«

Was ist das Kriterium dafür, daß ein Schritt der Rechnung richtig ist; ist es nicht, daß mir der Schritt richtig erscheint, und anderes von der gleichen Art?
Was ist das Kriterium dafür, daß ich zweimal die gleiche Ziffer herausrechne? Ist es nicht, daß mir die Ziffern gleich *erscheinen,* und ähnliches?

Was ist das Kriterium dafür, daß ich hier dem Paradigma gefolgt bin?

»Wenn du sagen wirst, daß jeder Schritt richtig ist, wird das herauskommen.«

Die Voraussage ist eigentlich: du wirst, wofern du dein Tun für richtig hältst, *das* tun.
Du wirst, wofern du jeden Schritt für richtig hältst, diesen Weg gehen. – Daher auch zu diesem Ende gelangen.

Ein *logischer* Schluß wird gezogen, wenn keine Erfahrung dem Schlußresultat widerstreiten kann, sie widerstreite denn den Prämissen. D. h., wenn der Schluß nur eine Bewegung in den Mitteln der Darstellung ist.

26. In einem Sprachspiel werden Sätze gebraucht; Meldungen, Befehle und dergleichen. Und nun werden auch Rechensätze von den Personen verwendet. Sie sagen sie etwa zu sich selbst, zwischen den Befehlen und Meldungen.

Ein Sprachspiel, in dem Einer nach einer Regel rechnet und nach den Rechnungsresultaten Steine eines Baues setzt. Er hat gelernt, mit Schriftzeichen nach Regeln zu operieren. – Wer den Vorgang dieses Lehrens und Lernens beschreibt hat alles gesagt, was sich über das richtige Handeln nach der Regel sagen läßt. Wir können nicht weiter gehen. Es nützt, z. B., nichts, zum Begriff der Übereinstimmung zurückzugehen, weil es nicht sicherer ist, daß eine Handlung mit einer andern übereinstimmt, als, daß sie einer Regel gemäß geschehen ist. Es beruht ja, nach einer Regel vorgehen, auch auf einer Übereinstimmung.

Wie gesagt, worin einer Regel richtig folgen besteht, kann man nicht *näher* beschreiben, als dadurch, daß man das *Lernen* des ›Vorgehens nach der Regel‹ beschreibt. Und diese Beschreibung ist eine alltägliche, wie die des Kochens und Nähens, etwa. Sie setzt schon soviel voraus, wie diese. Sie unterscheidet Eins vom Andern, informiert also einen Menschen, der etwas ganz bestimmtes nicht weiß. (Vgl. Bemerkung: die Philosophie verwende keine vorbereitende Sprache etc.)

Denn wer mir beschreibt, wie Leute zum Befolgen einer Regel abgerichtet werden und wie sie richtig drauf reagieren, wird selbst in der Beschreibung den Ausdruck einer Regel verwenden und sein Verständnis bei mir voraussetzen.

Wir haben also jemand die Technik des Multiplizierens beigebracht. Daher verwenden wir Ausdrücke der Zustimmung und der Zurückweisung. Wir werden ihm auch manchmal das *Ziel* der Multiplikation anschreiben. »Das mußt du erhalten, wenn es richtig sein soll«, können wir ihm sagen.

Kann nun der Schüler aber widersprechen und sagen: »Woher weißt du das? Und ist, was du willst, daß ich der Regel folgen soll, oder daß ich dies Resultat erhalten soll? Denn die beiden brauchen ja nicht zusammenzutreffen.« Nun, wir nehmen nicht an, daß der Schüler das sagen kann; wir nehmen an, daß er die Regel von beiden Seiten her gelten läßt. Daß er den einzelnen Schritt *und* das Rechnungsbild – und also das Rechnungsresultat – als Kriterien der Richtigkeit auffaßt, und daß, wenn diese nicht übereinstimmen, er an eine Verwirrung der Sinne glaubt.

27. Ist es nun denkbar, daß einer der Regel richtig folgt und zu verschiedenen Malen beim Multiplizieren 15 $\times$ 13 doch verschiedenes errechnet? Das kommt darauf an, *welche Kriterien* man für das richtige Folgen gelten läßt. In der Mathematik ist das Resultat selbst auch ein Kriterium des richtigen Rechnens. Da ist es also undenkbar, der Regel richtig zu folgen und verschiedene Rechnungsbilder zu erzeugen.

Das Nicht-Geltenlassen des Widerspruchs charakterisiert die Technik unserer Verwendung unserer Wahrheitsfunktionen. Lassen wir den Widerspruch in unsern Sprachspielen gelten, so ändern wir jene Technik – so, als gingen wir davon ab, eine doppelte Verneinung als Bejahung anzusehen. Und diese Änderung wäre von Bedeutung, da die Technik unserer Logik ihrem Charakter nach zusammenhängt mit der Auffassung der Wahrheitsfunktionen.

»Die Regeln zwingen mich zu etwas«, nun das kann man schon sagen, weil, was mir mit der Regel übereinzustimmen scheint, ja nicht von meiner Willkür abhängt. Daher kann es ja geschehen, daß ich die Regeln eines Brettspiels ersinne und nachträglich herausfinde, daß in diesem Spiel wer anfängt gewinnen *muß*. Und so ähnlich ist es ja, wenn ich finde, daß die Regeln zu einem Widerspruch führen.

Ich bin nun gezwungen anzuerkennen, daß das eigentlich kein Spiel ist.

›Die Regeln des Multiplizierens, einmal aufgenommen, zwingen mich nun anzuerkennen, daß ... × ... gleich ... ist.‹ Angenommen, daß es mir unangenehm wäre, diesen Satz anzuerkennen. Soll ich sagen: »Nun, das kommt von dieser Art Abrichtung. Menschen, die so abgerichtet, so konditioniert, sind, kommen dann in solche Schwierigkeiten.«?

›Wie zählt man im Dezimalsystem?‹ – »Wir schreiben auf 1, 2, auf 2, 3 ... ... auf 13, 14 ... auf 123, 124, *usf.*« – Das ist eine Erklärung für den, der zwar irgendetwas nicht wußte, das ›usf.‹

aber verstand. Und es verstehen, heißt, es nicht als Abkürzung verstehen; es heißt *nicht*, daß er jetzt im Geiste eine viel längere Reihe als die meiner Beispiele sieht. Daß er es versteht, zeigt sich darin, daß er nun gewisse Anwendungen macht, in gewissen Fällen *dies* sagt und *so* handelt.

»Wie zählen wir im Dezimalsystem?« — .... — Nun, ist das keine Antwort? – Aber nicht für den, der das ›usf.‹ nicht verstand. – Aber kann unsere Erklärung es ihm nicht begreiflich gemacht haben? Kann er durch sie nicht die Idee der Regel erhalten haben? – Frage dich, was die Kriterien dafür sind, daß er diese Idee nun erhalten hat.

Was zwingt mich denn? – Der Ausdruck der Regel? – Ja; wenn ich einmal so erzogen bin. Aber kann ich sagen, er zwingt mich, ihm zu folgen? Ja; wenn man sich hier die Regel nicht als Linie denkt, der ich nachfahre, sondern als Zauberspruch, der uns im Bann hält.
((»schlichten Unsinn, und Beulen ...«))

28. Warum soll man nicht sagen, der Widerspruch,
z. B.: ›heterologisch‹ ε heterologisch ≡ ∼ (›heterologisch‹ ε heterologisch),
zeige eine logische Eigenschaft des Begriffs ›heterologisch‹?

»›Zweisilbig‹ ist heterologisch«, oder »›dreisilbig‹ ist nicht heterologisch« sind Erfahrungssätze. Es könnte in irgendeinem Zusammenhang wichtig sein, herauszufinden, ob Eigenschaftswörter die Eigenschaften besitzen, die sie bezeichnen, oder nicht. Man gebraucht dann in einem Sprachspiel das Wort »heterologisch«. Aber soll nun der Satz »›h‹ ε h« ein Erfahrungssatz sein? Er ist es offenbar nicht und wir würden ihn auch, wenn wir den Widerspruch nicht gefunden haben, nicht als einen Satz in unserm Sprachspiel zulassen.

›h‹ ε h ≡ ∼ (›h‹ ε h) könnte man ›eine wahre Kontradiktion‹ nennen. — Aber diese Kontradiktion ist doch kein sinnvoller Satz! Wohl, aber die Tautologien der Logik sind es ja auch nicht.

»Die Kontradiktion ist wahr« heißt hier: sie ist bewiesen; abgeleitet aus den Regeln für das Wort »h«. Ihre Verwendung ist, zu zeigen, daß »›h‹« ein Wort ist, welches in ›ξ ε h‹ eingesetzt keinen Satz ergibt.

»Die Kontradiktion ist wahr« heißt: Das ist wirklich ein Widerspruch, und du darfst also das Wort »›h‹« als Argument von ›ξ ε h‹ nicht verwenden.

29. Ich bestimme ein Spiel und sage: »Machst du diese Art Zug, so ziehe ich *so*, machst du jene, so ziehe ich *so*. — Jetzt spiele!« Und nun macht er einen Zug, oder etwas, was ich auch als Zug anerkennen muß und wenn ich nach meinen Regeln daraufhin ziehen will, so erweist sich, was immer ich tue, als den Regeln nicht gemäß. Wie konnte das geschehen? Als ich Regeln aufstellte, da *sagte* ich etwas: Ich folgte einem gewissen Brauch. Ich sah nicht voraus, was wir weiter tun würden, oder sah nur eine bestimmte Möglichkeit. Es war nicht anders, als hätte ich Einem gesagt: »Gib das Spiel auf; mit diesen Figuren kannst du nicht matt setzen« und hätte eine bestehende Möglichkeit des Mattsetzens übersehen.

Die verschiedenen, halb scherzhaften, Einkleidungen des logischen Paradoxes sind nur insofern interessant als sie einen daran erinnern, daß eine ernsthafte Einkleidung des Paradoxes von Nöten ist, um seine Funktion eigentlich zu verstehen. Es fragt sich: Welche Rolle kann ein solcher logischer Irrtum in einem Sprachspiel spielen?

Man gibt jemandem etwa Instruktionen, wie er in dem und dem Fall zu handeln hat; und diese Instruktionen erweisen sich später als *unsinnig*.

30. Das logische Schließen ist ein Teil eines Sprachspiels. Und zwar folgt, der im Sprachspiel logische Schlüsse ausführt, gewissen Instruktionen, die beim Lernen des Sprachspiels selber gegeben wurden. Baut der Gehilfe etwa nach gewissen Befehlen ein Haus, so hat der das Herbeitragen der Baustoffe etc. von Zeit zu Zeit zu unterbrechen und gewisse Operationen mit Zeichen auf einem Papier auszuführen; worauf er, dem Resultat entsprechend, wieder seine Bauarbeit aufnimmt.

Denke dir einen Vorgang, in welchem jemand, der einen Karren schiebt daraufgekommen ist, daß er die Radachse reinigen muß, wenn der Karren sich zu schwer schieben läßt. Ich meine nicht, daß er zu sich sagt: »immer, wenn der Karren sich nicht schieben läßt, ...«. Sondern er *handelt* einfach so. Und nun kommt er darauf einem Andern zuzurufen: »Der Karren geht nicht; reinige die Achse!«, oder auch: »Der Karren geht nicht. Also muß die Achse gereinigt werden.« Nun das ist ein Schluß. Kein logischer, freilich.

Ist der logische Schluß richtig, wenn er den Regeln gemäß gezogen wurde; oder, wenn er *richtigen* Regeln gemäß gezogen wird? Wäre es z. B. falsch, wenn man sagte, aus ∼ p solle immer p gefolgert werden? Aber warum soll man nicht lieber sagen: so eine Regel gäbe den Zeichen ›∼ p‹ und ›p‹ nicht ihre gewöhnliche Bedeutung?

Man kann es so auffassen – will ich sagen –, daß die Schlußregeln den Zeichen ihre Bedeutung geben, weil sie Regeln der Verwendung dieser Zeichen sind. Daß die Schlußregeln zur Bestimmung der Bedeutung der Zeichen gehören. In diesem Sinne können die Schlußregeln nicht falsch oder richtig sein.

A hat beim Bau die Länge und Breite einer Fläche gemessen und gibt dem B den Befehl: »Bring 15 × 18 Platten.« B ist dazu abgerichtet zu multiplizieren und dem Resultat entsprechend eine Menge von Platten abzuzählen.[1]

Der Satz ›15 × 18 = 270‹ braucht natürlich nie ausgesprochen zu werden.

Man könnte sagen: Experiment–Rechnung sind Pole, zwischen welchen sich menschliche Handlungen bewegen.

31. Wir konditionieren einen Menschen in dieser und dieser Weise; wirken dann auf ihn durch eine Frage ein; und erhalten

---

[1] Vgl. *Philosophische Untersuchungen*, § 2, § 8. (Hrsg.)

ein Zahlzeichen. Dieses verwenden wir weiter zu unsern Zwecken und es erweist sich als praktisch. Das ist das Rechnen. – Noch nicht! Dies könnte ein sehr *zweckmäßiger* Vorgang sein – muß aber nicht sein, was wir ›Rechnen‹ nennen. Wie man sich denken könnte, daß zu Zwecken, denen heute unsre Sprache dient, Laute ausgestoßen wurden, die doch keine Sprache bildeten.
Zum Rechnen gehört, daß alle die richtig rechnen dasselbe Rechnungsbild erzeugen. Und ›richtig rechnen‹ heißt nicht: bei klarem Verstande, oder ungestört rechnen, sondern *so* rechnen.

Jeder mathematische Beweis gibt dem mathematischen Gebäude einen neuen Fuß. (Ich dachte an die Füße eines Tisches.)

32. Ich habe mich gefragt: Ist Mathematik mit rein phantastischer Anwendung nicht auch Mathematik? – Aber es fragt sich: Nennen wir es ›Mathematik‹ nicht etwa nur darum, weil es hier Übergänge, Brücken, gibt von der phantastischen zur nichtphantastischen Anwendung? D. h.: würden wir sagen, Leute besäßen eine Mathematik, die das Rechnen, Operieren mit Zeichen *bloß* zu okkulten Zwecken benützten?

33. Aber ist es dann doch nicht unrichtig zu sagen: das der Mathematik *Wesentliche* sei, daß sie Begriffe bilde? – Denn die Mathematik ist doch ein anthropologisches Phänomen. Wir können es also als das Wesentliche in einem großen Teil der Mathematik (dessen was ›Mathematik‹ genannt wird) erkennen und doch sagen, es spiele keine Rolle in anderen Gebieten. Diese Einsicht allein wird freilich nicht ohne Einfluß auf die sein, die die Mathematik nun so sehen lernen. Mathematik ist also eine Familie; aber das sagt nicht, daß es uns also gleich sein wird, was alles in sie aufgenommen wird.

Man könnte sagen: Verstündest du *keinen* mathematischen Satz besser als du das Multiplikativ – Axiom[1] verstehst, so verstündest du Mathematik *nicht*.

34. – Hier ist ein Widerspruch. Aber wir sehen ihn nicht und ziehen Schlüsse aus ihm. Etwa auf mathematische Sätze; und auf falsche. Aber wir erkennen diese Schlüsse an. – Und bricht nun eine von uns berechnete Brücke zusammen, so finden wir dafür eine andere Ursache, oder sagen, Gott habe es so gewollt. War nun unsre Rechnung falsch; oder war es keine Rechnung? Gewiß, wenn wir als Forschungsreisende die Leute beobachten, die es so machen, werden wir vielleicht sagen: diese Leute rechnen überhaupt nicht. Oder: in ihren Rechnungen sei ein Element der Willkür, welches das Wesen ihrer Mathematik von dem der unsern unterscheidet. Und doch würden wir nicht leugnen können, daß die Leute eine Mathematik haben.

Was für Regeln muß der König geben, damit er der unangenehmen Situation von nun an entgeht, in die ihn sein Gefangener gebracht hat? – Was für eine Art Problem ist das? – Es ist doch ähnlich diesem: Wie muß ich die Regeln dieses Spiels abändern, daß die und die Situation nicht eintreten kann? Und das ist eine mathematische Aufgabe.

Aber kann es denn eine mathematische Aufgabe sein, die Mathematik zur Mathematik zu machen?

Kann man sagen: »Nachdem dies mathematische Problem gelöst war, begannen die Menschen eigentlich zu rechnen.«?

---
[1] D. h.: Auswahl – Axiom. (Hrsg.)

35. Was ist das für eine Sicherheit, wenn sie darauf beruht, daß unsre Banken tatsächlich im allgemeinen nicht von allen ihren Kunden auf einmal überrannt *werden*; aber bankrott würden, wenn es doch geschähe?! Nun es ist eine *andere* Art von Sicherheit als die primitivere; aber es ist doch eine Sicherheit.

Ich meine: wenn nun wirklich in der Arithmetik ein Widerspruch gefunden würde – nun so bewiese das nur, daß eine Arithmetik mit einem *solchen* Widerspruch sehr gute Dienste leisten könnte; und es besser sein wird, wenn wir unsern Begriff der nötigen Sicherheit modifizieren, als zu sagen, das wäre eigentlich noch keine rechte Arithmetik gewesen.

»Aber es ist doch nicht die ideale Sicherheit!« – Ideal, für welchen Zweck?

Die Regeln des logischen Schließens sind Regeln des *Sprachspiels*.

36. Was für eine *Art* von Satz ist dies: »Die Klasse der Löwen ist doch nicht ein Löwe, die Klasse der Klassen aber eine Klasse«? Wie wird er verifiziert? Wie könnte man ihn *verwenden*? – So viel ich sehe, nur als grammatischen Satz. Einen darauf aufmerksam zu machen, daß das Wort »Löwe« grundverschieden gebraucht wird von dem Namen eines Löwen; das Gattungswort »Klasse« aber ähnlich wie die Bezeichnung für eine der Klassen, die Klasse Löwe etwa.

Man kann sagen, das Wort »Klasse« werde reflexiv gebraucht, auch wenn man z. B. die Russelsche Theorie der Typen anerkennt. Denn es wird ja doch auch in ihr reflexiv verwendet.

Freilich ist, in diesem Sinn zu sagen, die Klasse der Löwen ist kein Löwe etc., ähnlich, als sagte jemand, er habe ein »e« für ein »u« gehalten, wenn er eine Kugel für einen Kegel ansieht.

Das plötzliche Umwechseln der Auffassung des Bildes eines Würfels und die Unmöglichkeit ›Löwe‹ und ›Klasse‹ als vergleichbare Begriffe zu sehen.

Der Widerspruch sagt: »Nimm dich in acht...«.

Wie aber wenn man einem bestimmten Löwen (dem König der Löwen etwa) den Namen »Löwe« gibt? Nun wirst du sagen: aber es ist doch klar, daß im Satz »Löwe ist ein Löwe« das Wort »Löwe« auf zwei verschiedene Arten gebraucht wird. (*Logisch-philosophische Abhandlung.*)[1] Aber kann ich sie nicht zu *einer* Art des Gebrauchs zählen?

Aber wenn in dieser Weise der Satz »Löwe ist ein Löwe« gebraucht würde: würde ich den auf nichts aufmerksam machen, den ich auf die Verschiedenheit der Verwendung der beiden »Löwe« aufmerksam machte?
Man kann ein Tier daraufhin untersuchen, ob es eine Katze ist. Aber den Begriff Katze kann man so jedenfalls nicht untersuchen.

Wenn auch »die Klasse der Löwen ist kein Löwe« wie ein Un-

---

[1] Vgl. *Tractatus* 3.323 (Hrsg.)

sinn erscheint, dem man nur aus Höflichkeit einen Sinn beilegen könne; so will ich diesen Satz doch nicht so auffassen, sondern als einen rechten Satz, wenn er nur richtig aufgefaßt wird. (Also nicht wie in *Log. Phil. Abh.*) Meine Auffassung ist also hier sozusagen anders. Das heißt, aber, ich sage: es gibt auch ein Sprachspiel mit *diesem* Satz.

»Die Klasse der Katzen ist keine Katze.« – Woher weißt du das?

In der Tierfabel heißt es: »Der Löwe ging mit dem Fuchs spazieren«, nicht ein Löwe mit einem Fuchs; noch auch der Löwe so und so mit dem Fuchs so und so. Und hier ist es doch wirklich so, als ob die Gattung Löwe als ein Löwe gesehen würde. (Es ist nicht so, wie Lessing[1] sagt, als ob statt irgendeinem Löwen ein bestimmter gesetzt würde. »Grimmbart der Dachs« heißt nicht: ein Dachs mit Namen »Grimmbart«.)

Denk dir eine Sprache, in der die Klasse der Löwen »der Löwe aller Löwen« genannt wird, die Klasse der Bäume »der Baum aller Bäume«, etc. – Weil sie sich vorstellen, alle Löwen bildeten *einen* großen Löwen. (Wir sagen: »Gott hat den Menschen geschaffen.«)
Dann könnte jemand das Paradox aufstellen, es gäbe nicht eine bestimmte Anzahl aller Löwen. Etc.

---

[1] *Abhandlungen über die Fabeln*, in: G. E. Lessing, *Fabeln*, 1759. (Hrsg.)

Wäre es aber etwa unmöglich, in so einer Sprache zu zählen und zu rechnen?

37. Man könnte sich fragen: Welche Rolle kann ein Satz, wie »Ich lüge immer« im menschlichen Leben spielen? und da kann man sich Verschiedenes vorstellen.

38. Ist die Umrechnung einer Länge von Zoll auf cm ein logischer Schluß? »Der Zylinder ist 2 Zoll lang. – Also ist er ungefähr 50 cm lang.« Ist das ein *logischer* Schluß?

Ja aber ist nicht eine Regel etwas Willkürliches? Etwas, was ich *festsetze*? Und könnte ich festsetzen, daß die Multiplikation 18 × 15 *nicht* 270 ergeben solle? – Warum nicht? – Aber dann ist sie eben nicht nach der Regel geschehen, die ich zuerst festgesetzt, und deren Gebrauch ich eingeübt hatte.
Ist denn etwas, was aus einer Regel folgt, wieder eine Regel? Und wenn nicht, – was für eine Art von Satz soll ich es nennen?

»Es ist den Menschen ... unmöglich, einen Gegenstand als von sich selbst verschieden anzuerkennen.«[1] Ja, wenn ich nur eine Ahnung hätte, wie es gemacht wird, – ich versuchte es gleich! – Aber wenn es uns unmöglich ist, einen Gegenstand als von sich selbst verschieden anzuerkennen, so ist es also wohl möglich zwei Gegenstände als von einander verschieden anzuerkennen? Ich habe also etwa zwei Sessel vor mir und erkenne an, daß es *zwei* sind. Aber da kann ich doch unter Umständen auch glauben, daß es nur *einer* ist; und in *diesem* Sinne kann ich auch

---

[1] Vgl. oben Teil I, § 132. (Hrsg.)

einen für zwei halten. – Aber damit erkenne ich doch nicht den Sessel als von sich selbst verschieden an! Wohl; aber dann habe ich auch nicht die zwei als von einander verschieden anerkannt. Wer glaubt, er könne dies tun, und eine Art psychologisches Spiel spielt, der übersetze dies in ein Spiel der Gesten. Wenn er zwei Gegenstände vor sich hat, zeige er mit jeder Hand auf einen von ihnen; gleichsam als wolle er den beiden andeuten, daß sie autonom seien. Hat er nur einen Gegenstand vor sich, so deutet er mit beiden Händen auf ihn um anzudeuten, daß man keinen Unterschied zwischen ihm und ihm selbst machen kann. – Warum soll man nun aber nicht das Spiel in umgekehrter Weise spielen?

39. Die Worte »richtig« und »falsch« werden beim Unterricht im Vorgehen nach der Regel gebraucht. Das Wort »richtig« läßt den Schüler gehen, das Wort »falsch« hält ihn zurück. Könnte man nun dem Schüler diese Worte dadurch erklären, daß man statt ihrer setzt: »das stimmt mit der Regel überein – das nicht«? Nun, wenn er einen Begriff vom Übereinstimmen hat. Aber wie, wenn dieser eben erst gebildet werden muß? (Es kommt darauf an, wie er auf das Wort »übereinstimmen« reagiert.)

Man lernt nicht einer Regel folgen, indem man zuerst den Gebrauch des Wortes »Übereinstimmung« lernt.

Vielmehr lernt man die Bedeutung von »Übereinstimmen«, indem man einer Regel folgen lernt.

Wer verstehen will, was es heißt: »einer Regel folgen«, der muß doch selbst einer Regel folgen können.

»Wenn du diese Regel annimmst, *mußt* du das tun.« – Das kann heißen: die Regel läßt dir hier nicht zwei Wege offen. (Ein mathematischer Satz.) Ich meine aber: die Regel führt dich wie ein Gang mit festen Mauern. Aber dagegen kann man doch einwenden, die Regel ließe sich auf alle mögliche Weise deuten. – Die Regel steht hier wie ein Befehl; und *wirkt* auch wie ein Befehl.

40. Ein Sprachspiel: Etwas *Anderes* bringen; das *Gleiche* bringen. Nun, wir können uns vorstellen, wie es gespielt wird. – Aber wie kann ich's Einem erklären? Ich kann ihm *diesen* Unterricht geben. – Aber wie weiß er dann, was er das nächste Mal als ›Gleiches‹ bringen soll – mit welchem Recht kann ich sagen, daß er das richtige, oder falsche, gebracht hat? – Ja ich weiß freilich, daß in gewissen Fällen Menschen mit den Zeichen des Widersprechens auf mich einstürmen würden.
Und heißt das nun etwa, die Definition von »Gleich« wäre die: Gleich sei was alle oder die meisten Menschen übereinstimmend so ansehen? – Freilich nicht.

Denn, um Gleichheit zu konstatieren, benütze ich ja natürlich nicht die Übereinstimmung der Menschen. Welches Kriterium verwendest du also? Gar keins.

Das Wort ohne Rechtfertigung zu gebrauchen heißt nicht, es zu Unrecht gebrauchen.

Das Problem des vorigen Sprachspiels gibt es natürlich auch in dem: Bringe mir etwas Rotes. Denn woran erkenne ich, daß etwas rot ist? An der Übereinstimmung der Farbe mit einem Muster? – Mit welchem Recht sage ich: »Ja, das ist rot.«? Nun, ich sage es; und es läßt sich nicht rechtfertigen. Und auch für dieses Sprachspiel, wie für das vorige, ist es charakteristisch, daß es sich unter der ruhigen Zustimmung aller Menschen vollzöge.

Ein unentschiedener Satz der Mathematik ist etwas, was weder als Regel, noch als das Gegenteil einer Regel anerkannt ist, und die Form einer mathematischen Aussage hat. – Ist diese Form aber ein klar umschriebener Begriff?

Denke dir den $\lim_{n \to \infty} \varphi n = e$ als eine Eigenschaft eines Musikstücks (etwa). Aber natürlich nicht *so*, daß das Stück endlos weiterliefe, sondern als eine dem Ohr erkennbare Eigenschaft (gleichsam *algebraische* Eigenschaft) des Stückes.

Denk dir Gleichungen als Ornamente (Tapetenmuster) verwendet, und nun eine Prüfung dieser Ornamente daraufhin, welcher Art Kurven sie entsprechen. Die Prüfung wäre analog der, der kontrapunktischen Eigenschaften eines Musikstücks.

41. Ein Beweis, der zeigt, daß die Figur ›777‹ in der Entwicklung von π vorkommt, aber nicht zeigt *wo*.[1] Nun, so bewiesen wäre dieser ›Existenzsatz‹ für gewisse Zwecke *keine Regel*. Aber könnte er nicht z. B. als Mittel der Einteilung von Entwicklungsregeln dienen? Es wäre etwa auf analoge Art bewiesen daß ›777‹ in π^2 nicht vorkomme, wohl aber in $\pi \times e$ etc. Die Frage wäre nur: Ist es vernünftig, von dem betreffenden Beweis zu

---

[1] Vgl. Teil V, § 27. (Hrsg.)

sagen: er beweise die Existenz von ›777‹ in dieser Entwicklung? Dies kann einfach irreführend sein. Es ist eben der Fluch der Prosa, und besonders der Russellschen Prosa, in der Mathematik.

Was schadet es, z. B., zu sagen, Gott kenne *alle* irrationalen Zahlen? Oder: sie seien schon alle da, wenn wir auch nur gewisse kennen? Warum sind diese Bilder nicht harmlos? Einmal verstecken sie gewisse Probleme. —

Angenommen, die Menschen berechnen die Entwicklung von π immer weiter und weiter. Der allwissende Gott weiß also, ob sie bis zur Zeit des Weltuntergangs zu einer Figur ›777‹ gekommen sein werden. Aber kann seine *Allwissenheit* entscheiden, ob die Menschen nach dem Weltuntergang zu jener Figur gekommen *wären*? Sie kann es nicht. Ich will sagen: Auch Gott kann Mathematisches nur durch Mathematik entscheiden. Auch für ihn kann die bloße Regel des Entwickelns nicht entscheiden, was sie für uns nicht entscheidet.

Man könnte das so sagen: Ist uns die Regel der Entwicklung gegeben, so kann uns nun eine *Rechnung* lehren, daß an der fünften Stelle der Ziffer ›2‹ steht. Hätte Gott dies, ohne diese Rechnung, bloß aus der Entwicklungsregel wissen können? Ich will sagen: Nein.

42. Wenn ich von der Mathematik sagte, ihre Sätze bilden Begriffe, so ist das *vag*; denn ›2 + 2 = 4‹ bildet einen Begriff in anderem Sinne, als ›p ⊃ p‹, ›(x). fx.⊃.fa‹, oder der Dedekindsche Satz. Es gibt eben eine Familie von Fällen.

Der Begriff der Regel zur Bildung eines unendlichen Dezimalbruchs ist – natürlich – kein spezifisch mathematischer. Es ist ein Begriff im Zusammenhang mit einer fest bestimmten *Tätigkeit* im menschlichen Leben. Der Begriff dieser Regel ist nicht mathematischer als der: der Regel zu folgen. Oder auch: dieser letztere ist nicht weniger scharf definiert als der Begriff so einer Regel selbst. – Ja, der Ausdruck der Regel und sein Sinn ist nur ein Teil des Sprachspiels: der Regel folgen.

Man kann mit dem *gleichen* Recht allgemein von solchen Regeln reden, wie von den Tätigkeiten, ihnen zu folgen.

Man sagt freilich »das liegt alles schon in unserm Begriff« von der Regel, z. B. – aber das heißt nun: zu *diesen* Begriffsbestimmungen neigen wir. Denn was haben wir denn im Kopf, was alle diese Bestimmungen schon enthält?!

Die Zahl ist, wie Frege sagt, eine Eigenschaft eines Begriffs – aber in der Mathematik ist sie ein Merkmal eines mathematischen Begriffs. $\aleph_0$ ist ein *Merkmal* des Begriffs der Kardinalzahl; und die *Eigenschaft* einer Technik. $2^{\aleph_0}$ ist ein Merkmal des Begriffs des unendlichen Dezimalbruchs, aber wovon ist diese Zahl eine Eigenschaft? D. h.: von welcher Art von Begriff kann man sie empirisch aussagen?

43. Der Beweis des Satzes zeigt mir, was ich auf die Wahrheit des Satzes hin wagen will. Und verschiedene Beweise können mich wohl dazu bringen dasselbe zu wagen.

Das Überraschende, Paradoxe, ist paradox nur in einer gewissen, gleichsam mangelhaften Umgebung. Man muß diese Umgebung so ergänzen, daß, was paradox schien, nicht länger so erscheint.

Wenn ich bewiesen habe, daß 18 × 15 = 270 ist, so habe ich damit auch den geometrischen Satz bewiesen, daß man durch Anwendung gewisser Transformationsregeln auf das Zeichen ›18 × 15‹ das Zeichen ›270‹ erhält. – Angenommen nun, die Menschen, durch irgendein Gift am klaren Sehen, oder richtigen Erinnern, gehindert (wie wir uns jetzt ausdrücken wollen) erhielten bei dieser Rechnung nicht ›270‹. – Ist die Rechnung, wenn man nach ihr nicht richtig voraussagen kann, was Einer unter normalen Umständen herausbringen wird, nicht nutzlos? Nun, auch wenn sie es ist, so zeigt das nicht, daß der Satz ›18 × 15 = 270‹ der Erfahrungssatz sei: die Menschen rechneten im allgemeinen *so*.

Anderseits ist es nicht klar, daß die allgemeine Übereinstimmung der Rechnenden ein charakteristisches Merkmal alles dessen ist, was man »Rechnen« nennt. Ich könnte mir denken, daß Leute, die rechnen gelernt haben, unter bestimmten Umständen, etwa unter dem Einfluß des Opiums, anfingen, Einer verschieden vom Andern zu rechnen, und von diesen Rechnungen Gebrauch machten; und daß man nun nicht sagte, sie rechneten ja gar nicht und seien unzurechnungsfähig, sondern daß man ihre Rechnungen als berechtigtes Vorgehen hinnähme.
Aber müssen sie nicht wenigstens zum gleichen Rechnen abgerichtet werden? Gehört *das* nicht zum Begriff des Rechnens? Ich glaube, man könnte sich auch da Abweichungen vorstellen.

44. Kann man sagen, daß die Mathematik eine experimentelle Forschungsweise, Fragestellung, lehrt?[1] Nun, kann man nicht

sagen, sie lehre mich z. B. zu fragen, ob ein gewisser Körper sich einer Parabelgleichung gemäß bewegt? – Was tut aber die Mathematik in diesem Fall? Ohne sie oder ohne die Mathematiker wären wir freilich nicht zur Definition dieser Kurve gelangt. War, aber, diese Kurve definieren schon Mathematik? Bedingte es z. B. Mathematik, wenn Leute die Bewegung von Körpern daraufhin untersuchten, ob ihre Bahn sich durch eine Ellipsenkonstruktion mit einem Faden und zwei Nägeln darstellen lasse? Wer diese Art der Untersuchung erfunden hätte, hätte der Mathematik getrieben?
Er hat doch einen neuen *Begriff* geschaffen. Aber war es auf die Art wie die Mathematik dies tut? War es, wie uns die Multiplikation $18 \times 15 = 270$ einen neuen Begriff gibt?

45. Kann man also *nicht* sagen, die Mathematik lehrt uns zählen? Wenn sie uns aber zählen lehrt, warum nicht auch Farben miteinander vergleichen?

Es ist klar: wer uns die Ellipsengleichung lehrt, lehrt uns einen neuen Begriff. Wer uns aber beweist, daß *diese* Ellipse und *diese* Gerade sich in diesen Punkten schneiden; nun der gibt uns auch einen neuen Begriff.

Uns die Ellipsengleichung lehren ist ähnlich wie, uns zählen lehren. Aber auch ähnlich wie, uns die Frage lehren: »sind hier hundertmal so viel Kugeln als dort?«.

Wenn ich nun jemand in einem Sprachspiele diese Frage und eine Methode sie zu beantworten gelehrt hätte, hätte ich ihn

---

1 Vgl. oben S. 381. (Hrsg.)

Mathematik gelehrt? Oder nur, wenn er mit Zeichen operiert hat?

(Wäre das etwa als fragte man: »wäre auch das eine Geometrie, die *nur* aus den Euklidischen Axiomen bestünde?«)

Wenn die Arithmetik uns die Frage »wieviel?« lehrt, warum nicht auch die Frage »wie dunkel?«?

Aber die Frage »sind hier hundertmal so viel Kugeln als dort?« ist doch keine mathematische Frage. Und ihre Antwort kein mathematischer Satz. Eine mathematische Frage wäre: »Sind 170 Kugeln hundertmal soviel als 3 Kugeln?« (Und zwar ist dies eine Frage der reinen, nicht der angewandten Mathematik.)

Soll ich nun sagen, daß, wer uns Dinge zählen lehrt und ähnliches, uns neue Begriffe gibt, und *auch* der, welcher uns reine Mathematik mit solchen Begriffen lehrt?

Ist eine neue Begriffsverknüpfung ein neuer Begriff? Und schafft die Mathematik Begriffsverknüpfungen?

Das Wort »Begriff« ist ganz und gar zu vag.

Die Mathematik lehrt uns, auf neue Weise mit den Begriffen operieren. Und man kann daher sagen, sie ändert unser begriffliches Arbeiten.

Aber erst der bewiesene, oder als Postulat angenommene mathematische Satz tut das, nicht der problematische.

46. Kann man aber nicht doch mathematisch experimentieren? z. B. versuchen, ob sich aus einem quadratischen Papier ein Katzenkopf falten läßt, wobei die *physikalischen* Eigenschaften des Papiers, seine Festigkeit, Dehnbarkeit, etc., nicht in Frage gezogen werden? Nun man redet doch hier gewiß von einem Versuchen. Und warum nicht von einem Experimentieren? Dieser Fall ist doch ähnlich dem, Zahlenpaare versuchsweise in die Gleichung $x^2 + y^2 = 25$ einzusetzen, um eines zu finden, das die Gleichung befriedigt. Und kommt man also endlich auf $3^2 + 4^2 = 25$, ist dieser Satz nun das Resultat eines Experiments? Warum nannte man den Vorgang denn ein Versuchen? Hätten wir es auch so genannt, wenn Einer immer aufs erste Mal mit völliger Sicherheit (den Zeichen der Sicherheit) aber ohne Rechnung, solche Probleme löste? Worin bestünde hier das Experimentieren? Angenommen, ehe er die Lösung gibt, erscheint sie ihm als Vision. —

47. Wenn eine Regel dich nicht zwingt, so *folgst* du keiner Regel.

Aber wie soll ich ihr denn folgen; wenn ich ihr doch folgen kann, wie ich will?

Wie soll ich dem Wegweiser folgen, wenn alles was ich tue ein Folgen ist?

Aber, daß alles (auch) als ein Folgen *gedeutet* werden kann, heißt doch nicht, daß alles ein Folgen ist.

Aber wie deutet denn also der Lehrer dem Schüler die Regel? (Denn der soll ihr doch gewiß eine bestimmte Deutung geben.) – Nun, wie anders, als durch Worte und Abrichtung? Und der Schüler hat die Regel (*so* gedeutet) inne, wenn er so und so auf sie reagiert.
Das aber ist wichtig, daß diese Reaktion, die uns das Verständnis verbürgt, bestimmte Umstände, bestimmte Lebens- und Sprachformen als Umgebung, voraussetzt. (Wie es keinen Gesichtsausdruck gibt ohne Gesicht.)
(Dies ist eine wichtige Gedankenbewegung.)

48. Zwingt mich eine Linie dazu, ihr nachzufahren? – Nein; aber wenn ich mich dazu entschlossen habe, sie *so* als Vorlage zu gebrauchen, dann zwingt sie mich. – Nein; dann zwinge *ich* mich sie so zu gebrauchen. Ich halte mich gleichsam an ihr fest. – Aber wichtig ist hier doch, daß ich sozusagen ein für allemal den Entschluß mit der (allgemeinen) Deutung fassen und halten kann, und nicht bei jedem Schritt von frischem *deute*.

Die Linie, könnte man sagen, gibt's mir ein, wie ich gehen soll. Aber das ist natürlich nur ein Bild. Und urteile ich, sie gebe mir, gleichsam verantwortungslos, dies, oder das ein, so würde ich nicht sagen, ich folgte ihr *als Regel*.

»Die Linie gibt mir ein, wie ich gehen soll«: das paraphrasiert nur: – sie sei meine *letzte* Instanz dafür, wie ich gehen soll.

49. Denke dir, Einer folgte einer Linie als Regel auf diese Weise: Er hält einen Zirkel, dessen eine Spitze er der Regel entlang führt, während die andre Spitze *die* Linie zieht, die der Regel folgt. Und wie er so der Regel-Linie nach geht, öffnet und schließt er den Zirkel, anscheinend mit großer Exaktheit, wobei er immer auf die Regel schaut, als bestimme *sie* sein Tun. Wir nun, die wir ihm zusehen, sehen keinerlei Regelmäßigkeit in diesem Öffnen und Schließen. Wir können daher seine Art, der Linie zu folgen, von ihm auch nicht lernen. Wir glauben ihm aber die Linie habe ihm eingegeben, was er tat.

Wir würden hier (vielleicht) wirklich sagen: »Die Vorlage scheine ihm *einzugeben,* wie er zu gehen hat. Aber sie ist keine Regel.«

50. Nimm an, Einer folgt der Reihe »1, 3, 5, 7, ... indem er die Reihe der 2x + 1 hinschreibt; und er fragte sich: »aber tue ich auch immer das Gleiche, oder jedesmal etwas anderes?«
Wer von einem Tag auf den andern verspricht: »morgen will ich das Rauchen aufgeben«, sagt er jeden Tag das Gleiche; oder jeden Tag etwas anderes?

Wie ist das zu entscheiden, ob er immer das Gleiche tut, wenn ihm die Linie eingibt, wie er gehen soll?

51. Wollte ich nicht sagen: Nur das gesamte Bild der Verwendung des Wortes »gleich« in seiner Verwebung mit den Verwendungen der andern Wörter kann entscheiden, ob er das Wort verwendet wie wir?

Tut er nicht immer das Gleiche, nämlich, es sich von der Linie eingeben zu lassen, wie er gehen soll? Wie aber, wenn er sagt, die Linie gebe ihm einmal dies, einmal jenes ein? Könnte er nun nicht sagen: er tue in *einem* Sinne immer das Gleiche, aber einer Regel folge er doch nicht? Und kann aber auch nicht der, der einer Regel folgt, doch sagen, in einem gewissen Sinne tue er jedesmal etwas Anderes? So bestimmt also, ob er das Gleiche tut, oder immer ein Anderes, nicht, ob er einer Regel folgt.

Nur *so* kann man den Vorgang, einer Regel folgen, beschreiben, daß man in anderer Weise beschreibt, was wir dabei tun.

Hätte es einen Sinn zu sagen: »Wenn er jedesmal etwas *anderes* täte, würden wir nicht sagen: er folge einer Regel«? Das hat *keinen* Sinn.

52. Einer Regel folgen ist ein bestimmtes Sprachspiel. Wie kann man es beschreiben? Wann sagen wir, er habe die Beschreibung verstanden? – Wir tun dies und das; wenn er nun so und so reagiert, hat er das Spiel verstanden. Und dieses ›dies und das‹ und ›so und so‹ enthält nicht ein »und so weiter«. – Oder: verwendete ich bei der Beschreibung ein »und so weiter« und würde gefragt, was das bedeutet, müßte ich es wieder durch eine Aufzählung von Beispielen erklären; oder etwa durch eine Geste. Und ich würde es dann als Zeichen des Verständnisses

ansehen, wenn er die Geste etwa mit einem verständnisvollen Gesichtsausdruck wiederholte, und in speziellen Fällen so und so handelte.

»Aber reicht denn nicht das Verständnis weiter, als alle Beispiele?« Ein sehr merkwürdiger Ausdruck, und ganz natürlich.

Wenn man Beispiele aufzählt und dann sagt »und so weiter«, so wird dieser letztere Ausdruck nicht auf die gleiche Weise erklärt, wie die Beispiele.

Denn das »und so weiter« könnte man einerseits durch einen Pfeil ersetzen, der anzeigt, daß das Ende der Beispielreihe nicht ein Ende ihrer Anwendung bedeuten soll. Anderseits heißt »und so weiter« auch: es ist genug, du hast mich verstanden; wir brauchen keine weiteren Beispiele.

Wenn wir den Ausdruck durch eine Geste ersetzen, so könnte es ja sein, daß die Menschen unsere Beispielreihe nur dann auffaßten, wie sie sollten, (nur dann ihr richtig folgten), wenn wir am Schluß diese Geste machten. Sie wäre also ganz analog der des Zeigens auf einen Gegenstand, oder Ort.

53. Nimm an, eine Linie gebe mir ein, wie ich ihr folgen soll; d. h., wenn ich ihr mit den Augen nachgehe, so sagt mir etwa eine innere Stimme: Zieh *so*. – Nun, was ist der Unterschied zwischen diesem Vorgang, einer Art Inspiration zu folgen und

dem, einer Regel zu folgen? Denn sie sind doch nicht das Gleiche. In dem Fall der Inspiration *warte* ich auf die Anweisung. Ich werde einen Andern nicht meine ›Technik‹ lehren können, der Linie zu folgen. Es sei denn, ich lehre ihn eine Art des Hinhorchens, der Rezeptivität, etc. Aber dann kann ich natürlich nicht verlangen, daß er der Linie so folge, wie ich.

Man könnte sich auch so einen Unterricht in einer Art von Rechnen denken. Die Kinder können dann, ein jedes auf seine Weise, rechnen; solange sie nur auf die innere Stimme horchen und ihr folgen. – Dieses Rechnen wäre wie ein Komponieren.

Denn gehört nicht zum Befolgen einer Regel die Technik (die *Möglichkeit*) einen Andern im Folgen abzurichten? Und zwar durch Beispiele. Und das Kriterium seines Verständnisses muß die Übereinstimmung der einzelnen Handlungen sein. Also nicht wie beim Unterricht in der Rezeptivität.

54. Wie folgst du der Regel? – »Ich mach' es *so*: ...« und nun folgen allgemeine Erklärungen und Beispiele. – – Wie folgst du der Stimme der Linie? – »Ich sehe auf sie hin, schließe alle Gedanken aus, etc., etc.«

›Ich würde nicht sagen, daß sie mir immer etwas anderes eingebe, – wenn ich ihr als Regel folgte.‹ Kann man das sagen? »Das Gleiche tun« ist mit »der Regel folgen« verknüpft.

55. Kannst du dir absolutes Gehör vorstellen, wenn du es nicht hast? Kannst du es vorstellen, *wenn* du es hast? – Kann ein Blinder sich das Sehen von rot vorstellen? Kann *ich* mir es vorstellen? Kann ich mir vorstellen, daß ich so und so spontan reagiere, wenn ich's nicht tue? Kann ich mir's besser vorstellen, wenn ich's tue?

Kann ich aber das Sprachspiel spielen, wenn ich nicht so reagiere?

56. Man fühlt nicht, man müsse immer des Winks der Regel gewärtig sein. Im Gegenteil. Wir sind nicht gespannt darauf: was sie uns jetzt sagen wird, sondern sie sagt uns immer dasselbe, und wir tun, was sie uns sagt.

Man könnte sagen: wir sehen, was wir beim Folgen nach der Regel tun, unter dem Gesichtspunkt des *immer Gleichen* an.

Man könnte dem, den man abzurichten anfängt, sagen: »Sieh, ich tu immer das Gleiche: ...«.

57. Wann sagen wir: »Die Linie gibt mir das *als Regel* ein – immer das Gleiche.« Und anderseits: »Sie gibt mir immer wieder ein, was ich zu tun habe – sie ist keine Regel.«
Im ersten Fall heißt es: ich habe keine weitere Instanz dafür, was ich zu tun habe. Die Regel tut es ganz allein; ich brauche ihr nur zu folgen (und folgen ist eben *eins*). Ich fühle nicht, zum Beispiel, es ist seltsam, daß mir die Linie immer etwas sagt. –

Der andre Satz sagt: Ich weiß nicht, was ich tun werde; die Linie wird's mir sagen.

Die Kunstrechner, die zum richtigen Resultat gelangen, aber nicht sagen können, wie. Sollen wir sagen: sie rechnen nicht? (Eine Familie von Fällen.)

Diese Dinge sind feiner gesponnen, als grobe Hände ahnen.

58. Kann ich nicht einer Regel zu folgen *glauben*? Gibt es diesen Fall nicht?
Und kann ich dann nicht auch *keiner* Regel zu folgen glauben und doch einer folgen? Würden wir nicht auch etwas *so* nennen?

59. Wie kann ich das Wort »gleich« erklären? – Nun, durch Beispiele. – Aber ist das *alles*? gibt es nicht eine noch tiefere Erklärung; oder muß nicht doch das *Verständnis* der Erklärung tiefer sein? – Ja, hab ich denn selbst ein tieferes Verständnis? *Habe* ich mehr, als ich in der Erklärung gebe?
Woher aber das Gefühl, ich hätte mehr, als ich sagen kann?
Ist es, daß ich das nicht Begrenzte als Länge deute, die über jede Länge hinausreicht? (Die nicht begrenzte Erlaubnis, als Erlaubnis zu etwas Grenzenlosem.)

Die Vorstellung, die mit dem Grenzenlosen geht, ist die von etwas so großem, daß wir sein Ende nicht sehen können.

Die Verwendung des Wortes »Regel« ist mit der Verwendung des Wortes »gleich« verwoben.

Überlege dir: Unter welchen Umständen wird der Forschungsreisende sagen: Das Wort »...« dieses Stammes heißt soviel wie unser »und so weiter«? Stelle dir Einzelheiten ihres Lebens und ihrer Sprache vor, die ihn dazu berechtigen würden.

»Ich weiß doch, was ›gleich‹ heißt!« – Daran zweifle ich nicht; ich weiß es auch.

60. »Die Linie gibt mir ein ...« Hier ist der Ton auf dem *Ungreifbaren* des Eingebens. Eben darauf, daß *nichts* zwischen der Regel und meiner Handlung steht.

Man könnte sich aber denken, daß Einer mit solchen Gefühlen multipliziert, richtig multipliziert; immer wieder sagt: »Ich weiß nicht – jetzt gibt mir die Regel auf einmal *das* ein!« und, daß wir antworten: »Freilich; du gehst ja ganz nach der Regel vor.«

Einer Regel folgen: das läßt sich verschiedenem entgegensetzen. Der Forschungsreisende wird, unter anderm, auch die Umstände beschreiben, unter denen ein Einzelner dieser Leute nicht von sich selbst sagen will, er folge einer Regel. Wenn es in dieser, oder jener Beziehung auch so ausschaut.

Aber könnten wir nicht auch rechnen, wie wir rechnen (Alle übereinstimmend, etc.) und doch bei jedem Schritt das Gefühl haben, von den Regeln wie von einem Zauber geleitet zu werden; erstaunt darüber vielleicht, daß wir übereinstimmen? (Der Gottheit etwa für diese Übereinstimmung dankend.)

Daraus siehst du nur, wieviel der Physiognomie dessen gehört, was wir im alltäglichen Leben »einer Regel folgen« nennen!

Man folgt der Regel ›*mechanisch*‹. Man vergleicht sich also mit einem Mechanismus.

»Mechanisch«, das heißt: ohne zu denken. Aber *ganz* ohne zu denken? Ohne *nachzudenken*.

Der Forscher könnte sagen: »Sie folgen Regeln, aber es sieht doch ganz anders aus, als bei uns.«

»Sie gibt mir, verantwortungslos, dies oder das ein« heißt: ich kann es dich nicht lehren, *wie* ich der Linie folge. Ich setzte nicht voraus, daß du ihr folgen wirst wie ich, auch wenn du ihr folgst.

61. Eine Addition von Formen, in der gewisse Glieder verschmelzen, spielt in unserm Leben eine sehr geringe Rolle. – Wie wenn

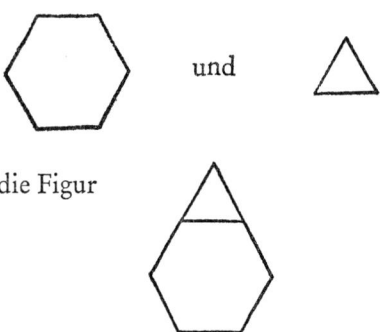

die Figur

ergeben. Aber wäre dies eine *wichtige* Operation, so hätten wir vielleicht einen andern geläufigen Begriff von der arithmetischen Addition.

Daß man ein Boot, einen Hut, etc., aus einem quadratischen Stück Papier (nach gewissen Regeln) falten kann, ist uns natürlich als Angelegenheit der Geometrie zu betrachten, nicht der Physik. Aber ist Geometrie, so verstanden, nicht ein Teil der Physik? Nein; wir spalten die Geometrie von der Physik ab. Die geometrische Möglichkeit von der physikalischen. Aber wie, wenn man sie beisammen ließe? Wenn man einfach sagte: »Wenn du das und das und das mit dem Stück Papier tust, wird *dies* herauskommen«? Was zu tun ist, könnte durch einen Reim gegeben werden. Ist es denn nicht möglich, daß jemand zwischen den beiden Möglichkeiten gar nicht unterscheidet? Wie etwa ein Kind, das diese Technik lernt. Es weiß nicht, und denkt nicht darüber nach, ob diese Resultate des Faltens nur möglich sind, weil das Papier dabei sich in der und der Weise dehnt, verzerrt, oder, weil es sich *nicht* verzerrt.

Und ist es nun nicht auch so in der Arithmetik? Warum sollten Leute nicht rechnen lernen können ohne einen Begriff von einer mathematischen und einer physikalischen Tatsache? Sie wissen nur, daß das immer herauskommt, wenn sie gut acht geben und tun, was man sie gelehrt hat.

Denken wir uns, während wir rechneten veränderten sich die Ziffern sprungweise auf dem Papier. Eine Eins würde plötzlich zu einer 6, dann zu einer 5, dann wieder zu einer 1 usf. Und ich will einmal annehmen, das änderte an der Rechnung gar nichts, weil, sowie ich eine Ziffer ablese um mit ihr zu rechnen oder sie anzuwenden, sie wieder zu der würde, die wir bei *unserm* Rechnen vor uns haben. Dabei sähe man aber wohl während des Rechnens wie die Ziffern sich ändern; wir sind aber instruiert, uns darum weiter nicht zu kümmern.

Dieses Rechnen könnte natürlich, auch wenn wir die obige Annahme nicht machen, zu brauchbaren Resultaten führen.

Wir rechnen hier streng nach Regeln, und doch *muß* dies Resultat nicht herauskommen. – Ich nehme an, daß wir keinerlei Gesetzmäßigkeit in dem Wechsel der Ziffern sehen.

Ich will sagen: Man könnte dieses Rechnen wirklich als ein Experimentieren auffassen, und z. B. sagen: »Versuchen wir was jetzt herauskommt, wenn ich diese Regel anwende«.

Oder auch: »Machen wir dieses Experiment: schreiben wir die Ziffern mit einer Tinte von dieser Zusammensetzung ... und rechnen nach der Regel ...«

Nun könntest du natürlich sagen: »In diesem Fall ist das Manipulieren von Ziffern nach Regeln kein Rechnen.«

»Wir rechnen nur, wenn hinter dem Resultat ein Muß steht.« – Aber wenn wir nun dieses Muß nicht wissen, – liegt es da dennoch in der Rechnung? Oder rechnen wir nicht, wenn wir es ganz naïf tun?

Wie ist es *damit*: Der rechnet nicht, der, wenn ihm einmal das, einmal jenes herauskommt, und er einen Fehler nicht finden kann, sich damit abfindet und sagt: das zeige eben, daß gewisse noch unbekannte Umstände das Ergebnis beeinflussen.

Man könnte das so ausdrücken: wem die Rechnung einen kausalen Zusammenhang entdeckt, der rechnet nicht.

Die Kinder werden nicht nur im Rechnen geübt, sondern auch in einer ganz bestimmten Stellungnahme gegen einen Rechenfehler.[1]

Was ich sage, kommt darauf hinaus, die Mathematik sei *normativ*. Aber »Norm« bedeutet nicht dasselbe, wie »Ideal«.

62. Die Einführung einer neuen Schlußregel kann man als Übergang zu einem neuen Sprachspiel auffassen. Ich stelle mir eines vor, in welchem etwa eine Person ›p ⊃ q‹ aussagt, eine andere ›p‹, und eine dritte den Schluß zieht.

63. Ist es möglich, zu beobachten, daß eine Fläche rot und blau

---

[1] [Variant:] . . . gegen eine Abweichung von der Norm. (Hrsg.)

gefärbt ist, und nicht zu beobachten, daß sie rot ist? Denk dir, man verwende eine Art Farbadjektiv für Dinge, die halb rot, halb blau sind: Man sagt sie seien ›bu‹. Könnte nun jemand nicht darauf trainiert sein, zu beobachten, ob etwas bu ist; und nicht darauf, ob es auch rot ist? Dieser würde dann nur zu melden wissen: »bu«, oder »nicht bu«. Und wir könnten aus der ersten Meldung den Schluß ziehen, das Ding sei zum Teil rot.

Ich stelle mir vor, daß die Beobachtung durch ein psychologisches Sieb geschieht, das zum Beispiel nur das Faktum durchläßt, die Fläche sei blau-weiß-rot (französische Tricolore), oder sei es nicht.

Ist es nun eine besondere Beobachtung, die Fläche sei zum Teil rot, wie kann diese logisch aus dem Vorigen folgen? Die Logik kann uns doch nicht sagen, was wir beobachten müssen.

Jemand zählt Äpfel in einer Kiste; er zählt bis zu 100. Ein Andrer sagt: »also sind jedenfalls 50 Äpfel in der Kiste« (das ist alles, was ihn interessiert). Das ist doch ein logischer Schluß; ist es aber nicht auch eine besondere Erfahrung?

64. Eine Fläche, in eine Anzahl von Streifen geteilt, wird von mehreren Leuten beobachtet. Die Farben der Streifen ändern sich, alle zu gleicher Zeit, immer nach je einer Minute.

Jetzt sind die Farben: rot, grün, blau, weiß, schwarz, blau.
Es wird beobachtet:
    rot . blau ⊃ schwarz . ⊃ . weiß.
Es wird auch beobachtet:
    ∼grün ⊃ ∼weiß
und Einer zieht den Schluß:
    ∼grün ⊃ rot . blau . ∼schwarz.
Und diese Implikationen sind ›material implications‹ in Russells Sinn.

Aber kann man denn, daß
    r . b ⊃ s . ⊃ . w,

beobachten? Beobachtet man nicht Farben*zusammenstellungen*, also etwa, daß r . b . s . w; und leitet dann jenen Satz ab?
Aber kann einer bei der Beobachtung einer Fläche nicht ganz von der Frage eingenommen sein, ob sie sich grün, oder nicht grün färben wird; und wenn er nun sieht: ∼g, muß er auf die besondere Farbe der Fläche aufmerksam sein?
Und könnte Einer nicht ganz von dem Aspekt r . b ⊃ s . ⊃ . w eingenommen sein? Wenn er zum Beispiel dazu angelernt worden wäre, alles andere vergessend, nur unter diesem Gesichtspunkt die Fläche zu betrachten. (Es könnte den Menschen unter bestimmten Verhältnissen gleichgültig sein, ob Gegenstände rot oder grün sind; von Wichtigkeit aber, ob sie eine dieser Farben, oder eine dritte besitzen. Und es könnte in diesem Falle ein Farbwort für »rot oder grün« geben.)

Wenn man aber beobachten kann, daß
    r . b ⊃ s . ⊃ . w
und
    ∼g ⊃ ∼w,

dann kann man ja auch beobachten, und nicht bloß schließen, daß

∼g ⊃ r . b . ∼s.

Wenn dies drei Beobachtungen sind, dann muß es auch möglich sein, daß die dritte Beobachtung nicht mit dem logischen Schluß aus den beiden ersten übereinstimmt.

Ist es denn also denkbar, daß Einer beim Beobachten einer Fläche die Verbindung Rot-Schwarz sieht (etwa als Flagge), aber, wenn er sich nun drauf einstellt, *eine* der beiden Hälften zu sehen, statt des Rot ein Blau sieht? Nun, du hast es gerade beschrieben. – Es wäre etwa so, wie wenn jemand auf eine Gruppe von Äpfeln schaute, und sie ihm immer als zwei Gruppen von je zwei Äpfeln erschienen, sowie er aber versuchte, sie mit dem Blick zusammenzufassen, erschienen sie ihm als 5. Dies wäre ein sehr merkwürdiges Phänomen. Und es ist keines von dessen Möglichkeit wir Notiz nehmen.

Erinnere dich daran, daß ein Rhombus, als Raute angesehen, nicht wie ein Parallelogramm ausschaut. Nicht aber, als schienen seine gegenüberliegenden Seiten nicht parallel zu sein, sondern der Parallelismus fällt uns nicht auf.

65. Ich könnte mir denken, daß Einer sagt, er sähe einen rot und gelben Stern, aber nichts Gelbes – weil er den Stern gleichsam als eine *Verbindung* von Farbteilen sieht, die er nicht zu trennen vermag.

Er hatte z. B. Figuren vor sich, wie diese

Gefragt, ob er ein rotes Fünfeck sieht, würde er »ja« sagen; gefragt ob er ein gelbes sieht: »nein«. Ebenso sagt er, er sehe ein blaues Dreieck, aber kein rotes. – Aufmerksam gemacht, sagte er etwa: »Ja, jetzt seh' ich's; ich hatte die Sterne nicht so aufgefaßt.«
Und so könnte es ihm auch vorkommen, man könne die Farben im Stern nicht trennen, weil man die Formen nicht trennen kann.

Der kann die Geographie einer Landschaft nicht übersehen lernen, der so langsam in ihr sich fortbewegt, daß er das eine Stück vergessen hat, wenn er zu einem andern kommt.

66. Warum rede ich immer vom Zwang durch die Regel; warum nicht davon, daß ich ihr folgen *wollen* kann? Denn das ist ja ebenso wichtig.
Aber ich will auch nicht sagen, die Regel zwinge mich so zu handeln, sondern sie mache es mir möglich, mich an ihr anzuhalten und von ihr zwingen zu lassen.

Und wer, z. B., ein Spiel spielt, der hält sich an seine Regeln. Und es ist eine interessante Tatsache, daß Menschen zum Vergnügen Regeln aufstellen und sich dann nach ihnen halten.

Meine Frage war eigentlich: »Wie kann man sich an eine Regel halten?«[1] Und das Bild, das einem hier vorschweben könnte, wäre das eines kurzen Stücks Geländer, durch das ich mich weiter soll führen lassen, als das Geländer reicht. [Aber da *ist* doch nichts; aber da ist doch nicht *nichts!*] Denn wenn ich frage »wie *kann* man sich...« so heißt es, daß mir hier etwas *paradox* erscheint; also ein Bild mich verwirrt.

»Daß das auch rot ist, daran habe ich gar nicht gedacht; ich habe es nur als Teil des mehrfärbigen Ornaments gesehen.«

Logischer Schluß ist ein Übergang, der gerechtfertigt ist, wenn er einem bestimmten Paradigma folgt, und dessen Rechtmäßigkeit von sonst nichts abhängt.

67. Wir sagen: »Wenn ihr beim Multiplizieren wirklich der Regel folgt, muss das Gleiche herauskommen.« Nun, wenn dies nur die etwas hysterische Ausdrucksweise der Universitätssprache ist, so braucht sie uns nicht sehr zu interessieren.
Es ist aber der Ausdruck einer Einstellung zu der Technik des Rechnens, die sich überall in unserm Leben zeigt. Die Emphase des Muß entspricht nur der Unerbittlichkeit dieser Einstellung, sowohl zur Technik des Rechnens, als auch zu unzähligen verwandten Techniken.

Das mathematische Muß ist nur ein andrer Ausdruck dafür, daß die Mathematik Begriffe bildet.

---

[1] Vgl. Teil VI, § 47: »Aber es ist merkwürdig, daß ich die Bedeutung der Regel dabei nicht verliere.« (Hrsg.)

Und Begriffe dienen zum Begreifen. Sie entsprechen einer bestimmten Behandlung der Sachlagen.

Die Mathematik bildet ein Netz von Normen.

68. Es ist möglich, den Komplex aus A und B sehen, ohne A, oder B, zu sehen. Es ist auch möglich, den Komplex einen »Komplex von A und B« zu nennen und zu denken, diese Benennung deute nun auf eine Art Verwandschaft dieses Ganzen mit A und mit B hin. Es ist also möglich, zu sagen, man sehe den Komplex von A und B, aber weder A noch B. Etwa wie man sagen könnte, es sei hier ein rötlichgelb, aber weder rot noch gelb.

Kann ich nun A und B vor mir haben und auch beide sehen, aber nur A ∨ B beobachten? Nun, in gewissem Sinne ist das doch möglich. Und zwar dachte ich mir es so, daß der Beobachter von einem gewissen Aspekt eingenommen sei; daß er etwa eine bestimmte Art von Paradigma vor sich habe, in einer bestimmten Routine der Anwendung begriffen sei. – Und wie er nun auf A ∨ B eingestellt sein kann, so auch auf A . B. Es fällt ihm also nur A . B auf und nicht, z. B., A. Auf A ∨ B eingestellt sein, heißt, könnte man sagen, mit dem Begriff ›A ∨ B‹ auf die und die Situation zu reagieren. Und genau so kann man's natürlich auch mit A . B tun.

Sagen wir: es interessiert Einen nur A . B, und er urteilt also, was immer geschieht, nur »A . B«, oder »∼(A . B)«; so kann ich mir denken, daß er »A . B« urteilt und auf die Frage »Siehst du B?« sagt »Nein, ich sehe A . B«. Etwa wie mancher, der A . B sieht nicht zugeben wird, er sehe A ∨ B.

69. Aber die Fläche ›ganz rot sehen‹ und ›ganz blau sehen‹ sind doch gewiß ›echte‹ Erfahrungen, und doch sagen wir, Einer könnte sie nicht zugleich haben.

Wenn er uns nun versicherte, er sehe diese Fläche wirklich ganz rot und zugleich ganz blau? Wir müßten sagen: »Du machst dich uns nicht verständlich.«

Der Satz »1 Fuß = ... cm« ist bei uns zeitlos. Man könnte sich aber auch den Fall denken, in welchem sich das Fußmaß und das Metermaß nach und nach etwas veränderten und dann immer wieder verglichen werden müßten, um in einander umgerechnet zu werden.

Ist aber nicht bei uns das Verhältnis der Längen des Meters und des Fußes experimentell bestimmt worden? Doch; aber das Ergebnis wurde zu einer Regel gestempelt.

70. Inwiefern kann man sagen, ein Satz der Arithmetik gebe uns einen Begriff? Nun, deuten wir uns ihn nicht als Satz, als Entscheidung einer Frage, sondern als eine, irgendwie anerkannte, Verbindung von Begriffen.

Das gleichgesetzte 25^2 und 625 gibt mir nun, könnte man sagen, einen neuen Begriff. Und der Beweis zeigt, was es mit dieser Gleichheit für eine Bewandtnis hat. – »Einen neuen Begriff geben« kann nur heißen, eine neue Begriffsverwendung einführen, eine neue Praxis.

»Wie kann man den Satz von seinem Beweis loslösen?« Diese Frage zeigt natürlich eine falsche Auffassung.

Der Beweis ist eine *Umgebung* des Satzes.

›Begriff‹ ist ein vager Begriff.

71. Nicht in jedem Sprachspiel gibt es etwas, was man »Begriff« nennen wird.

Begriff ist etwas wie ein Bild, womit man Gegenstände vergleicht.

Gibt es im Sprachspiel (2)[1] Begriffe? Aber man könnte es leicht auf solche Art erweitern, daß »Platte«, »Würfel«, etc., zu Begriffen würden. Z. B. durch eine Technik des Beschreibens oder Abbildens jener Gegenstände. Es besteht natürlich keine scharfe Grenze zwischen Sprachspielen, die mit Begriffen arbeiten, und andern. Wichtig ist, daß das Wort »Begriff« sich auf eine Art von Behelf im Mechanismus der Sprachspiele bezieht.

---

[1] In den *Philosophischen Untersuchungen*, § 2; oben, S. 343. (Hrsg.)

72. Betrachte einen Mechanismus. Etwa den:

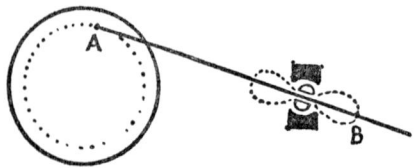

Während der Punkt A einen Kreis beschreibt, beschreibt B eine Achterfigur. Wir schreiben das nun als einen kinematischen Satz. Indem ich den Mechanismus umtreibe, beweist mir seine Bewegung den Satz; wie eine Konstruktion auf dem Papier es täte. Der Satz entspricht etwa einem Bild des Mechanismus, mit den eingezeichneten Bahnen der Punkte A und B. Er ist also in gewisser Beziehung ein Bild jener Bewegung. Er hält das fest, wovon mich der *Beweis* überzeugt. Oder – wozu er mich überredet.

Wenn der Beweis das Vorgehen nach der Regel registriert, so erzeugt er dadurch einen neuen Begriff.

Indem er einen neuen Begriff erzeugt, überzeugt er mich von etwas. Denn zu dieser Überzeugung ist es wesentlich, daß das Vorgehen nach diesen Regeln immer das gleiche Bild erzeugen muß. (›Gleich‹ nämlich nach unsern gewöhnlichen Regeln des Vergleichens und Kopierens.)

Damit hängt es zusammen, daß man sagen kann, der Beweis müsse das Bestehen einer internen Relation zeigen. Denn die interne Relation ist die Operation, die eine Struktur aus der andern erzeugt, als äquivalent angesehen mit dem Bild dieses Übergangs selbst – so daß nun der Übergang dieser Bilderreihe gemäß, eo ipso ein Übergang jenen Operationsregeln gemäß ist.

Indem der Beweis einen Begriff erzeugt, überzeugt er mich von etwas. Wovon er mich überzeugt, ist in dem Satz ausgesprochen, den er bewiesen hat.

Problem: Bedeutet das Eigenschaftswort »mathematisch« jedesmal das Gleiche: wenn wir von ›mathematischen‹ Begriffen reden, von ›mathematischen‹ Sätzen und von mathematischen Beweisen?

Was hat nun der bewiesene Satz mit dem Begriff zu tun, den der Beweis schuf? Oder: was hat der bewiesene Satz mit der internen Relation zu tun, die der Beweis demonstrierte?

Das Bild (Beweisbild) ist ein Instrument des Überzeugens.

Es ist klar, man kann auch den unbewiesenen mathematischen Satz anwenden; ja auch den falschen.
Der mathematische Satz sagt mir dann: Verfahre so!

73. »Wenn uns der Beweis überzeugt, dann müssen wir auch von den Axiomen überzeugt sein.« Nicht als von empirischen Sätzen; das ist ihre Rolle nicht. Sie sind im Sprachspiel von der Verifikation durch die Erfahrung ausgeschlossen. Sind nicht Erfahrungssätze, sondern Prinzipien des Urteilens.

Ein Sprachspiel: Wie habe ich mir eins vorzustellen, in dem Axiome, Beweise und bewiesene Sätze auftreten? Wer in der Schule zum erstenmal ein bißchen von der Logik hört, der ist sogleich davon überzeugt, wenn man ihm sagt, ein Satz impliziere sich selbst, oder wenn er nun den Satz vom Widerspruch hört, oder des ausgeschlossenen Dritten. – Warum ist er gleich davon überzeugt? Nun, diese Gesetze passen ganz in den Gebrauch der Sprache, der ihm so geläufig ist.
Dann lernt er etwa kompliziertere Sätze der Logik beweisen. Die Beweise werden ihm vorgeführt, und er ist wieder überzeugt; oder er erfindet einen Beweis selber.
Er lernt so neue Techniken des Schließens. Und auch, auf welche Rechnung es zu setzen ist, wenn nun Fehler sich zeigen.

Der Beweis überzeugt ihn, daß er an dem Satz, an der Technik die dieser vorschreibt, festhalten muß; aber er zeigt ihm auch, wie er an dem Satz festhalten kann, ohne Gefahr zu laufen, mit einer Erfahrung in Konflikt zu geraten.

74. Jeder Beweis in der angewandten Mathematik kann aufgefaßt werden als ein Beweis der reinen Mathematik, welcher beweist, daß *dieser* Satz aus *diesen* Sätzen folgt, oder aus ihnen durch die und die Operationen zu erhalten ist; etc.

Der Beweis ist ein bestimmter *Gang*. Wenn wir ihn beschreiben, so werden Ursachen nicht genannt.

Ich handle auf den Beweis hin. – Aber wie? – Dem Satz gemäß der bewiesen wurde.

Der Beweis hat mich z. B. eine Technik des Approximierens gelehrt. Aber er hat doch *etwas* bewiesen, mich von etwas überzeugt. *Das* spricht der Satz aus. Er sagt, was ich nun auf den Beweis hin tun werde.

Der Beweis gehört zum Hintergrund des Satzes. Zum System, in dem der Satz wirkt.

Sieh', *so* geben 3 und 2   5.
Merk dir diesen Vorgang!

Jeder Erfahrungssatz kann als Regel dienen, wenn man ihn – wie ein Maschinenteil – feststellt, unbeweglich macht, so daß sich nun alle Darstellung um ihn dreht und er zu einem Teil des Koordinatensystems wird und unabhängig von den Tatsachen.

»So ist es, wenn dieser Satz aus diesen abgeleitet wird. Das mußt du doch zugeben.« – Was ich zugebe ist, daß ich so einen Vorgang *so* nenne.

Register

Abkürzung (Verkürzung) 144, 151-152, 156-157, 174, 175, 180, 182, 186, 188
ableiten, s. schließen
Abrichtung 321, 325, 335, 393, 394
Absolutheit, d. Mathematik 373
abzählbar (unabzählbar) 128, 129, 131, 272-273
addieren 145, 157, 160, 303, 311, 352, 422-423
Alchemie 274
Aleph 135, 136, 409
Alle (s. a. Allgemeinheit) 41-43, 300
Allgemeinheit 282, 291, 294, 300 bis 301
anerkennen (Anerkennung), s. zugeben
Angewandte Mathematik, s. Mathematik
Anschauung (anschaulich), s. Beweis
Anschauungsart, s. Aspekt
Anwendung (Gebrauch, Verwendung)
u. Beweis 161, 167, 191, 304
d. Mathematik (d. Rechnung) 146, 158, 162-165, 174, 176, 183, 184, 257, 259-261, 283, 285-286, 291, 293, 296, 361-363, 377, 379-380
u. Sinn (s. a. Bedeutung) 367, 398
Arithmetik (s. a. Logik, Mathematik) 117, 217, 229, 349
Aspekt 112, 177–183, 220
auffassen (ansehen) 168, 239, 306, 309, 331, 332, 336, 362, 390, 436
Aufgabe (mathematische) 383-384
Ausdehnung, s. Extension
Ausdrucksform 115, 138
Auswahl-Axiom, s. Multiplikativ-Axiom
auszählen 113
Automat, s. Rechenmaschine
Axiom (Grundgesetz, Pp.) 117, 166, 167, 172, 223-226, 364, 372-373, 387, 435

Bedeutung (s. a. Anwendung, Gebrauch, Sinn) 41, 42, 102, 104, 105, 106, 107, 108, 110, 141, 142, 257, 274, 367, 398
Befehl, s. Gebot
Begriff 295, 409, 412, 431, 432, 433
u. Beweis 161, 166, 172-173, 178, 238, 240, 248, 297-298, 411-413, 434-435
mathematischer B. 253, 399, 408, 412
neuer B., s. B. u. Beweis
u. Sprachspiel 433
u. Vorhersage 242
Begriffsbildung (s. a. Begriff) 237 bis 241, 310, 317
Begriffsverknüpfung (Begriffsbahn, Begriffsverbindung) 412, 432
Begründung 93
Behauptung 116, 117
Behaviorismus 142
Beispiel
u. algebraischer Ausdruck 307, 321
als Erklärung 327, 344
Berechtigung, s. Rechtfertigung
Beschreibung 227, 320, 323, 329, 333, 356, 359, 363
u. Erklärung 205, 216
eine Praxis beschreiben 335

439

Beweis
u. Anerkennung 164, 168-170, 187, 247, 382
u. Anschauung 173, 239
u. Anwendung, s. Anwendung
u. Begriff, s. Begriff
u. Begriffsbildung, s. Begriffsbildung
u. Beispiele 307
u. Bewegung (s. a. Beweis und Weg) 296-297
u. Bild, s. Bild
u. Definition, s. Definition
u. Entscheidung 163, 238
u. Erfahrung 305
u. Ergebnis 161, 162, 362
u. Erkenntnis 163
in Euklid 143, 165, 185, 186
d. Existenz, s. Existenzbeweis
u. Experiment, s. Experiment
geometrische Auffassung des Beweises 120, 169-176, 183, 187, 386
u. Gewißheit 175
(als Teil einer) Institution 168
u. interne Eigenschaft (Relation) 73, 363, 364, 434
u. Kausalität 246, 382
u. Konstruktion (Konstruierbarkeit) 159, 163, 164, 168-169
u. Maß 158, 161, 163
mehrere Beweise desselben Satzes 189-192, 366, 368, 409
u. Muster, s. B. u. Paradigma
u. Paradigma 149-150, 154, 163, 166, 168, 172
prahlerischer 132
u. Regel, s. Regel
u. Reproduzierbarkeit 143, 150-151, 158, 175, 187, 246
in Russells Logik (Russell-Beweis) 144–148, 152–156, 165, 167, 174–179, 182–185, 188, 190, 231
u. (mathematischer) Satz 162, 364, 433

u. Sinn, s. Sinn
u. Sprache 95, 196
u. System 313
u. Übereinstimmung 62, 95, 196, 239, 365
u. Überraschung 111-112
u. Übersichtlichkeit 95, 112, 113, 143-153, 159, 170, 174 bis 176, 187, 246, 385
u. Überzeugung 53, 55, 59, 60 bis 61, 63, 152, 161-164, 167, 171, 174, 185, 189, 190, 247 bis 248, 298, 388, 434-436
u. Verständigung 196
u. Verstehen 113
u. Vorhersage (Voraussage) 120, 196, 235, 241-242, 364
u. Wahrheit 409
u. Weg 98-99, 112, 113, 171, 173
u. Wesen 73, 174
d. Widerspruchsfreiheit, s. Widerspruchsfreiheitsbeweis
u. Zwang 50, 57-58, 61-62, 91, 187, 238
u. Zweifel 158, 170, 173-174
beweisbar 117-122, 163, 385
Bild 47, 51, 138, 223, 230, 233, 304
u. Bedeutung 42, 142
u. Beweis 58, 63, 91, 143, 158 bis 159, 161, 166, 170-171, 175, 235, 365, 382, 434-435
einprägsames B. 47, 68, 141, 150
u. Experiment 68
u. Satz 249-250, 301, 306
u. Überzeugung 235, 241
u. Vorhersage 305
Bruch 137-141
Buchstabe
Zahl der B. eines Worts 245, 338-340

Cantor 131, 134, 135

Dedekind-Schnitt 285-291, 294, 408

Dedekinds Theorem, s. Dedekind-Schnitt
Definition 114, 144, 161, 175, 186, 188, 318, 321, 340, 343, 383
Demonstration, s. Beweis
Denken 57, 80-81, 89, 90, 237, 240, 379
Denkgesetz 90
deuten 80, 128, 267, 300, 332, 341-342, 352, 389, 414
Dezimalsystem 144, 145, 149, 151-152, 158, 176-177, 184, 186, 188-189, 394-395
rekursive Erklärung d. 152, 178, 186
Diagonalverfahren (-Regel, -Zahl) 125-135
Division durch Null 204-205, 216, 218, 369, 373

Einleuchten (s. a. Axiom) 223 bis 224
einprägen (einprägsam, s. a. Bild) 47, 52, 53, 67, 68, 141, 150
einsehen (s. a. Einleuchten, Intuition) 241, 244
Empirie (Empirismus), s. Grenzen der E.
endlos (s. a. unendlich) 133, 136, 263, 266-268, 272, 279, 307, 420
entdecken (Entdecker, Entdeckung) 99, 111, 136, 248
Entscheidung 163, 279, 287, 309
spontane E. 236, 326
Erfahrungssatz 78, 168, 225-226, 330, 338, 339, 355–356, 381 bis 382, 395, 410
u. arithmetischer Satz 324, 327
u. Axiom 223-226
u. Beweis 239
zur Regel verhärtet 324, 325
Erfahrungstatsache (s. a. Tatsache) 70, 247
erfinden (Erfinder) 99, 111, 136, 270

Erklärung (s. a. Beschreibung) 205, 210, 216, 325, 333, 343
Erlaubnis (s. a. Gebot) 133, 420
Erwartung 253
Euklid (s. a. Beweis) 44, 75, 118, 186, 307
Existenz (mathematische) 227, 266-281, 407
Existenzbeweis (s. a. Existenz) 284, 299
Experiment 51, 59, 65-75, 241, 247, 338, 339, 391
u. Beweis 51-52, 96-98, 143, 149-150, 160, 170, 187, 196, 364
u. Mathematik 383, 385, 410 bis 413, 424
u. Rechnung 98, 183, 194-199, 258, 364, 366, 379-382, 389, 390, 398, 424
u. Regel 432
Extension 134, 328, 331
extensional 288-294

Familie (Familienähnlichkeit) 266, 299, 399, 408
Finitismus 142, 290
Folgen, s. Regelfolgen
folge(r)n, s. schließen u. Schluß
Form 53, 54, 59, 63-64, 68, 248, 250, 295
formale Prüfung 304
formaler Satz 304
Frage 116, 147, 314, 381, 411 bis 412
Frege 45, 89, 95, 141, 209, 234, 241, 261, 378, 409
Funktion 288, 291-295
Funktion (Gebrauch) 107, 138

Gebot 80, 82, 232-233, 271-279, 332, 406, 425
Gebrauch (s. a. Anwendung, Bedeutung, Sinn) 37, 41, 42, 43, 104, 106, 107, 109, 110, 123, 142, 257, 367

Gebärde (Gesten) 41, 42, 43, 46, 101, 352
Gegenstand
 idealer G. 261-262
 mathematischer G. 137, 262, 274
Geheimnis 113-114
Geisterreich 273
Gepflogenheit (s. a. Institution) 322, 346
Gerüst
 von dem aus unsere Sprache wirkt 323
Gesetz, s. Gebot, Schluß, Regel
 vom ausgeschlossenen Dritten 266-281, 287
 d. Identität, s. Identität
Gesetzmäßigkeit 328
Gestalt (s. a. Form) 64-65, 150, 156
glauben (einen mathematischen Satz gl.) 76-79
gleich (s. a. Gleichheit, Übereinstimmung) 36, 188-189, 199, 201, 323, 331, 406, 418-421, 434
Gleichheit (s. a. Übereinstimmung) 108, 109, 110, 187, 237, 247, 359
die gleiche Sprache 343
gleichmäßig 320, 348
gleichzahlig, s. Zahlengleichheit
Gleichungen 292, 293, 296, 297, 368
Gödel (Gödels Problem, Gödels Satz) 118-122, 383, 386-387, 388-389
Grammatik 77, 88, 133, 134, 136, 162, 166, 169, 170, 234, 312, 358, 366, 378, 401
Grenzen der Empirie (des Empirismus) 197, 237, 379, 387
grenzenlos, s. endlos
Grund 135
 den Grund angeben 326
 Grund haben, zu sagen, sie sprächen eine Sprache 336

am *Grunde* unseres Sprachspiels 330
 den Grund, der vor uns liegt, als Grund erkennen 333
Grundgesetz, s. Axiom
Grundlagen (Grundlegung) d. Mathematik 174, 221, 378

handeln (Handlung) 241, 309, 321, 332, 344, 346, 347, 348, 380, 387, 392, 395, 397, 398
Handel treiben 349, 350
heterologisch 206-207, 395-396
Hintergrund 304, 313, 437
Heine-Borel Theorem 293

Identität(sgesetz) 89, 150, 244, 404
 eines Wortes 340
Induktionsbeweis, s. Rekursion
Institution 167-168, 334
intensional, s. extensional
Intention 89
Interpretation, s. deuten
Intuition 36, 152, 235, 237, 246, 247, 347, 365
Irrationalzahl (s. a. Dedekind-Schnitt) 129, 133-134, 267, 286-291, 371, 408

Kalkül, s. Frege, Rechnung, Russell
Kardinalzahl 129-130, 132, 136, 138, 140, 144, 409
Kartenaufschlagen 113
Kausalität, s. Beweis, Rechnung
Konstante (logische) 167
Konstruktion (konstruieren, Konstruierbarkeit) 163, 164, 167, 168-169, 248, 284, 290, 299, 386-387
Kopie (kopieren) 150, 246, 248, 258, 316, 434
Kreis
 im Kreise gehen 309-310
Kunstrechner 420

Laute
 Zahl der L. 338-340
Lebensweise (Lebensform) 335, 390, 409, 414, 421
Lessing, G. E. 403
Limes 288, 290, 294, 407
Logik (s. a. Konstante, Maschine, Muß, Russell, Schluß) 90, 155
 u. Arithmetik (s. a. L. u. Mathematik) 146, 170, 217
 Fluch d. L. 162, 281, 282, 284, 299, 300, 408
 u. Mathematik 99, 174, 175, 185, 281-284
 das Phänomen der L. 353
 primitive(re) 105
 als Ultra-Physik 40
 der Lügner 120, 255-256, 376, 404

Maschine (s. a. Rechenmaschine)
 logische (s. a. mechanisch) 83, 213, 249
 mathematische, s. logische M.
 als Symbol 84-87, 242, 249, 434
Maß, s. Beweis, Messen
Mathematik (Allg. Bem.) 99, 176, 182, 201, 381, 383, 425
 angewandte u. reine Mathematik 219, 232, 265, 363, 412, 436
 u. Familie von Tätigkeiten 273
 u. Grammatik 234
 u. Maß 201
 ohne Sätze 93, 117, 233-234, 265, 398
mechanisch (mechanische Mittel, mechanische Sicherung, Mechanisierung d. Mathematik) 212 bis 213, 214, 217, 220, 371, 372, 422
meinen 36, 41, 42, 53, 78, 103, 104, 105-106, 107-108
Mengenlehre 131, 260, 264
messen 38-39, 40-41, 53, 71, 84, 91, 146-147, 167-168, 179, 182, 199-200, 236, 355-356, 377, 382, 389, 432

mißverstehen 341
möglich (Möglichkeit) 53, 56, 67, 85, 86, 87, 215, 216, 220-221, 226-227, 229, 239
Multiplikativ-Axiom 283, 400
Muß (s. a. notwendig) 84, 91, 100, 149, 165-166, 171, 238, 239, 248, 309, 317, 326, 350, 352-353, 406, 424, 430
Muster, s. Paradigma

Naturgeschichte
 der mathematischen Gegenstände (der Zahlen) 137, 229, 230
 des Menschen 61, 92, 192, 220, 352, 356, 399
Negation, s. Verneinung
Norm (normativ) (s. a. Gebot) 425, 431
notwendig (Notwendigkeit) (s. a. Muß) 37, 295
numerierbar 273

Ordnung 204, 212, 214, 215, 303

Paradigma (Muster) (s. a. Beweis, Bild) 48-50, 54, 75-76, 96-97, 149-150, 154, 160, 165, 166, 168, 172, 324
Philosophie 132, 147, 218, 301 bis 302, 314, 376
Plato 63
Praxis (s. a. Gebrauch) 123, 135, 335, 344, 432
Prophezeiung, s. Vorhersage
Prozeß (u. Resultat) 68, 69, 95, 246
prüfen 303

Ramsey 67, 325
Realismus 325
Realität (logische, mathematische) (s. a. Gegenstand) 96, 162
Rechenfehler 90, 91, 152, 194, 199, 212, 221, 236, 322, 390, 391, 425

Rechenmaschine 234, 237, 257 bis 258, 364
Rechnen (s. a. Zählen) 325, 334 bis 335, 336
nicht rechnen und falsch rechnen 236
das Phänomen d. 209
Rechnung, s. a. Anwendung, Beweis, Experiment, Vorhersage
u. Erfahrung 195
u. Experiment, s. Experiment u. Rechnung
u. Kausalität 382, 425
u. Verständigung (s. a. R. u. Übereinstimmung) 366
u. Verwirrung (s. a. Verwirrung) 380
u. Vorhersage 193-198, 209
u. Weg 195
u. Übereinstimmung (Consensus, Zustimmung) 193-196, 197, 410
u. Übersehbarkeit 183
Rechtfertigung 142, 171-172, 199, 305, 312, 325, 342, 406, 430
Reductio ad absurdum 285
reelle Zahl 130-132, 140, 286 bis 290
Regel 35-37, 40-41, 50, 69, 78 bis 79, 99, 156, 162, 164, 168 bis 169, 199, 227-228, 235, 245, 249, 305, 312, 325, 342, 355-356, 357, 389, 392-395, 404, 409, 413-422, 429, 432, 437
die Regel anerkennen 305
die Bedeutung der Regel festhalten 351
u. Extension 328, 331
die Funktion der Regel beschreiben 333
Regelfolgen (s. a. Regel) 36-37, 156, 160, 192, 229, 238, 335, 341, 345, 347-348, 360-361, 404, 405, 409, 413-422, 429

Regelmäßigkeit 303, 334, 342, 344, 346, 347
Reihe 36-38, 129-130, 137-141
Rekursion 152, 178, 186-187, 212
Relativitätstheorie
Ähnlichkeit der Betrachtung mit d. R. 330
Resultat
als Kriterium des Folgens 317, 319, 320
u. Prozeß s. Prozeß
Russell (R-Beweis, R-Kalkül, R-Logik) 44, 45, 117, 141, 144 bis 156, 165, 170, 174-179, 182-185, 188-190, 231, 258 bis 259, 383, 408, 427
Russells Widerspruch (Paradox) 256, 370, 376, 401-403

Satz 90, 116, 259, 367, 401
d. Logik 123, 167, 231, 353
d. Mathematik (mathematischer S.) 78, 93, 99, 162-164, 169, 177, 184, 192, 224-229, 232, 235, 237, 243, 249, 271, 283 bis 284, 295-296, 297-299, 303, 314, 318, 324, 356, 359, 363, 364, 400, 406, 432
synthetischer a priori 245-246
satzartiges Gebilde 123
schließen, s. logischer Schluß
Schluß (logischer) 38-40, 41-42, 44-45, 48, 50, 75, 79, 80, 83, 93, 96, 164, 168, 172, 257, 261, 306, 308-310, 320, 364, 387, 392, 397, 400, 404, 425 bis 430, 436
falsch schließen und nicht schließen 352
Schlußregel (-gesetz) (s. a. Schluß) 80, 96, 168, 172, 174, 364, 372 bis 373, 387, 398, 401, 425
Sicherheit 183, 253, 261, 342, 350, 373, 401
des Sprachspiels 329, 330
Sinn (s. a. Anwendung, Bedeu-

tung, Gebrauch) 121, 126, 162, 164, 200, 208, 224, 227, 231, 269, 270, 278, 281, 291, 296, 313, 366, 367
Sinnbestimmung u. Sinnverwendung 168
»so« 310-311, 331, 337, 437
immer so weitergehen 320, 328
Spiel 61-62, 89, 108-110, 139, 202-203, 217, 257-260, 265, 268, 299, 373, 394
ein Spiel erfinden 334, 346
Sprache 38, 43, 60, 62, 90, 95, 96, 99, 116, 165-166, 168, 196, 209, 236
Funktion der S. 333, 334
Phänomen der S. 209, 335, 342, 351
Sprachspiel 43, 89, 117, 133, 196, 201, 207, 208, 220, 231, 236, 255, 278, 281, 284, 296, 299 bis 300, 316, 318, 322, 327, 338, 343, 360-361, 363, 365, 367, 381, 390, 391, 392, 394, 395, 397, 401, 403, 406, 409, 411, 416, 425, 433, 435, 436
Beschreibung eines S. 208, 320
Sprachverwirrung (s. a. Verwirrung) 196, 200, 337
Stetigkeit 290, 292
Subjekt-Prädikat Form 295
System 134, 313, 437
»primäres« und »sekundäres« S. 184, 185, 188

Tatsache (s. a. Erfahrungstatsache) 381-383
Tautologie 145, 147, 149, 156, 165, 172, 178, 231, 270, 298, 396
Technik 178, 183, 184, 185, 236, 244, 254, 267, 271, 278-279, 281, 296, 303, 315, 346, 355, 418, 436-437
Thema (musikalisches) 67, 100 bis 101, 112, 203, 245, 292, 304, 311, 370
transformieren (s. a. Umformung) 40, 97, 163, 169, 186, 303, 331, 364
Typen-Theorie 401

überbestimmt 227, 319, 320
Übergang, s. Regel, Schluß
Übereinstimmung (s. a. Beweis, Gleichheit, Rechnung, Regel) 46, 50, 95, 193-200, 228, 239, 365, 391, 392-393, 405, 410, 422
der Menschen 336, 344, 353
im Handeln 342
u. Regel 327
der Rechnenden 349
in Urteilen 343
Überraschung 57, 59-60, 63, 111 bis 115, 362, 410
u. Übersichtlichkeit 112
Übersichtlichkeit (Übersehbarkeit) (s. a. Beweis, Rechnung) 95, 143-153, 155, 159, 170, 174-176, 187, 246, 385
Überzeugung (s. a. Beweis, Schluß) 42, 46-47, 52, 53, 55, 59, 60-61, 63, 152, 161-164, 167, 171, 174, 189, 237, 247 bis 248, 298, 308, 315, 388, 434-436
Umgebung (s. a. Umstände) 98, 126, 298, 323, 334, 335, 410, 414, 433
Umformung (s. a. Schluß) 97, 231, 357
Umkehrung (einer Reihe, eines Wortes) 250-253
Umstände (s. a. Umgebung) 78, 117, 149, 167, 206, 298, 345, 347, 352, 360, 368, 390, 410, 414, 421
unabzählbar, s. abzählbar
unbeweisbar, s. beweisbar
und so weiter (s. a. endlos) 298, 321, 348, 349, 417
unendlich (s. a. endlos) 141, 142,

260, 263-264, 266-270, 272 bis
273, 278-279, 280
unerbittlich (s. a. Muß, notwendig, Zwang) 37-38, 60-61, 82
unmöglich, s. möglich
Unterricht 348-349
urteilen 298, 327, 329, 330, 337, 435
Urteilsgrundlage
was herauskommen *muß* ist eine U. 350

Verbot, s. Gebot
Verifizierung 313, 357-358
Verneinung 102-110, 208
u. Axiom 226
doppelte V. 42, 102-107, 122
u. Gebot 271-279
verrechnen, s. Rechenfehler
verstehen 226, 282-284, 294, 297 bis 299, 314, 321, 325, 333, 343, 400
Verwendung (s. a. Anwendung, Bedeutung, Gebrauch, Sinn) 86, 88, 224, 226-227
Verwirrung 196, 200-201, 204, 380
Vorhersage (Voraussage) (s. a. Beweis, Experiment, Rechnung) 120, 193, 196, 198, 209, 219, 235, 241-242, 265, 281, 305, 316, 317, 356, 359-360, 364, 391
vornehmen (sich etwas v.) 345 bis 346
Vorstellung (vorstellen) 68, 73, 88, 223, 224, 226, 264, 288

Wahrheit 38, 43, 90, 96, 116 bis 122, 167, 170, 177, 190, 200, 231, 237, 314, 315, 409
Wahrheitsfunktion 116, 394
Wesen 49, 50, 65, 73, 75, 245
Widerspruch (s. a. Widerspruchsfreiheitsbeweis) 120-122, 204 bis 221, 254-256, 370-378, 393 bis 394, 395-397, 400-403, 410
Widerspruchsfreiheit(sbeweis) 204, 213-221, 371-372
Wiederholung 334
wissen 356, 363
Witz
eines Spiels 109
u. Rechnung 200, 374
eines Wortes 43

Zahl, s. Irrationalzahl, Kardinalzahl, reelle Z.
zählen 37, 66, 92, 148-151, 154, 157, 182, 212, 239, 272, 389, 411
Zahlengerade (-Linie) 134, 286, 290
Zahlengleichheit 46-50, 155, 182
Zahlzeichen 150, 155, 182, 300
Zeichenspiel (s. a. Spiel) 257-260, 265, 299
zeitlich (zeitlos) 23, 75, 304, 339, 432
zugeben, anerkennen 50, 57-58, 59, 60, 81, 95, 437
Zuordnung (eins-eins-Zuordnung) (s. a. Zahlengleichheit) 47-48, 53, 61, 99-100, 148, 150, 154-156, 294
Zusammenhang 267, 297, 313, 315, 363, 369
Zwang (s. a. Beweis, Muß, notwendig, Regel, Schluß, unerbittlich) 37-38, 50, 57-58, 60 bis 61, 79, 80, 81, 82, 91, 155, 187, 238, 429
Zweifel 37, 62, 158, 170, 173 bis 174, 363
»Zwei-Minuten-Menschen« 336